강화도 지오그래피

강화도
지오
그래피

함민복 외 16인 지음

자연
역사
사람
문화

작가
정신

자연

역사

자
연

전등사에서 길을 생각하다

함민복(시인)

길은 최대한 직선을 지향한다. 그러나 굽을 수밖에 없는 것이 길의 운명이다. 가급적 평지를 택하나 경사를 품을 수밖에 없는 것도 길의 운명이다. 전등사 동문(東門)을 향해 오르는 길은 완만하게 몸을 틀고 그굽이 따라 물도랑도 휘었다.

누가 봄볕에 이리 잘 마른 길을 널어놓았을까. 가랑잎이 바스락거린다. 바람이 내는 소리의 길은 생성과 동시에 소멸한다. 길가에 멈춰 새싹 돋은 조팝나무를 들여다본다. 잎의 길을 출발하는 조팝나무 연둣빛이 흔들린다. 바람이 읽고 있는 연둣빛을 보며, 눈은 여림과 옅음이 선사하는 평화로움에 젖는다. 새 한 마리가 몸에서 떼어낸 그림자를 끌고 날아간다. 새 그림자는 소리도 내지 않고 딱딱한 나무를 통과한다. 한 옥타브 올라간 봄의 새소리에는 사설이 없다. 전 장르가 노래이고 연시(戀詩)다. 새소리의 파장은 직선으로 날아오지만 곡선으로 들리기도 한다. 몸집이 작고 비행 속도가 늦은 겁 많은 새들은 직선 길을 버리고 곡선 길로 난다. 스스로 비행길을 예측불허로 흩트려놓으며 적의 공격에 대비한다.

길을 오르는 우측 산 쪽에는 사람들이 줄 맞춰 식목한 리기다소나무가 서 있고 좌측 낭떠러지에는 바람과 태양이 키워온 적송들이 서 있다. 적송들은 굽었고 리기다소나무는 곧다. 나는 곧음과 굽음 사이에 난 길을 오르고 나무들은 길 밖에 서 있다. 늘 식물들은 멈춰 있고 동물들은 움직인다. 천동설을 믿는 동물들과 달리 식물들은 일찍이 지동설을 간파했던 게 아닐까. 식물들은 멈춰 있어도 지구의 자전 속도에 따라 하루분의 어둠과 빛의 길을 자전하며 갈 수 있다는 것과, 1년이면 공전하며 태양을 한 바퀴 돌 수 있다는 것을 터득하고 묵묵히 한자리에 서서 움직임의 궤도를 몸속 나이테로 그려왔던 것 같다. 식물들은 움직이는 지구를 따라 움직이려고 멈춰 있고, 지구의 움직임을 못 느끼는 동물들은 움직여야만 움직일 수 있다고 생각한다. 동물들의 움직임은 자기적이고 비순응적이다. 동물들 움직임에는 욕망이 수반되어 발자국이 남고 소리가 난다.

언덕길 중턱부터 좌측에 아까시나무 가로수가 나타난다. 아까시나무 껍질이 물기를 오래 머금고 있어서인지 나무줄기에 이끼들이 자라 있다. 나무를 만나면 물은 낮은 곳으로 흐르지 않고 나무를 타고 휘어진 길을 솟아오른다. 이때 물은 소리를 내지 않는다. 물은 뿌리에서 나무 밑동을 지나며 어둠의 세계에서 빛의 세상으로 다리를 건너고, 줄기에서 가지로, 종내는 가지에서 꽃과 잎으로 이어지는 작은 다리를 건넌다. 그렇게 흐르는 물길이 숲에는 빼곡히 서 있다. 소나무 숲의 물길은 겨울에도 끊기지 않아 푸른 잎으로 바람에 물결처럼 흔들려도 본다. 쏴아 쏴아, 파도 소리를 내기도 한다.

아까시나무 가로수가 시작된 지점에서 길의 우측인 산 쪽은 리기다소나무 숲이 끝나고 쇠사슬나무(소사나무)와 갈참나무 숲이 이어진다. 이 나무들은 곧고 근육질이어서 마치 암놈이 없을 것 같다. 졸참

나무 낙엽이 다급하게 바스락거린다. 바스락 소리가 휘모리장단으로 가파르게 치닫는다. 꿩이 날아오른다. 꿩의 활주로는 꿩을 하나도 돕지 않는다. 꿩에게 제 가속도를 측정해볼 기회를 줄 뿐이다. 꿩은 다리의 길을 접고 날개의 길을 편다. 딱딱하길 바라던 길에서 허탕을 치는 길로 길이 이어진다.

꿩이 내달은 길은 고라니 길이 될 수 있고 고라니 길은 사람 길이 될 수 있다. 사람이 걸어 다니던 길은 큰 차도가 될 수도 있다. 그렇다면 지금 막 꿩이 낸 길은 길의 새싹인가. 길들은 진화와 퇴화를 반복하며 서로 만난다. 길끼리 만나지 않는 길은 존재할 수 없다. 길 중에, 섬〔島〕인 길은 없다. 길들은 다 일가친척이다.

내가 걷고 있는 차도가 오직 걸어서만 다닐 수 있는 길과 만난다. 가파른 계단 길이다. 무릎관절을 닮은 계단 길에서는, 앞발과 뒷발이 서로 체중을 넘길 때 힘에 절도가 붙는다.

가로수 대신 집 몇 채가 나타난다. 의·식·주 식으로 의식주를 해결하는 사람들이 사는 곳. 식당에서 음식 냄새가 흘러나온다. 사람들 음식에서는 냄새가 난다. 음식 냄새의 길은 구멍인가. 위장에서 반응이 온다. 동문 바로 앞 우측에 작은 주차장이 나타난다. 주차장 주위에 몇 그루 느티나무가 있다. 절에는 구시(나무 밥통), 기둥, 불상 등 싸리나무로 만들었다는 것들이 많다. 그러나 박상진의 『역사가 새겨진 나무이야기』는 그것들이 싸리나무가 아니라 느티나무라고 추정한다. 옛날에 큰 스님이 갑자기 돌아가시면 돌로 부도탑을 만들 동안 임시로 나무함에 사리를 보관했는데, 이때 느티나무를 사용했을 가능성이 크다는 것이다. 이런 연유로 느티나무를 사리나무라고 부르다가 발음이 비슷한 싸리나무로 변했을 확률이 높다고 한다. 저자가 절에서 싸리나무라 불리는 것들을 현미경으로 살펴본 결과 대부분 느티나무 세포였다고 한다. 전해져 내려오던 이름도 이름의 길에서 탈선을 하는가.

단군의 세 아들(부소, 부우, 부여)이 쌓았다는 정족산성(鼎足山城). 전등사에 들어가려면 이 산성을 통과해야 한다. 산성의 동문을 통과하려다가 물러서서 성 바깥에서 성벽을 본다. 다량의 돌로 쌓인 성벽. 성벽은 가장 치열한 길이다. 길을 끊으려는 자와 뚫으려는 자의 경계다. 길과 길이 아님의 경계이고 공격과 방어의 경계다. 부딪힘이다. 목숨을 걸거나 바쳐야 길을 끊든, 잇든, 지키든, 허물든 할 수 있는 곳이다. 성벽, 사적인 담이 아닌 공적인 담. 담 중에 목숨 비린내가 가장 짙게 배어 있는 담. 성벽은 길을 인정하지 않으려는 길이고 길을 인정하려는 길이어서 늘 긴장감이 팽팽한 길이다. 그러나 어찌하랴. 그 길도 세월의 공격엔 어쩔 수 없는지, 허물어져 새로 개축한 흔적이 눈에 들어오는 것을.

동문을 통과하면 포장도로가 끊기고 흙길이 시작된다. 우리나라 도처에서 열세에 놓인 흙길. 지금 정족산성이 지키고 있는 것 중 하나가 흙길인가 보다. 흙길과 콘크리트 길의 경계에 정족산성 성벽이 있다.

성안에서 동문을 바라보면 좌측으로 등산로가 이어진다. 달맞이고개 쪽으로 오르는 길이다. 가파르나 산이 높지 않아 그리 힘들지 않은 길이다. 달맞이고개. 부처님은 음력 4월 8일 태어났고 음력 2월 8일 출가하여 음력 12월 8일 깨달았다. 음력 8일은 반달이 뜨는 날이다. 달의 힘에 영향을 받는 물때를 따져보면 조금날이다. 조금은 물이 가장 적게 들어오고 적게 나가는 날이다. 조금은 물이 늘고 주는 경계의 날이다. 달의 입장에서 보면 반달은 커지든 작아지든 출발의 날이다. 새로운 길을 떠나는 날인 것이다. 그날 부처님은 태어나고 출가하고 깨달았다.

달맞이고개에 올라보면 광성보, 덕진진, 초지진이 내려다보이고 그 앞으로 강화와 김포 사이의 해협인 염하가 흐른다. 병자호란 때 강화성을 지키다가 성이 함락되자 김상용(척화파 좌의정 김상헌의 형)과 함께 남문에서 자폭했다는 김익겸. 김익겸이 죽자 부인은 자결하려고 했으나 배 속에 유복자가 있어 차마 생명을 끊지 못하고 피난을 가던 중,『구운몽』을 쓴 서포 김만중을 배에서 낳았다. 김만중은 피난 중에 염하에서 태어나 아호가 선생(船生)이라고 한다. 김만중은 말년에 노도에 유배되어 생을 마감했다. 그의 인생길은 물길에서 시작되고 물길에 갇혀 끝난 셈이다.

달맞이고개를 지나 북문 쪽으로 오르면 강화읍 방향으로 드넓은 땅들이 펼쳐진다. 남쪽으로 마니산, 북쪽으로 진강산·덕정산·혈구산·고려산 봉우리들이 보이는데, 이 산맥들은 한강 하구를 물 밑으로 건너 송악산에 닿아 마식령산맥을 이룬다고 한다. 정족산성 북문에 이르기 전 산봉우리에 오르면 멀리 강화읍 갑곶진과 그 건너 문수산까지 보인다. 갑곶진 앞 염하에는 강화 구대교(1969년 개통)가 있다. 이 구대교와 연결된 길을 사이에 두고 천주교 성지와 전쟁기념관이 자리 잡고 있다. 천주교 성지에는 병인양요 때 프랑스군에 협력한 천주교 신자 이름이, 전쟁기념관에는 프랑스군과 격전을 치른 장수의 이름이 기록되어 있다. 종교와 역사의 중간에서 길은 슬프다.

성을 따라 서문, 북문, 남문을 지나 동문까지 2.3킬로미터를 천천히 걸으면 한 시간 정도 걸린다. 사방 풍광이 장쾌하고 강화도를 거지반 둘러볼 수 있는 길이다.

'양지(洋紙)로 피를 닦아버린 것이 거의 도로에 빈 곳이 없을 지경

이었다.'

프랑스군이 패하여 강화읍으로 도주한 길 풍경을 묘사한 양헌수 장군 『병인일기』의 기록이다. 정족산성에서 양헌수 장군이 이끄는 오백여 명의 조선군이 프랑스군을 크게 물리친 다음 날이었다.

정족산성 성벽 길을 따라 걷지 않고 전등사를 향해 언덕길을 내려오다 우측 양헌수 장군 승전비 앞에 섰다. 병인양요 때 프랑스군을 물리친 양헌수 장군의 공덕을 기리기 위한 비각 앞에 사람들이 쌓아놓은 작은 돌탑들이 수북하다. 돌탑에 쌓인 마음들을 헤아려보다 종교의 길이란 무엇인가 생각해본다.

병인양요의 원인이 되었던 프랑스 신부 학살사건만 보아도 종교의 길은 물리적 거리를 넘어서는 것 같다. 프랑스에서 조선까지 와 순교당한 프랑스 신부들도 그렇고, 진나라에서 고구려에 와 381년(고구려 소수림왕 11년) '진종사', 지금의 전등사를 창건한 아도화상을 생각해도 그렇다.

성문까지 비탈길을 올라오며 가빠진 숨을 돌리란 배려일까. 양헌수 장군 승전기념비를 지나면서 길은 평탄하다. 길가에 줄이 매어져 있고, 그 줄에 연등들이 매달려 있다. 십자가 불빛이 수직 지향적인 것에 비해 연등들은 수평 지향적이다. 연등들은 수평으로 피어난다. 수직 성향의 불마저 수평으로 줄에 매단 맘엔 왠지 깊은 뜻이 있을 것 같다.

전등사에서 만나는 오래된 소나무들은 다 상처가 있다. 일제강점기, 전쟁에 쓰려고 송진을 채취한 흔적이라고 한다. 이 땅의 식물들도 혹독한 침탈을 받은 증표다. 남문과 동문에서 올라오는 길이 만나는 곳에 오백여 년 된 은행나무가 있다. 은행나무 썩은 속을 채운 시멘트를 본다. 나무들은 껍질 부분만 살아 있고 속은 세포들이 죽은 거

자연
함
민
복

전등사 경내 전경

자연 함께 복민

정족산성 남문 종해루 전경

나 마찬가지여서 나무를 지탱하는 외는 큰 역할이 없다고 한다. 그나마 다행이다.

초지대교를 건너오면서 보는, 전등사가 자리한 정족산은 명필이 쓴 뫼 산(山) 자처럼 수려하다. 예부터 뫼 산 자로 생긴 산은 명당이라고 했고 대부분 절이 자리 잡고 있다고 했다. 정족산(鼎足山)은 산 모양이 가마솥을 엎어놓은 것(초지대교 위나 전등사 대웅전 앞 큰 느티나무 아래서 보면 잘 보인다)처럼 산봉우리 세 개가 다리 모양으로 우뚝하다 하여 붙여진 이름이라고 한다. 가마솥이 엎어진 모양 안에 절을 세운 의미는 무엇일까. 지구라는 가마솥에 불심을 지피라는 뜻은 아니었을는지. 지구가 자전하여 밤이 되면 정족산 솥 다리가 바로 서는 것 아닌가. 또 지구를 떠나 무한공간에서 본다면 이 솥 다리는 낮에도 바로 서 있는 것이 된다. 항시 불심을 지피기만 하면 된다. 자비로 가득 찬 세상을 열 수 있다는 큰 뜻을 품고 전등사가 세워진 것은 아닐까.

전등사 입구까지 연결된 연등 줄은 전등사란 사찰명이 붙어 있는 대조루(對潮樓)가 출발지였다. 대조루라는 누각의 이름은 멀리 염하 쪽으로 바닷물이 들어오고 나가고 하는 조수를 대할 수 있는 곳이라 하여 붙여졌다고 한다. '누각은 대개 일주문과 중심 법당을 잇는 일직선상에 설치하는 사례가 많아 다락식인 경우 누각 밑을 통과하면 법당 앞마당에 진입하게 된다'고 한다.

대조루 기둥에 붙은 주련을 읽어본다. 한문 실력이 바닥이라 주련 아래 번역해놓은 시구를 다시 읽는다.

온종일 바쁜 일 없이 한가로이
향 사르며 일생 보내리라

산하는 천안(天眼) 속에 있고
세계는 그대로가 법신(法身)일세
새소리 듣고 자성(自性) 자리 밝히고
꽃 보고 색(色)과 공(空)을 깨치네

오른쪽부터 왼쪽 기둥으로 자리 옮기며 주련을 읽고 계단을 통해 법당 앞마당에 올랐다. 누각 안에 들어가보려고 마당과 연결된 작은 다리를 지나려는데, 누각 안쪽 기둥에도 주련이 붙어 있었다. 눈이 나빠 시구절이 보이지 않아 다음에 보기로 하고 누각 안으로 들어갔다. 불교 서적과 기념품 판매대가 있고 대조루를 노래한 목은 이색의 시와 편액들이 걸려 있었다. 창을 통해 보면 대조루 아래에서보다 염하가 더 잘 보일 것 같았으나 관리인에게 극성스럽게 비칠까 싶어 그만두었다.

우리나라에 현존하는 절 중 최고로 오래되었다는 전등사. 전등사 대웅보전에는 전설이 전해진다. 추녀 밑에서 지붕을 받들고 있는 나부상에 대한 전설이다. 절을 짓던 도편수는 절 아랫마을 술집 아낙을 사랑하게 되었다. 그런데 절을 다 지어갈 무렵, 그 아낙이 목수의 물건과 돈을 가지고 도망가버렸다. 목수는 그 아낙을 원망하며 그 여자를 나체 형상으로 만들어 무거운 추녀를 들고 있게 했다고 한다. 또 다른 설은 술집 아낙이 아니고 도편수가 사랑한 한 여인이 있었는데, 도편수가 절 짓는 데 전념하고 있는 사이에 다른 남자와 정분이 나 도망가자 복수심으로 나부상을 만들어놓았다는 것이다.

"저것이 그것이여."

대웅보전 뒤쪽에서 나부상을 보고 있을 때였다. 정상적인 부부가 아닌 것 같은 중년의 남녀가 잡고 있던 손을 풀어 손가락으로 나부상을 가리키며 키득키득 웃었다. 그들의 선글라스는 유독 크고 색이 짙었다.

목수여, 나를 사랑해주었던 사람이여 / 이제 나의 죄를 용서해주게나.

몇 해 전 신춘문예 심사를 봤었다. 예심에서 내가 뽑은 작품 중에 전등사 나부상을 노래한 시가 있었다. 시를 응모한 사람은 포항 사람이었다. 시는 나부상이 추녀 밑에서 내려와 눈 내린 절 길을 산책하며 목수에게 용서를 바라는, 회한이 담긴 노래였다. 상상력과 시의 구조가 매우 탄탄한 시였다. 당선작은 되지 못했으나 그 시는 내게 커다란 자극이 되었었다. 나부상을 지상으로 내려오게 해 산책하게 할 수 있는 상상력이 내겐 없었기 때문이었다.

그 시를 본 후 전등사에 들를 때마다 나부상을 유심히 들여다보게 되었다.

네 귀퉁이 처마 밑에 있는 나부상들은 표정과 모습이 다 달랐다. 동쪽(방향은 정족산성 문의 위치를 기준으로 함)에 있는 나부상은 오른손으로 처마를 들고 있고 왼손으로 무릎을 짚고 있다. 남쪽에 있는 나부상은 이와 반대로 왼손으로 처마를 받치고 있고 오른손으로 무릎을 짚고 있다. 그리고 서쪽과 북쪽에 있는 나부상은 양손으로 처마를 받쳐 들고 있다. 얼핏 보면 두 나부상은 외형이 똑같은 것 같으나 자세히 보면 차이가 있다. 서쪽에 있는 나부상은 몸통이 쪼개져 확실하지는 않으나 그냥 맨몸인 것 같다.

그러나 북쪽에 있는 나부상은 가슴께에 붉은 줄을 둘렀고 사타구니에서 옅은 남색의 천 같은 게 올라와 이 줄에 매어져 있다. 언제부턴가 이 남색의 천 같은 게 여성의 생식기로 보였다. 여성의 겉생식기를 과장되게 그려놓은 것 같았다. 그리고 이 생식기가 아래로 수축하여 정상이 되지 못하게 줄에 붙잡아 매놓은 것같이 보였다.

북쪽에 있는 나부상을 보며 엉뚱한 생각을 해보았다. 술집 아낙 또는 목수가 사랑한 여인이 북쪽을 향한 길로 떠나가지 않았을까. 강화읍이나 개성 쪽 방향으로 난 길 말이다. 그 여인이 도망 간 방향에 목수가 더 큰 원망의 마음을 올려놓은 것은 아닐까. 또 불가에서 따르는 방향을 생각해보면 동·남·서·북 순으로 일을 진행해오며 목수의 노여움도 점점 커져 마지막 북쪽에 다다랐을 때 여인의 성기까지 그려놓았던 것은 아닐까 하는 생각도 들었다.

『사찰장식, 그 빛나는 상징의 세계』란 책을 쓴 허균은 「사찰 100미(美) 100선(選)」에서 전등사에 있는 여인상은 나부상이 아니고 나찰상이라고 한다. 그는 증거로 북서쪽에 있는 인물상의 파란 눈동자를 든다. 파란 눈동자는 불교의 다른 신중[神衆, 『화엄경(華嚴經)』을 수호(守護)하는 여러 신장(神將)] 계통의 인물상에서는 볼 수 없는 나찰(羅刹)만의 특징이라고 한다. 그리고 법당 불사에 참여했던 목수가 주막을 드나들며 여자를 사귈 수가 있겠느냐고 한다. 설령 그런 일이 있었다손 치더라도 개인의 복수심을 담은 여인의 조각상을 신성한 불전 건물에 올려놓을 수 있느냐는 것이다.

저자는 법주사 팔상전 추녀 밑의 나찰상인 난쟁이상과의 유사점을 들기도 하고, 일본과 동인도의 나찰상을 예로 들어 보이며 여인상은 나부상이 아닌 외호신 중의 하나인 나찰상으로 보는 것이 타당하다고 한다.

허균의 책을 읽지 않았더라면 나는 내 생각을 아무 검증도 없이 글로 쓸 뻔했다. 무엇인가를 안다는, 앎의 길이 얼마나 소중한가를 나는 나부상 아니 나찰상을 통해 깨우치게 된 것이다.

대웅보전 앞에서 지인을 만나 요사채에서 점심 공양을 했다. 음식을 먹으면서 '아까우니까 먹어치워야지'란 말에 대해 생각해보았다. 이 말은 언뜻 듣기에는 맞는 말 같다. 그런데 어떻게 생각해보면 단지, 음식이 아까워서 먹는다는 좀 야박한 말로도 들린다. 음식물이 고맙고 소중해 먹어야 한다는 느낌보다 경제적 손익에 더 관심이 있는 말로 들린다. 물론 위의 두 뜻을 다 담은 중의적 말이겠지만.

절에서의 식사는 조용해서 좋다. 음식물도 살아 소리쳐본 적이 없는 식물성들이다. 음식을 먹으며 떠들면 음식에게 미안한 맘이 든다. 음식들이 내 입까지 오게 된 길에 대해 생각해볼 시간을 빼앗기기 때문이다.

점심 공양을 마치고 지인과 헤어졌다. 사고지 터가 있는 길을 잡았다. 길 왼쪽 고려 가궐지 터에서는 발굴 작업이 한창이었다. 서문과 북문으로 길이 갈라지는 지점에서 멈춰 섰다. 수목장 지낸 은사님 나무에 가보려고 하는 참이었다. 은사님 나무 옆 소사나무에서 딱새가 나무줄기를 쪼고 있었다. 은사님 책 제목처럼 '가슴이 붉은 딱새'였다.

수목장. 식물을 먹고 사는 동물로 살다가 식물로 돌아감. 큰 틀에서 보면 동물과 식물은 한 몸이다. 움직이며 살다가 멈춰 섬. 뜨거운 몸이었다가 찬 몸이 됨. 전후로 길을 오가다가 상하로만 길을 감.

나는 은사님 나무를 보며, 길도 윤회를 하고 세상 만물이 다 윤회한다는 생각이 들었다.

내 눈길, 숨길, 마음 길도 못 다스리는 내가 무슨, 길이 어쩌구저쩌구 잡념에 들었던 것이 부끄러워져 황망히 전등사를 나섰다. 부끄러운 마음에게도 길은 길을 내줬다. 당치 않았다.

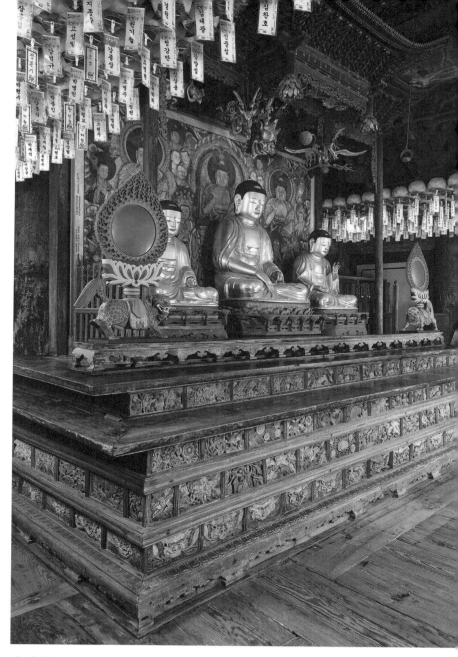

전등사 대웅보전 수미단

강화도, 별지기들의 성지(星地)

이광식(천문학 저술가)

철학이 '나는 누구인가?' 하고 묻는다면,
천문학은 '나는 어디에 있는가?' 하고 묻는다.

— 울리히 뵐크(천문학자)

강화도와의 인연

강화도 서쪽 산기슭에 둥지를 튼 지도 어느덧 18년째에 접어든다. 그해 가을, 우연히 강화도 어느 집이 매물로 나왔다는 얘기를 듣고 소풍 삼아 집구경을 하러 나섰다. 저물녘이었다. 강화도 서쪽 퇴모산 중턱에 깊숙이 묻혀 있는 조립식 서향집이었는데, 작고 허름했다. 집 앞으로는 좁다란 산길이 지나고 있었다.

멀리 해협 건너 석모도의 해명산 뒤로는 아름다운 노을의 배웅을 받으며 해가 장엄하게 지고 있었고, 집 뒤 산기슭에는 보랏빛 향유꽃들이 흐드러지게 피어 있었다. 나는 바다와 노을에 반했고 아내는 향유꽃에 취했다. 뒤로는 산이고 앞으로는 바다와 섬이 보이는 터—. 마을과는 뚝 떨어져 있는 산 중턱 골짜기였다. 그 자리에서 내가 내린 결론은 이랬다.

이
자 광
연 식

"얼마를 달라든 이 집 사자. 여기서 살다가 떠나자."

도시를 떠나 자연으로 들어가자는 꿈을 품은 지는 오래였다. 평생을 도시에서 살면서 책 만드는 일로 밥벌이했지만, 팍팍한 도시에서 내 삶을 마감하고 싶진 않았다.

어느 날 야근을 하고 집으로 돌아가는 길이었다. 내가 사는 아파트 단지 앞을 지나려는데, 높다란 아파트 베란다에 걸려 있는 조등 하나가 눈을 찔렀다. 그 순간 나는 화들짝 놀랐다. 아, 정신없이 살다가 저렇게 누런 조등 하나 내걸면 끝나는구나! 영국 작가 버나드 쇼의 그 유명한 묘비명도 떠올랐다.

어영부영하다가 이렇게 될 줄 알았다니까.

그렇다. 밥벌이 일에 파묻혀 바쁘게 살다가 어느 날 갑자기 아파트 안방에서 죽는다면, 그보다 억울한 일이 어디 있을까. 박정만(1946~1988) 시인은 '나는 사라진다/저 광활한 우주 속으로'(「종시(終詩)」 전문)라는 절명시를 남겼지만, 나는 사라지기 전에 내가 살고 있는 이 우주란 동네를 좀 더 알아보고 싶었다.

이런 생각 끝에 우리 부부는 틈나는 대로 여기저기 시골집을 보러 다녔다. 그러다가 딱 인연이 얽힌 곳이 바로 지금 사는 이 터였다. 강화도와는 남다른 인연이 있기도 했다. 바다와 섬을 좋아했던 나에게 강화도는 가장 들르기 쉬운 곳이었다. 강화도행 버스는 신촌에서 출발했다. 나중에 차가 생기자 툭하면 솔가해서 강화도로 차를 몰았다. 사진을 찍으러 가기도 했고, 새를 보기 위해 찾기도 했다. 어느 때는 태풍이 올라온다는 소식을 듣고는 새벽에 자는 아이들을 깨워 차에 태워서는 강화도 해넘이 고개에서 태풍을 기다리기도 했다. 하지만 아쉽게도 태풍맞이에 성공했던 적은 한 번도 없다. 올라오던 태풍들이 대개 저 아랫녘 안면도나 태안반도 앞바다에서 소멸하기 일쑤였다.

강화도 퇴모산 자락의 집을 구한 뒤 생업까지 접고 완전히 들어앉게 되기까지는 5년이 걸렸다. 운영하던 출판사를 인수할 사람이 나타나자 미련 없이 넘기고는 서울을 떠나 꿈에 그리던 '처사(處士)'의 삶에 들어갔다. 나에게 있어 처사의 삶이란 자연 속에 묻혀 빈둥거리기, 텃밭 가꾸기, 나무·꽃 심기, 읽고 싶은 책 읽기, 특히 내가 지금 태어나 살고 있는 이 우주란 과연 어떤 동네인가 공부하고 사색하기, 천체관측 등등이 목록에 포함되어 있다. 이런 것들을 하려면 아무래도 세상과는 적당히 거리를 두는 편이 낫다. 범잡사에 신경을 빼앗기면 볼일 보기 어렵다. 그래서 나는 아직 휴대전화도 쓰지 않는다.

강화를 선택하게 된 데는 또 다른 중요한 이유가 있었다. 비교적 빛 공해가 적어 밤하늘의 별과 은하들을 관측하기 좋다는 점이다. 나는 어려서부터 별과 우주에 관심이 깊었다. 지금 생각해보면 그것은 아마 큰형의 영향이 컸던 것 같다.

초등학교 3, 4학년이었을 무렵, 우리 가족은 도시 근교의 농촌에서 살았다. 스무 살 청년이었던 큰형이 어느 날 밤 시골집 마당에서 동생들에게 밤하늘의 별을 가리키면서 이렇게 일러주는 것이었다.

"너희가 보는 저 별은 지금 저 자리에 없을지도 몰라. 우주는 너무나 넓어서 별빛이 지구까지 오는 데만도 오랜 시간이 걸리기 때문이지. 만약 우리가 빛처럼 빠른 로켓을 타고 저 별에 다녀온다면 지구는 몇백 년이 흘러가버렸을 수도 있단다."

어린 나이에도 내가 살아온 세계와는 너무나 다른 이야기에 나는

이자연 광식

충격과 감동을 받았다(어린애들에게도 우주를 보여줘야 한다). 그 느낌은 오래도록 내 가슴에서 떠나지 않았던 모양이다. 내가 스무 살쯤 되었을 때, 우주가 너무나 궁금한 나머지, 하루 날을 잡아서는 그런 책을 찾기 위해 청계천 헌책방을 수백 군데 뒤지며 다녔던 적도 있었다. 그때만 해도 책이 귀한 시절이라 끝내 그런 책은 발견할 수 없었다. 나중에 내가 출판을 하면서 천문학과 우주론에 관한 책들을 기획, 출간하게 된 것도 그런 연유일 것이다. 지금 우주와 별에 관한 글을 쓰고 강연을 다니는 걸 보니 더욱 그런 생각이 든다.

어쨌든 내게 처음 별과 우주를 보여주었던 큰형은 나중에 신춘문예로 등단해 소설가가 되었고, 그 형에게 별 얘기를 들었던 어린 동생은 천문학 저술가가 되었다. 만약 형이 그날 밤 별 얘기를 내게 들려주지 않았더라면 나는 지금과는 아주 다른 인생을 살고 있을지도 모른다.

우주―천문학 독학하기

나는 결코 부지런한 성격은 아니다. 내가 가장 잘할 수 있는 일은 빈둥거리기다. 옛사람들이 좀 품격 있게 말한 '유유자적'이라는 것이다. 그런 내가 책 읽기를 그다지 열심히 하지 않았을 것은 뻔한 일이다. 하지만 물방울이 바위에 구멍을 뚫는다고, 빈둥거리면서도 이래저래 천문학, 물리학, 수학책들을 한 10년 읽다 보니 100권이 훌쩍 넘어서게 되었다.

물론 책 읽기의 여정이 순탄치만은 않았다. 문과 출신으로 과학책들을 읽으니 수식만 나오면 울렁증이 나고, 그러다 보니 책 한 권을 다 읽어도 반타작도 제대로 안 되는 형국이었다. 그래서 수학책을 놓은 지 30년 만에 다시 수학 공부를 해야겠다고 작정하고 어느 해 겨울 읍내 책방에서 중·고등학교 수학 참고서를 몽땅 사다가는 처음부터 공부하기 시작했다. 아내가 표현하기로 그때 내 모습이 마치 수험생 같았다고 한다. 그렇게 해서 고등학교 수학2 미적분까지 떼는 데 서너 달은 좋이 걸렸다. 그제야 책에 나오는 방정식도 조금씩 눈에 들어왔다.

문과 출신인 내가 생각하기로, 수학을 모르면 세상을 외눈으로만 보는 외눈박이의 삶을 살 수밖에 없는 듯하다. 세상은 두 눈으로 다 보고 살아야 한다. 멀쩡한 인생을 50퍼센트 세일 하듯이 살아서야 되겠는가. 그래서 주위의 아이들에게도 기회 나는 대로 수학 공부를 권하고 가르치게 되었다. 수학이 어렵다고 투덜대는 사람에게는 수학자 폰 노이만의 말을 들려주기도 한다.

"수학이 어렵다고 말하는 사람은 인생이 얼마나 어려운지를 모르는 사람이다."

어쨌든 나의 천문학 책 읽기 여정은 이윽고 한 변곡점에 이르게 되었는데, 어느 순간, 왜들 천문학 얘기를 이렇게 어렵고 재미없게 쓰는 걸까? 하는 회의가 드는 것이었다. 흔히들 잠이 안 올 때 천문학 책을 읽으면 5분 만에 잠이 온다는 우스갯소리를 하기도 한다.

그래서 쉽고 재미있는 천문학 책을 한번 써보자 해서 쓴 것이 『천문학 콘서트』였다. 문학을 전공한 사람이 쓴 책인 만큼 '철학이 나는 누구인가 묻는다면 천문학은 나는 어디에 있는가를 묻는다'고 한 어느 천문학자의 말에 충실히 따라 천문학 역사를 훑으면서 우주와 인간, 별과 인생을 함께 풀어나갔다. 책을 쓴 보람은 출간 후 시골 할머니에게 이런 전화를 받았을 때 가장 크게 느꼈다.

"이 책을 다 읽어본께 인제 하늘의 별을 봐도 예전에 보던 별과는 영 다르게 보이는기라."

이광식 연

그 뒤로 용기를 내어, 세계에서 가장 불행한 우리 청소년들을 위해 『십대, 별과 우주를 사색해야 하는 이유』를, 세계에서 가장 행복지수가 낮은 우리 어린이들을 위해 『별아저씨의 별난 우주 이야기』(전 3권), 그리고 잠 잘 못 자는 현대인을 위해 『잠 안 오는 밤에 읽는 우주 토픽』 등을 세상에 내놓았다. 운 좋게도 이런 책들이 미래과학부의 우수도서로 선정되기도 했다.

'세상은 왜 텅 비어 있지 않은가?'

'모든 시대는 신 앞에 평등하다'는 말이 있지만, 그래도 21세기를 사는 사람들은 어떤 면에서 전 시대에 비해 훨씬 행복한 사람들이란 생각이 든다. 물론 이 얘기는 '인간과 우주'라는 관점에서 볼 때 그렇다는 뜻이다.

일찍이 플라톤과 라이프니츠 같은 철학자들이 '왜 세상은 텅 비어 있지 않고 뭔가가 있는가?' 하면서 궁금해했지만, 그들은 끝내 답을 찾을 수 없었다. 당시엔 거기에 답할 만한 과학이 없었기 때문이다. 하지만 우리는 현대 과학에 힘입어 전 시대 사람들은 꿈도 꾸지 못했던 우주와 만물의 기원을 알아냈다. 그리고 우리가 어디서 왔는가 하는 문제에도 답을 찾아냈다.

우주는 138억 년 전 조그만 '원시의 알'이 대폭발을 일으켜 탄생했으며, 그때 빅뱅 공간에 나타났던 수소를 비롯해 초신성들이 폭발해 남긴 별 먼지들이 우주를 떠돌다가 이윽고 우리 몸을 만들고 생명을 일구어왔다는 사실을 알게 된 것이 겨우 반세기밖에 안 된다. 말하자면 우리는 그 전에는 '근본'도 모른 채 살아왔다는 얘기다(라이프니츠가 이 소식을 들었다면 정말 기뻐했을 것이다).

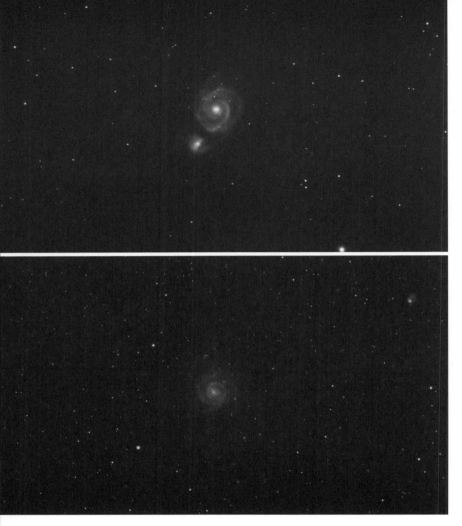

사냥개자리에 있는 나선은하 M51 (위)
큰곰자리에 있는 나선은하 M101 (아래)

이
자 광
연 식

큰곰자리에 있는 나선은하 M108과 올빼미성운 M97 (위)
큰곰자리에 있는 막대나선은하 M109 (아래)

근본을 안다는 것은 참으로 중요한 일이다. 모든 것이 그 지점에서 출발하기 때문이다. 현대 과학에 힘입어 우리는 우리의 출발점을 알아냈고, 우주를 보는 것이 곧 우리 자신을 찾아가는 길이라는 사실도 깨닫게 되었다.

이처럼 우주는 나 자신과 떼려야 뗄 수 없는 근원적인 관계에 있는 것이다. 하지만 불행하게도 많은 사람이 이 같은 사실을 모른 채 살아간다. 자신의 출발점을 모르면 자신이 어디에 있는가를 알 수 없고, 자기가 있는 위치를 모른다면 자신의 삶을 온전히 살아내기가 어려울 건 뻔한 이치다.

하지만 현대인은 거의 모두 우주 불감증이란 병을 앓고 있다. 우리네 삶이 균형을 잃어버린 것도 따지고 보면 하늘을 잊어버리고 살기 때문이라고 진단 내리는 사람도 있다. 그래서 "하늘을 잊고 사는 것은 곧 자신을 잊고 사는 거고, 그 자체가 재앙이다"는 말까지 있다.

우주 속에서 인류는 외로운 존재

강화의 밤하늘에는 별이 많다. 가을이 깊어가고 겨울이 눈앞에 오면 별지기들의 마음은 설렌다. 1년 중 천체관측에 가장 적합한 계절이 바로 겨울이기 때문이다. 대기는 투명하고 습도는 낮아, 어두운 밤하늘에서 별들이 쏟아질 듯이 반짝인다. 이럴 때 별지기들은 별에 맞아 죽을 것 같다면서 행복한 비명을 지른다. 스스로 '별 볼 일 있는 사람'이라고 칭하는 별지기들은 우주를 모르면 자기를 알 수 없다고 믿는 낭만주의자들이다. 그들은 어느 곳이든 집 밖으로 나서기만 하면 버릇처럼 하늘을 올려다본다. 그리고 눈에 익은 별자리들이 보란 듯이 펼쳐져 있으면 반갑기 그지없다.

한자로 성좌(星座)라고 하는 별자리는 한마디로 하늘의 번지수다. 하늘의 번지수는 88번지까지 있다. 별자리 수가 남북반구를 통틀어 88개 있다는 말이다. 이 중 우리나라에서 볼 수 있는 별자리는 67개다. 겨울철에 바깥에 나가면 으레 제일 먼저 찾게 되는 것이 북극성이다. 북두칠성의 국자를 이루는 두 별의 선분을 5배쯤 연장하면 만나게 되는 작은곰자리의 알파별. 이것이 북반구 하늘의 중심 별이다. 영어로 폴라리스(Polaris)라 하는 이 북극성을 중심으로 모든 별이 하루에 한 바퀴씩 하늘을 돈다. 물론 지구의 자전에 따라 나타나는 겉보기 운동이다.

강화에서 보면 정북에 있는 북극성은 약 38도 각도로 올려다보인다. 바로 내가 서 있는 곳이 북위 38도란 뜻이다. 이 북극성을 보며 계속 걸어가면 북극점에 이른다. 그때는 물론 북극성이 바로 머리 위 수직으로 보이게 될 것이다. 옛사람들은 북쪽으로 올라갈수록 북극성의 고도가 달라지는 것을 보고 지구가 공처럼 둥글다는 사실을 알아냈다.

지구에서 북극성까지의 거리는 약 430광년이다. 1초에 30만km를 달리는 빛이 430년을 줄창 달려가야 닿는 광막한 거리다. 그러니까 오늘 밤 당신이 보는 북극성의 별빛은 조선의 임진왜란 때쯤 그 별에서 출발한 빛인 셈이다.

2008년 2월 4일, 미 항공우주국(NASA)은 창립 50주년을 기념해 〈우주를 넘어서(Across the Universe)〉라는 노래를 북극성으로 쏘아 보냈다. 이 노래는 비틀즈의 존 레넌이 작곡한 곡으로, NASA 국제우주탐사망(DSN)의 거대한 안테나 3기를 통해 동시에 발사되었다. '현자여, 진정한 깨달음을 주소서'라는 레논의 염원을 담은 이 노래는 빛의 속도로 날아가 약 420년 후에 북극성에 도착할 것이다. 9년 전이니까, 지금쯤은 총 여정의 2퍼센트쯤 날아갔겠다. 만약 북극성 부근에 어떤 지성체들이 살고 있어 그에 대한 답장을 보내온다면 우리는 1000년 뒤에나 그것을 받아보게 될 것이다.

이처럼 북극성이 멀기는 하지만, 지름 10만 광년인 우리 은하나 940억 광년인 우주의 크기에 비한다면 실로 눈썹 길이밖엔 안 된다. 은하는 광대하다. 우주는 광막하다. 이런 생각을 하면서 밤하늘의 별들을 바라보면 티끌 같은 지구 위에 얽혀 아웅다웅하며 살아가는 우리 70억 인류가 우주 속에서 얼마나 외로운 존재인가를 절감하게 된다.

별과 나, 인간과 우주의 관계

밤하늘 별자리 중에서 단연 압권은 오리온자리다. 겨울철 남쪽 하늘에 큰 방패연처럼 걸려 있는 별자리다. 밤하늘에는 모두 21개의 1등성이 있는데, 북반구에서는 오리온자리만이 1등성을 두 개나 갖고 있다. 그래서 별자리의 왕자라 불린다. 두 별은 오리온의 좌상 귀에 있는 붉은 별 베텔게우스와 우하 귀의 푸른 별 리겔이다.

그중에서도 베텔게우스는 현재 가장 주목받는 별이 되어 있다. 조만간에 수명을 다해 초신성으로 폭발할 것으로 예상되기 때문이다. 지름이 태양 크기의 900배나 되는 적색 초거성인 이 별을 만약 태양 자리에다 끌어다 놓는다면 화성을 넘어 목성 궤도까지 잡아먹을 것이다. 변광성인 베텔게우스의 밝기는 태양의 50만 배, 거리는 640광년이다.

이 베텔게우스가 만약 터진다면 어떻게 될까? 폭발로 인한 빛이 지구가 생성된 이후 가장 밝은 빛으로 기록될 것이다. 조만간이라 하지만 천문학에서는 며칠이 될 수도 있고, 몇만 년, 몇십만 년이 될 수도 있다. 2020년이 오기 전에 터질 가능성도 있다고 한다. 물론 그런 일이 오늘 밤 실제로 일어난다면 현장에선 이미 640년 전에 일어났다

참성단 야경

는 얘기다. 640년 전이라면 이성계가 고려 조를 치기 위해 위화도에서 군사를 되돌릴 무렵이다.

베텔게우스가 폭발한다면 지구에는 어떤 영향을 미칠까? 나이가 850만 년인 이 늙은 거성은 중심에서 연료가 소진되면 내부로 붕괴돼 엄청난 폭발과 함께 마지막 빛을 발하게 된다. 그때 내는 빛은 온 은하가 내는 빛보다 더 밝다. 그러면 지구는 약 1~2주간 밤이 없는 세상이 된다. 〈스타워즈〉에 나오는 타투인 행성처럼 마치 하늘에 두 개의 태양이 떠 있는 것과 같은 장면이 연출된다. 이후 몇 달간 서서히 빛이 사그라져 초신성 잔해는 결국 성운이 되고, 1등성 하나를 잃은 오리온자리는 왼쪽 귀가 없는 허전한 꼴이 될 것이다.

요즘도 나는 밤하늘을 보면 가장 먼저 베텔게우스부터 찾는다. 혹 모를 일 아닌가, 내가 보는 그 순간 베텔게우스가 초신성 폭발을 할는지? 초신성 폭발은 한 은하당 대략 100년에 한 번꼴로 일어난다. 그런데 우리 은하에서 최근 터진 초신성은 약 400년 전 요하네스 케플러가 발견한 초신성이었다. 그리고 그 몇 년 전에는 튀코 브라헤가 발견한 초신성이 있었다. 17세기에 초신성 두 개가 잇달아 터졌다. 그후 400년이 지나도록 우리 은하에서 초신성이 터진 적은 없다. 그래서 사람들은 위대한 천문학자가 있을 때만 초신성이 터진다는 우스갯소리를 하기도 한다. 어쨌든 내 생애에 초신성 폭발을 볼 수 있는 그런 행운이 오기를 빌고 있다. 최근 천문학 동네의 뉴스를 보니, 2022년쯤 백조자리에서 초신성 하나가 폭발할 거라는 연구 결과가 발표되었다. 꼭 기억해서 우주 최대의 드라마를 놓치는 일이 없도록 하자.

그런데 우리에겐 초신성 폭발의 뒷얘기가 더욱 중요하다. 별이 수소를 태우기 시작해서 철까지 만들면서 최후를 맞지만, 철보다 무거운 중원소들은 모두 별이 폭발할 때 순간적으로 만들어진다. 그래서 양이 많지는 않다. 이것이 금이 쇠보다 비싼 이유다. 우리 몸을 이루는 원소들 역시 수소 외에는 모두 별 속에서, 그리고 별이 폭발할 때 만들어진 것들이다. 이 원소 구름이 우주를 떠돌다가 태양계 초기 지구가 생성될 때 합쳐졌고, 이윽고 인간을 비롯한 생명체들을 빚어냈다. 우리 몸속의 철, 칼슘, 마그네슘, 인, 요오드 등이 다 그렇다. 이건 픽션이 아니라 팩트다. 그러니 별들이 초신성 폭발로 온몸을 아낌없이 우주 공간으로 흩뿌리지 않았더라면 우리 인간도 다른 생명체들도 존재하지 못했을 거란 얘기다. 이것이 바로 나와 별의 관계, 인간과 우주의 관계인 것이다.

그래서 우리 고은 시인은, "소쩍새가 온몸으로 우는 동안/별들도 온몸으로 빛나고 있다/이런 세상에서 내가 버젓이 잠을 청한다(「순간의 꽃」 중에서)"고 노래했고, 미국의 천문학자 할로 섀플리는 이런 명언을 남겼다.

우리는 뒹구는 돌들의 형제요, 떠도는 구름의 사촌이다.

별지기들의 성지 강화도

불행하게도 요즘은 밤하늘에서 별 보기가 점점 더 어려워지고 있다. 빛공해가 나날이 심해지고 있기 때문이다. 이미 우리나라는 세계 최악의 빛공해국이 된 지 오래다. 대도시들은 불야성을 이루어 아무리 하늘이 맑아도 1등성 두어 개 보이는 게 고작이다.

지나친 밤의 조명이 암 발생과도 상관성이 있다는 것이 발견되었다고 한다. 이런저런 이유로 선진국에서는 지금 '전등을 끄고 별을 켜

자'는 구호를 내세우고 빛공해와 치열하게 싸우는 중이다. 하지만 우리는 지금 하늘과 점점 더 멀어져가는 중이다. 그래서 대부분의 사람은 우리 머리 위의 엄연한 현실인 하늘을 잊어버리고 산다.

별지기들은 이런 악조건 속에서도 별을 보기 위해 어두운 곳으로 찾아가고 있다. 그런데 그런 곳이 날이 갈수록 좁아지고 있다. 마치 말라가는 호수에서 물 있는 곳을 찾아가는 물고기들처럼 별지기들은 어두운 밤하늘을 찾아 여기저기 헤매는 형편이다.

예전엔 우리나라 어디서든 은하수를 볼 수 있었지만, 이제 밤하늘 은하수를 볼 수 있는 곳이 얼마 남아 있지 않다. 서울 인근에서는 은하수는커녕 별을 볼 수 있는 곳도 몇 군데 안 된다. 그나마 강화가 그중 별지기들에게 인기 있는 관측지의 하나다. 특히 하점면에 있는 강서중학교가 비교적 빛공해가 적어 좋은 관측지로 꼽히고 있다. 학교 뒤쪽의 군부대 조명이 약간의 빛공해를 만들기는 하지만, 사방이 탁 트여서 별 관측하기가 아주 좋다. 더욱이 이 학교는 20여 년 전부터 별지기들에게 천체관측을 위해 1년 내내 교정을 개방해주고 있다. 요즘 도시 개발로 인해 경기 서부권의 관측지들이 소멸해감에 따라 10여 년 전부터 별지기들이 강서중을 더 많이 찾고 있다.

지난해 9월 페르세우스 유성우가 내리던 날 밤, 유성우를 보려는 수도권 사람들이 몰려드는 바람에 이 일대의 도로가 마비되었을 정도라고 하니, 강서중이 관측지로서 웬만큼 알려진 모양이다. 별지기들은 그 고마움에 대한 보답으로 학생들에게 천체관측회를 열어주고 있다. 말하자면 서로 윈-윈 하는 셈이다. 이런 연유로 강서중학교는 별지기들에게 성지(星地)로 통하고 있다.

이처럼 강서중이 별지기들에게 더없이 귀중한 관측지지만, 한 가지 화장실 문제가 다소 불편을 주고 있다. 별기지들은 밤새 관측하면서 사진을 찍기 때문에 머무는 시간이 길다. 그런데도 밤에 사용할 수 있는 화장실이 없다 보니 상당한 고충이 따르는 모양이다. 한때는 학교 건물 뒤편에 있는 화장실을 사용할 수 있었는데, 지금은 너무 낡고 물도 안 나와서 사용을 할 수 없는 형편이다. 이 같은 화장실 문제만 해결된다면 강서중학교는 경기·서울 서부권에서 으뜸 관측지가 될 조건들을 갖추고 있는 셈이다. 그렇게 되면 여러 가지 다양한 천체관측 행사도 가능해질 것으로 보인다.

그런데 강화도도 요즘 들어서는 빛공해가 심해지는 추세에 있다. 몇 년 전만 하더라도 외곽 도로에는 가로등이 없었는데, 요즘에는 가로등들이 들어서고 있고, 길가에 가게들이 늘어나면서 밤새 조명을 끄지 않는 바람에 빛공해가 늘어가고 있다. 우리 강화도 빛공해를 줄여서 강원도 횡성 덕초현의 천문인 마을처럼 '별빛보호구역'으로 지정하는 문제도 한번 검토해볼 만하다는 생각이 든다. 그리고 번듯한 시민천문대 하나를 세워 군민들의 문화 욕구를 채워줄뿐더러 수도권의 사람들이 별 보러 즐겨 찾는 명소를 하나쯤 만든다면 금상첨화일 것이다.

끝으로 별지기가 되는 지름길을 간략히 소개해둔다. 보통 사람들은 별은 특별한 사람들만이 볼 수 있다고 생각한다. 그 이유는 대략 다음과 같을 거라 짐작된다. 첫째, 천문학을 웬만큼 알아야 하는데, 천문학은 어렵다. 둘째, 망원경이 무척 고가품이라 서민이 사기엔 무리다. 이 두 가지 이유는 대략 착각에 속한다. 첫째 착각은, 책 한두 권이면 충분히 천체관측을 할 기본은 갖출 수 있다는 사실이고, 둘째 착각은, 몇만 원 하는 쌍안경 하나만 있어도 훌륭한 관측이 가능하다는 사실이다. 본격 아마추어 천체망원경이라 하더라도 가격이 많이 내려가 몇십만 원 정도면 웬만한 장비를 손에 넣을 수 있다. 물론 비싼 것은 수천만 원대 가기도 하지만. 사실 맨눈만으로도 얼마나 감동적인 천체관측을 할 수 있는지, 경험자라면 누구나 알 수 있다. 자신의 우아한 취미를 살리기 위해 책 몇 권, 돈 몇 푼, 보고 쓸 용의만 있다면 별지기가 되는 길은 그리 어렵지 않다. 당장 오늘 밤이라도 가능하다!

그렇다면 별지기가 되는 지름길을 한번 알아보도록 하자. 물론 별지기들에게는 지극히 상식적인 내용이지만 의외로 모르는 사람이 많다.

1. 별지기가 되고 싶다면 먼저 기본 도서 몇 권 정도는 읽을 필요가 있다. 아는 만큼 보인다는 말은 밤하늘에서도 진리다. 기본도서 다음에는 나름의 책들을 선택해 지식 레벨을 높여나간다.

2. 천문동호회 카페를 검색해 가입한다. 여기에 천문학과 장비에 관한 질문들을 올리면 고수 별지기들이 벌떼처럼 달려와 도와준다. 같이 관측을 할 기회도 많다. 눈동냥만 해도 본전은 뽑는다.

3. 자신의 휴대폰에 구글 스카이 앱 등을 깐다. 이걸 밤하늘에 겨누면 반짝이는 저 별이 무슨 별인지 바로 알 수 있다. 별자리 공부를 따로 할 필요가 없다.

4. 스텔라리움(Stellarium) 같은 자료를 사이트에서 무료 다운받아 자기 PC에 깔면 실시간으로 밤하늘의 모든 정보를 얻을 수 있다. 행성, 성운, 은하, 유명 별 등의 현 위치와 출몰 시간 등 많은 정보가 들어 있다. 일례로 요즘 이 사이트에 들어가면 8행성 중 토성, 화성, 목성이 떠 있는 걸 볼 수 있다.

5. 쌍안경 하나는 기본으로 갖고 있는 게 좋다. 4~10만 원 선이면 살 수 있다. 보통 7*50(7배. 구경 50mm), 10*50 정도. 여름철 은하 관측에 유용하다. 코스트코에서 파는 90mm goto 굴절망원경은 20만 원대로 가격 대비 성능이 훌륭하다. 데이터를 입력하면 수천 개의 대상을 자동 추적으로 찾아준다. 다

만 물량이 딸려 사기가 좀 어렵지만, 찾아보면 더러는 있다.

6. 미 항공우주국(NASA)에서 운영하는 APOD(Astronomy Picture of the Day) 사이트를 애독하면 좋다. 허블 우주망원경 등 최첨단 망원경들이 찍은 우주 풍경을 매일 하나씩 올려놓고 전문가의 짤막한 설명을 덧붙인다. 물론 영어다. 이를 오래 반복하면 영어 공부, 천문학 공부에 크게 도움이 되는 건 보너스고, 우주의 아름다움을 만끽할 수 있다. 우주는 신비를 넘어 감동이라는 것을 느끼게 될 것이다.

이 정도면 별지기 되는 길이 그리 어렵지 않을 거라고 본다. 맘만 먹으면 오늘 밤이라도 당신은 '별 볼 일 있는 사람'이 될 수 있다. 그리고 당신에게 그 별은 이미 예전에 보던 그런 별은 아닐 것이다.

끝으로, 안톤 체홉의 희곡 「세 자매」 속에 나오는 한 대목을 내려놓는다. "두루미가 왜 나는지, 아이들이 왜 태어나는지, 하늘에 왜 별이 있는지 모르는 삶은 거부해야 한다. 이러한 것들을 모르고 살아간다면 모든 게 무의미하여 바람 속의 먼지 같을 것이다."

강화도의 저어새

이기섭(한국물새네트워크 이사)

강화도의 상징인 저어새

강화도를 상징하는 새가 있다면 단연 저어새라고 할 수 있다. 저어새는 인천 일대, 특히 강화도에 가야 쉽게 볼 수 있는 종이다. 일부는 남서부 해안에서도 관찰되지만 수가 적거나 잠시 들르는 경우가 많다. 강화도의 괭이갈매기는 저어새보다 더 흔하지만 전국 해안 어디를 가도 볼 수 있어 상징이 되기는 힘들다.

강화도에 저어새가 많이 오는 이유는 어느 갯벌보다 풍부한 먹이원이 있기 때문이다. 강화도 하면 떠오르는 것이 끝이 보이지 않을 정도로 넓게 드러나는 갯벌일 것이다. 특히 강화도 남단의 갯벌은 세계 어느 갯벌과도 뒤지지 않는 광활함과 풍부한 생물을 품고 있다. 저어새는 망둥어, 숭어 치어, 황강달이 등과 같은 소형 어류뿐만이 아니라 새우류, 칠게와 같은 갑각류와 갯지렁이 등도 잘 잡아먹는다. 강화도는 한강을 통해 육지에서 수많은 영양물이 유입되어 먹잇감이 풍부하고 잘 발달한 갯벌과 물골을 따라가며 저어새가 먹이를 잡기에 적당한 곳이기에 저어새가 많이 온다고 할 수 있다.

강화도에 저어새가 많은 두 번째 이유는 어느 갯벌보다 사람의 간

갯벌 저어새

선두리 저어새

이기
자연섭

강화 논의 저어새

섭을 덜 받는다는 것이다. 강화도는 접경 지역이어서 해안 출입이 제한되는 경우가 많고 야간에는 해상으로의 출입과 선박의 이동도 엄격하게 제한되는 곳이다. 저어새들은 수심이 낮은 해안 가까운 곳에서 낮뿐만이 아니라 야간에도 활발하게 먹잇감을 찾기 때문에 사람들의 해안 출입이 제한되는 점은 저어새들이 편하게 먹이를 찾는 데 큰 도움이 되고 있다.

세 번째 이유는 번식할 수 있는 섬들이 있기 때문이다. 강화도에는 사람들이 쉽게 접근하기 힘든 곳에 저어새가 번식하기 적당한 여러 무인도들이 있다. 예를 들어 볼음도 서쪽 해상에 위치한 석도와 비도는 군사보호지역이며 북방한계선인 NLL에 위치하고 있어 어선의 접근도 허용되지 않고 있다. 교동도 북단에 위치한 요도라는 섬 또한 강 한가운데 있어 남북한 누구도 들어가지 못하는 중립 지역에 위치하고 있다.

저어새가 즐겨 찾는 장소

강화도에서도 저어새를 가장 많이 볼 수 있는 곳은 어디일까? 강화도 남단 갯벌이 강화도에서도 가장 흔하게 저어새를 볼 수 있는 곳이다. 저어새들은 동검도에서 선두리, 여차리, 분오리를 잇는 긴 해안 갯벌을 따라 폭넓게 서식한다. 이곳에선 봄부터 가을까지 저어새들이 곳곳에 흩어져 긴 부리를 휘젓고 있는 것을 관찰할 수 있다. 만조가 되어 물이 차면 각시암, 선두리 해안, 여차리 물꽝, 분오리저수지 등지에 수십 마리에서 백여 마리까지 저어새들이 모여서 휴식하는 것을 볼 수 있다.

그에 비해 강화도 동서 해안은 상대적으로 저어새가 드물게 보인다. 갯벌 폭이 좁고 수심이 깊은 데다 물살이 빨라 물고기를 잡아먹기 쉽지 않기 때문이다. 한강 하구와 연결되는 강화도 북쪽 해안 역시 저어새가 그리 많지 않다. 한강으로 드나드는 물살이 빠르고 갯벌보다 모래가 많기 때문인 것으로 보인다. 그러나 교동도 북쪽으로 더 내려가면 북한의 예성강과 합류하는 곳에 갯벌이 발달하여 수많은 저어새들이 서식한다. 바다 쪽으로 더 나아가 석모도와 볼음도, 주문도, 서검도 일대에도 섬 주변으로 갯벌이 발달해 있다. 강화도 남단처럼 많은 수는 아니지만 곳곳의 갯벌과 갯골에서 부리를 휘젓고 있는 저어새를 한두 마리씩 만날 수 있다.

저어새를 쉽게 볼 수 있는 곳은 갯벌이다. 그러나 저어새는 갯벌에만 서식하지 않는다. 저어새는 종종 갯벌을 떠나 내륙 습지에 머물기를 좋아한다. 갯벌처럼 수심이 얕고 부드러운 펄이 넓게 펼쳐진 곳이면 저어새를 볼 수 있다. 그런 곳으로 강 하구, 수심이 얕은 저수지, 양어장, 혹은 소하천 등이 있다. 특히 봄철에는 모내기 전후에 물을 댄 논에 가는 것을 좋아한다. 저어새를 위성 추적한 결과를 보면 석도와 비도에서 번식하는 개체들은 북한 황해남도 연안군을 주 먹이터로 이용하였는데 봄철에는 상당히 많은 시간을 내륙 깊숙한 곳에 위치한 논이나 하천, 저수지까지 날아가 머무는 경우가 많았다.

저어새의 특징

저어새는 부리에서 꼬리까지 몸길이가 75~80cm 내외이며, 전반적으로 흰색을 띠는 새이다. 종종 비슷한 크기의 흰색 새인 백로와 혼동될 수 있으나 부리가 뾰족한 백로와 달리 저어새는 길고 넓적한 부리를 하고 있어 구별된다. 저어새 부리 모양은 마치 주걱과 흡사한 독특한 부리를 하고 있다. 부리의 생김새로 인해 저어새류를 영어로

'Spoonbill'이라고 하며 숟가락처럼 생긴 부리를 하고 있다는 의미이다. 국명으로 저어새라는 이름은 먹이를 잡을 때 부리를 휘휘 젓는 특성에 따라 '젓는 새'라는 의미로 이름이 유래하였다.

저어새류는 전 세계적으로 여섯 종류가 알려져 있다. 그중에서 강화도에 오는 저어새는 얼굴이 검다고 해서 영어로는 'Black-faced Spoonbill'이라고 한다. 이들은 동아시아에만 분포하며 갯벌 습지에 대한 의존성이 강한 새이다. 다른 다섯 종류와 달리 20세기 격동기에 급격하게 감소하여 사라질 뻔한 종으로 한국에서는 유사종인 노랑부리저어새(Eurasian Spoonbill)와 함께 천연기념물 제205호 및 멸종위기 1급종으로 지정하여 각별하게 보호하고 있다.

저어새는 다른 저어새류가 내륙 습지나 민물에서만 서식하는 것과 달리 바닷물에도 살도록 적응한 종이다. 짠물을 먹더라도 소금기가 강한 짠물을 혈관을 통해 코로 흘려보내 삼투압을 조절할 수 있다. 그러나 어린 새끼일 때는 염분을 여과하는 능력이 부족하여 민물고기를 먹어야 하는 것으로 알려져 있다. 약 1만 년까지 거대한 호수였던 황해가 침하하여 바다가 되면서 이에 적응하여 갯벌을 좋아하게 된 것으로 추정된다. 탁한 갯벌 물에서는 눈으로 보는 것보다 부리를 휘저으면서 촉감을 이용해 물고기를 잡는 것이 더 쉬웠을 것이다. 또한 얼굴이 검은 것은 강한 바닷가 햇살로부터 얼굴을 보호하는 데 유리했기 때문일 것이다. 저어새는 깃털 속의 피부도 검은색을 띠어 강한 자외선으로부터 몸을 보호하고 있다.

저어새의 생김새

저어새는 암수와 나이에 따라 서로 생김새가 다르다. 저어새는 수컷이 암컷보다 크기가 큰 편이다. 번식기에 암수가 같이 있으면 크기 차이로 서로를 구별할 수 있다. 또한 수컷은 부리 길이가 암컷보다 길며 과시하듯이 몸을 세워 키가 큰 데 비해 암컷은 부리가 짧고 자세를 낮추는 경우가 많아 서로가 구별된다.

어린 새와도 구별이 가능한데 어미와 달리 1살 미만의 어린 개체들은 부리에 주름이 없다. 저어새는 나이가 들면서 검은색 부리에 주름이 생기는데 개체마다 주름 모양이 다르고 한번 생기면 변하지 않아서 마치 사람의 지문처럼 구별할 수 있다. 어린 새들은 주름이 없고 부리 색도 옅은 황갈색을 띤다. 점차 나이가 들면서 윗부리부터 아래로 주름이 생겨나는데 보통 3살이 되어야 부리 주름이 모두 형성되며 주름의 길이도 늘어난다.

또한 어린 새는 날개 끝이 검고 날개를 따라 검은 선이 보인다. 1살이 넘어야 날개의 검은 선이 사라지며 나이가 들면서 날개 끝의 검은색도 점차 줄어든다. 보통 3~4세가 되면 날개깃은 모두 흰색으로 변하는데 이때부터 성적으로 성숙한 어미가 된다. 저어새는 독특하게 눈앞에 아이라인과 같은 노란 테가 있고, 개체마다 조금씩 범위가 다르거나 없는 경우도 있다. 눈 테두리의 생김새로 서로를 구별할 수 있다.

저어새의 혼인 깃

저어새는 성적으로 성숙하게 되는 3살부터 가슴과 머리에 노란색 혼인 깃을 지니게 된다. 어미 저어새들은 번식기가 도래하는 2~3월부터 머리 뒤로 댕기처럼 길게 늘어지는 깃이 생기며, 색깔이 흰색에서 점차 노란색으로 변한다. 또한 목 아래, 혹은 가슴 부위에도 노란색 테두리가 둘러진다. 성숙하지 않은 어린 개체들은 이런 노란색 댕기가 생기지 않거나 아주 짧다. 가슴의 노란색 띠도 어린 개체들은 없는 경우가 많다. 성조라 하더라도 개체에 따라 노란색의 진한 정도가 다르기도 하다.

노란색 댕기와 노란색 가슴 띠가 생기는 것은 꼬리깃 기부에 위치한 1쌍의 기름샘에서 나오는 노란색의 기름을 부리에 묻혀서 바르기 때문이다. 개체마다 부리를 이용해 기름을 얼마나 열심히 가슴에 바르고 다시 머리를 대고 문지르느냐에 따라 노란색의 농도와 범위가 달라진다. 색깔이 진할수록 많은 시간을 깃털 치장에 소비해야 하지만 짝을 짓는 데 유리한 것으로 추정된다. 어린 개체들은 짝을 지을 필요가 없기 때문인지 댕기가 길게 자라지도 않으며, 가슴에 노란색 혼인깃이 생기지 않거나 연한 경우가 많다.

이와 같이 저어새들은 몸 크기와 눈 테두리, 부리 주름, 날개의 검은색 띠, 그리고 노란색 댕기 등의 다양한 특징으로 서로를 구별할 수 있을 뿐만이 아니라 성별과 연령까지도 구별할 수 있다. 저어새처럼 다양한 특징을 보이면서 서로를 구별할 수 있는 새는 그리 많지 않다.

저어새의 번식지

저어새의 번식지는 한반도이다. 저어새 번식지는 주로 한반도 서해안을 따라 분포하며, 경기만의 무인도에 번식지가 집중되어 있다. 극소수만이 북쪽의 중국 동북부 랴오닝성, 북한과 러시아 접경 지역 등에 번식할 뿐이다.

저어새는 작은 무인도에 번식하는 것을 선호한다. 번식할 섬이 너무 크거나 숲이 우거져 있으면 좋아하지 않는다. 수풀이 무성하게 자라면 둥지 자리를 마련하거나 바닥에 접근하기가 쉽지 않기 때문이다.

또한 알이나 새끼를 해칠 수 있는 쥐나 수리부엉이와 같은 포식자가 살 수 있으며, 사람들도 종종 들어와 방해를 줄 수 있기 때문이다.

강화도는 저어새 번식지의 중심에 위치한다. 강화도에 알려진 저어새 번식지는 4곳이 있으며, 그중에서 서도면 서쪽에 위치한 우도의 부속 섬인 석도와 비도가 가장 중요한 번식지이다. 석도는 1999년에 처음 알려진 번식지로, 대략 10여 쌍이 번식하고 있다. 비도는 120~170쌍이 번식하는 강화도 최대의 번식지이다. 이곳은 1995년에 번식지가 최초 확인될 당시에는 1쌍에 불과하였으나 이후 번식 수가 크게 증가하였다.

교동도 남쪽에 상여바위라는 섬에도 20쌍 이상이 번식한다. 또 다른 곳으로 강화 남단 화도면에 위치한 각시암에도 약 20쌍 번식하고 있다. 이외에도 교동도 북쪽으로 3km 떨어진 요도(다른 말로 역섬이라고 함, 여뀌가 자라는 섬이라는 뜻)라는 섬에 약 100쌍 내외가 번식하고 있다. 또한 동검도 남서쪽으로 매도라는 섬에 약 70~80쌍이 번식하고 있으며, 영종도 북단으로 수하암이라는 바위섬에도 약 40쌍이 번식하고 있다. 매도와 수하암은 행정구역상 인천 서구와 중구에 속하지만 번식하는 저어새들의 일부가 강화도 갯벌을 먹이터로 이용하고 있다.

옹진군에 속하는 서만도라는 섬에도 약 50~80쌍의 저어새들이 번식한다. 이들은 번식을 마치면 모두 강화도로 날아와 서식한다. 서도면 볼음도 인근 수리봉이라는 섬에도 과거 2007년에 10여 쌍이 번식한 적이 있다. 따라서 강화도 내 4개 섬에 저어새들이 번식하고 있지만 강화도 갯벌을 먹이터로 이용하는 인근 번식 섬들을 포함하면 저어새 번식지는 9개에 이르며, 번식 추정 수도 약 500쌍에 이른다.

2000년대 초반까지 전국 저어새 번식지로 확인된 곳은 석도와 비도, 요도, 수리봉 등 4곳뿐이었으며, 번식 수도 100쌍 내외에 불과하였다. 2006년 이후부터 번식지 수와 번식 쌍이 점차 증가하기 시작하였고 번식지도 점차 확대되고 있다. 이와 같은 증가 추세는 저어새 서식지인 강화 갯벌 약 45000ha를 2000년에 천연기념물 제419호로 지정하고 저어새 번식지를 보호하기 시작하면서부터라고 할 수 있다.

강화도의 번식지

1) 각시암

강화도에서 사람들이 볼 수 있는 저어새 번식지로 대표적인 곳은 각시암이다. 이곳은 나무가 자라지 않는 작은 암초 섬으로 강화 남단 해안에서 1km가량 떨어져 있으며, 섬이 작아서 포식 동물이 서식하기에는 적당하지 않은 곳이다. 사람들도 펄이 드러나면 접근하기 어렵고 마땅히 머물 만한 곳도 없다. 각시암의 저어새들은 가파른 돌 틈에 둥지를 틀며 주변에 떠내려온 나뭇가지나 풀을 가져다 둥지를 만든다. 그러나 이곳은 크기가 너무 작아 번식할 만한 장소가 부족하고, 그나마 사리 만조 시에 둥지가 물에 잠기는 경우가 많다. 또한 풀도 자라지 않는 섬이어서 둥지 재료를 구하기도 쉽지 않다. 이곳은 20쌍이 번식하기도 쉽지 않으며, 그마저도 번식에 실패하는 경우가 많다.

2) 비도

강화도에서 저어새가 가장 좋아하는 대표적인 섬으로 비도를 들 수 있다. 비도는 2개의 봉우리가 연결되어 있는 섬으로, 민간인 통제 지역에 위치하여 사람이 출입할 수 없는 곳이다. 또한 군부대가 주둔한 우도로부터 500m 정도 떨어져 있고 빠른 조류가 흐르고 있어 쥐가 접근하기도 쉽지 않다. 둥지 재료로 쓰기 적당한 명아주나 쑥 종류가 무성하게 자라며, 절벽이 있어 중간 바닥에 둥지를 틀기 좋은 공간이 많은 곳이다. 과거에는 군부대에서 사격 연습을 하던 곳이었으나 천연기념물로 지정된 이후에 사격을 하지 않게 되어 저어새들의 번식수가 2016년에는 170쌍 내외로 크게 증가하였으며, 강화도 최대의 번식지가 되었다. 이곳은 매년 3천 쌍의 괭이갈매기와 1백여 쌍의 가마우지를 비롯하여 중대백로, 노랑부리백로 쇠백로, 왜가리 등도 같이 번식하고 있다. 이들의 배설물로 인해 섬에 나무가 잘 자라지 않을까 하여 적절히 조절되고 있다.

3) 석도

인근에 위치한 또 다른 번식 섬인 석도의 경우에도 저어새가 번식을 하고 있다. 다만 섬의 크기가 비도보다 작고 돌이 많아 저어새가 번식할 만한 곳이 많지 않다. 29쌍까지 번식한 적도 있으나 최근에는 번식을 거의 하지 않게 되었다. 매가 번식하면서 위협을 주고 한국재갈매기 또한 종종 알을 훔치는 경우도 있기 때문에 번식하기가 쉽지 않은 것으로 추정되고 있다. 비도와 석도는 각시암에 비해 크기가 크고 번식하기에 더 좋은 조건을 가지고 있지만 가장 큰 문제는 먹이를 구할 수 있는 갯벌이나 육지 습지로부터 30km가량 떨어져 있다는 것이다. 따라서 어미들은 새끼를 키워내기 위해 먼 거리를 자주 이동해야 하고 체력 소모가 커서 두 마리 이상의 새끼들을 키워내기 힘든 상황이다.

4) 요도

교동도 북쪽에 있는 요도는 남북한 한가운데 위치하고 있어 누구도 접

볼음도의 저어새

이
자 기
연 섭

근할 수 없는 섬이다. 나무가 자라지 않아 저어새를 비롯한 갈매기류와 가마우지류에게는 이상적인 번식지이다. 상부는 풀밭이며 하부는 암반으로 이루어져 있다. 섬의 길이가 약 300m 정도로 작지 않은 크기이다. 다만 나뭇가지를 구하기 힘들고 풀들도 무성하게 자라지 못하여 번식하는 새들 간의 둥지 재료 경쟁이 심하고 재료가 부족한 편이다. 둥지 재료를 상대적으로 잘 물어 나를 수 있는 가마우지의 번식 수가 매년 늘어나고 있는 것도 문제가 될 수 있다. 요도의 저어새들은 주로 북한 쪽 갯벌과 농경지를 이용하며 간혹 교동도 농경지와 고구저 수지에서도 볼 수 있다.

5) 상여바위

교동도 남쪽에 위치한 저어새 번식지인 상여바위는 절벽섬으로 사람들의 접근이 쉽지 않은 곳이다. 중간에 고압선과 철탑이 있고 섬의 크기가 작은 편이나 풀과 나무가 듬성하게 자라고 있어 수십 쌍이 번식하기에 좋은 곳이다. 최근에 한국재갈매기, 괭이갈매기와 함께 저어새까지 세 종류가 번식하고 있다. 그러나 몇 년 전부터 번식기에 수리부엉이가 종종 날아와 포란 중인 새들과 새끼를 잡아먹는 경우가 늘고 있다. 이로 인해 저어새들이 2015년에는 절반 가까이 번식을 포기하였고, 2016년에는 거의 모든 저어새들이 번식에 실패하였다. 수리부엉이는 저어새의 번식에 가장 큰 위협이 되는 새이다. 이곳의 저어새들은 강화도 서쪽부터 석모도, 서검도 등을 먹이터로 이용하고 있다.

저어새의 번식 습성

1) 번식 시기

저어새는 대개 4월부터 번식을 시작한다. 일부 늦게 도착한 개체들은 5~6월에 산란을 하기도 한다. 산란에서부터 새끼가 둥지를 떠날 때까지 약 3개월이 소요되며 8월이면 대부분 번식이 끝난다. 경험이 많고 나이가 많은 저어새들일수록 빨리 번식하는 경향을 보인다. 번식지는 사람이나 동물이 접근하기 힘든 섬의 바위틈이나 절벽, 경사면을 선택한다.

2) 짝짓기

짝짓기는 보통 1주일 정도 소요되며 암수가 함께 붙어서 서 있거나 같이 잠을 자며 종종 서로 깃을 다듬거나 같이 몸 터는 등의 행위를 한다. 교미를 하기 전에는 수컷이 머리를 위아래로 흔들며 접근하여 암컷의 등을 좌우로 여러 번 문지르는 행위를 한다. 그러면 암컷은 자세를 낮추고 짝짓기 쉽게 해준다. 수컷은 교미할 때 부리를 벌려 암컷의 부리를 빠르게 좌우로 흔든다. 지난해에 짝을 지었던 개체와 다시 하는 경우도 많으며, 이 경우는 짝짓는 데 걸리는 일수가 짧은 편이다.

3) 둥지 틀기

암수가 함께 둥지를 틀며 둥지 장소는 돌 틈이나 풀, 관목, 나무 밑 등을 이용한다. 나뭇가지나 마른 풀줄기 등으로 기초를 하고 잔가지와 풀잎 등을 모아 약 40cm 내외의 원형 둥지를 만든다. 산란을 하고 나서도 새끼가 자랄 때까지 계속 둥지를 보강하기 때문에 둥지가 점차 커진다.

저어새 어미와 새끼 (위)
저어새 알 (아래)

4) 산란과 포란

저어새는 알을 보통 세 개 낳으며 종종 네 개나 다섯 개를 산란하기도
한다. 1~2일에 한 개씩 산란하며 포란은 암수가 서로 교대를 한다.
포란 시간은 평균 7~8시간이며 대개 낮에는 수컷이 많이 포란하고 밤
에는 암컷이 주로 포란한다. 그러나 아침에는 1~2시간의 짧은 포란
교대를 자주 하며, 교대 후에도 둥지 주변에 지키고 서 있거나 둥지 재
료를 날라 오기도 한다. 저어새들은 서로 싸우지 않는 적당한 거리를
두고 둥지를 틀지만 장소가 좋은 곳에서는 둥지 간 거리를 구별할 수
없을 정도로 서로 바싹 붙어서 여러 둥지가 몰려 있기도 한다. 포란
시기는 23~26일이 소요된다.

5) 새끼의 부화와 육추

새끼는 동시에 부화하지 않고 보통 2일 간격으로 알을 까고 나온다.
따라서 첫째와 셋째 새끼와는 5~6일의 부화 차이가 생긴다. 먹이가
부족하게 되면 먼저 태어난 새끼만 먹이를 받아먹고 동생들은 잘 먹지
못해 죽는 경우가 많다. 어미가 먹이를 잘 잡아 올 경우에는 세 마리
모두가 잘 성장하지만 대개는 먹이를 충분히 공급하지 못해 한두 마리
만 키우는 경우가 많다. 네 번째 알의 부화는 첫째와 10일 이상 차이
가 나기 때문에 거의 살아남기 힘들다. 이와 같이 동시에 새끼들이 부
화하지 않고 시간차를 두는 것은 기후가 갑자기 나빠지거나 먹이가 부
족해질 경우에 모두 죽지 않고 한 마리라도 키워내기 위한 전략으로 보
인다.

　　어미가 새끼들에게 먹이를 먹일 때는 먹이를 토하지 않고 새끼들
이 부리를 어미 부리 속으로 넣어야만 얻어먹을 수 있게 한다. 대개

부화 후 2주일까지는 어미가 새끼를 품어주거나 보살피며 이후부터 점차 새끼들을 놔두고 먹이를 찾아 떠난다. 2주일 정도 자란 새끼들은 둥지에 도착한 어미를 알아보고 고개를 위아래로 흔들며 끼르륵, 끼르륵 하는 소리를 내며 먹이를 달라고 보챈다. 걸어 다닐 수 있는 3주일 가량의 새끼들은 종종 둥지를 떠나 돌아다니거나 다른 둥지의 새끼들과 함께 있기도 한다. 어미는 둥지로 새끼가 알아서 돌아올 때까지 기다리며 거의 찾아다니지 않는다.

6) 새끼의 이소

태어난 지 한 달 정도 되면 새끼는 비행할 수 있을 정도로 날개가 자란다. 몸무게도 어미와 비슷해진다. 이때부터는 둥지에 도착한 어미를 기다리기보다는 적극적으로 어미를 쫓아다니며 새끼들 간에 먹이를 달라고 경쟁적으로 보챈다. 어미는 금방 먹이를 주지 않고 둥지를 벗어나 자신을 쫓아오게 하거나 주변을 날게 한 후에 먹이를 주면서 새끼가 둥지를 떠나 날아갈 수 있도록 훈련을 시킨다. 50일이 지나면 새끼들은 어미를 따라 번식지를 떠나 첫 비행을 하며 어미의 먹이터인 갯벌로 쫓아가기 시작한다. 새끼들은 쉬기 편한 장소에서 모여 어미들이 먹이를 가져오길 기다리거나 그동안 스스로 먹이를 잡는 방법을 터득하면서 점차 독립하기 시작한다. 그러나 번식지를 떠난 후에도 몇 달간 계속 어미를 쫓아다니며 먹이를 보채는 경우가 많다.

강화의 논과 저어새

강화도에서 저어새를 자주 볼 수 있는 곳은 해안과 가까운 논이다. 특히 범람형 논 지역을 즐겨 찾는다. 강화도에서는 봄철 일찍부터 수로에 물을 가두었다가 넘치는 물을 논에 대는 범람 방식의 논농사 지역이 곳곳에 있다. 강화도 해안 일부 지역은 과거 갯벌을 매립하고 물골이었던 곳에 보를 막아 바닷물이 들어오지 않게 한 수로형 저수지가 많다. 수로의 물에는 과거 염분이 남아 있어 양수기로 곧바로 퍼 올려 물을 대면 벼가 잘 자라지 않는다. 따라서 수로의 윗물을 천천히 범람시켜 논에 물을 채우는 방식을 이용하여 왔다. 염분이 높은 물은 밀도가 높아 아래로 가라앉기 때문이다. 이런 논은 빠르면 2월부터 모내기철인 5월까지 천천히 물을 공급한다. 논물을 오랫동안 가두기 때문에 매화마름과 같이 멸종위기에 처한 수서식물이 자랄 수 있는 기회를 주며, 미꾸라지나 붕어, 개구리, 수서곤충 등의 먹잇감이 다수 논으로 유입된다. 강화도의 논에선 종종 수십 마리의 저어새들이 미꾸라지를 잡기 위해 함께 무리를 지어서 부리를 휘젓는 모습을 볼 수 있다. 백로와 왜가리들이 목을 길게 빼고 저어새를 쫓아다니며 도망가는 미꾸라지라도 잡기 위해 기회를 엿보는 재미있는 모습을 관찰할 수도 있다.

저어새들이 가장 많이 찾는 시기는 한창 모내기를 준비하는 4월부터 벼의 크기가 저어새 등 높이를 넘기 전인 6월까지이다. 북한의 경우에는 모내기가 한 달가량 늦어지는 경우가 많고 수작업으로 농사를 짓기 때문에 7월까지도 논을 이용할 수 있다. 저어새들이 거의 이용하지 않는 논들도 있는데, 이런 곳은 대개 큰 저수지에서 한꺼번에 관계 수로를 통해 물을 받아 논농사를 하는 곳이다. 물을 대는 기간이 상대적으로 짧아 먹잇감이 거의 없기 때문이다.

저어새의 월동지

저어새는 번식을 마치면 주변의 갯벌이나 습지 등으로 이동해 체류하다가 기온이 떨어지는 10~11월에 남쪽으로 이주를 시작한다. 주 월동지는 한겨울에도 기온이 영하로 떨어지지 않는 대만, 홍콩, 중국 남부 등이며, 일부 가까운 곳으로 제주도와 일본 남부에 머물기도 하고, 더 멀리 베트남, 태국, 필리핀까지도 내려간다. 저어새는 월동지까지 보통 2000km 내외 거리를 이동하며 대부분 황해를 건너 중국 쪽으로 날아간다. 이주 중에 중간 기착지인 중국 중부의 옌청, 상하이, 항저우 등의 해안 갯벌이나 양어장, 습지 등에서 짧게는 며칠에서 길게는 한달 이상 오래 머물기도 하며, 소수 개체들은 더 남하하지 않고 월동하기도 한다.

월동지에서 저어새는 갯벌을 별로 이용하지 않는다. 저어새 최대 월동지인 대만 남서 해안 지역에서는 강화도와 달리 갯벌을 이용하는 경우가 별로 없다. 대만의 주 월동지인 타이난, 치구 등의 지역은 오래 전에 갯벌이 매립되어 거의 사라지고 염전이나 어류 양식장 등으로 바뀌었다. 최근에는 염전의 이용가치가 떨어지면서 양식장으로 바뀌거나 일부 저어새 보호지역으로 지정되기도 하였다. 저어새들은 이곳 양식장이나 폐염전에 대한 의존성이 상당히 강하다. 이곳의 드넓은 양식장은 가을부터 겨울철에 물고기를 출하하고 물을 빼는 경우가 많다. 이때 이용가치가 없는 작은 물고기나 새우류는 수확하지 않고 남겨두는 경우가 많은데, 저어새들과 여러 종류의 물새들에게는 겨울을 지내기에 너무도 좋은 상태가 된다. 저어새가 많을 때는 양어장 한 장소에만 수백 마리가 모이기도 한다. 다른 월동지인 중국 남부, 홍콩 등지도 이런 이유에서 갯벌보다는 매립된 양어장이나 새우 양식장을 즐겨 찾는다.

그러나 일본 규슈 월동지의 경우에는 이용할 수 있는 양어장이 거의 없다. 따라서 소규모로 남아 있는 갯벌과 수심이 얕은 강 하구를 이용하는 경우가 많으며, 곳곳에 적은 무리로 흩어진다. 중국에 월동하는 일부 저어새는 내륙으로 수백 킬로미터 들어간 호수나 습지 등을 찾아 월동하는 경우가 종종 확인된다.

저어새의 생존 수

2017년 1월에 저어새 월동지에 대한 모니터링 결과, 현재 전 세계에 저어새가 약 4000마리 내외 생존하는 것으로 파악되었다.

이들 중에 약 2000마리가 강화도에 번식하거나 강화도를 이용하는 것으로 판단된다. 그러나 20년 전에 저어새의 생존 수는 400여 마리에 불과하였다. 지난 20년간 10배로 늘어난 셈이다. 이들이 점차 증가할 수 있었던 것은 강화의 번식 섬들이 보호될 수 있었기에 가능한 것이었다. 볼음도와 강화도 남단을 포함한 45000ha의 넓은 강화도 수역이 저어새 천연기념물 지역으로 지정된 2000년 이후부터 강화의 저어새들이 구준하게 증가하여 왔다. 만일 강화 갯벌의 천연기념물 지정이 없었더라면 저어새의 현재와 같은 증가는 없었을 것이다.

저어새를 위협하는 요인

저어새는 다양한 종류의 위협에 처해 있다. 번식지에서는 집쥐나 수리부엉이가 큰 위협이 되고 있다. 집쥐는 알이나 어린 새끼를 잡아먹고, 수리부엉이 역시 새끼를 잡아먹으며 어미에게도 위협이 되고 있다. 그 외 큰부리까마귀, 재갈매기 등도 알을 훔쳐 갈 수 있으며, 매도 어린 새끼에게 위협이 된다. 일부 번식지에서는 사람이 풀어놓은 염소가 번식에 방해를 주며, 풀을 먹어치워 번식을 힘들게 하기도 한다. 종종 사람들이 알을 주워 가기도 한다. 습지 먹이터에서는 고양이와 개 등이 위협이 되며 삶은 저어새를 종종 잡아먹기도 한다.

낚시 쓰레기 역시 문제가 된다. 부리가 넓적하기 때문에 물속의 끊어진 낚싯줄이나 바늘이, 혹은 노끈이 부리에 걸리면 풀어내지 못한다. 종종 오염된 먹이를 먹고 죽기도 하고 전깃줄이나 건물에 충돌하기도 한다. 그러나 무엇보다 저어새를 위협하는 것은 서식지인 습지와 갯벌이 사라지는 것이다.

사람과의 갈등

강화의 저어새들은 점차 이용할 수 있는 서식지가 줄어들고 있는 실정이다. 강화 남단 동막리의 경우에 해안으로 숙박업소와 위락 시설 등이 점차 증가하면서 저어새들은 가까운 해안을 이용하지 못하게 되었다. 동막리 해수욕장에 관광객이 증가하면서 주변의 저어새들이 이곳 갯벌을 피하고 있다. 넓은 갯벌이 펼쳐진 초지리 갯벌 역시 점차 이용하기 힘들어졌다. 초지대교 개통과 해안도로 신설, 황산도 관광단지화 등으로 차량이 과거보다 증가하고 사람의 갯벌 접근이 많아져 이제는 저어새들이 잘 이용하지 못하고 있다. 분오리와 선두리 사이에 위치한 매립지인 동주농장은 만조 시에 저어새의 휴식지로 중요한 곳이다. 그러나 동주농장의 농경지가 개발될 예정이어서 민물에서 목욕을 하거나 물을 마셔야 하는 저어새들이 점차 이곳을 이용하기 어려워질 것으로 보인다. 다른 곳들도 강화도 해안을 따라 차량의 이용이 크게 증가하였고 강화나들길을 따라 관광객도 증가하고 있다. 논 지역에서는 낚시꾼들의 증가도 영향을 주고 있다. 또한 범람형 논이 점차 줄어들고 있으며 모내기 벼를 쓰러트린다는 이유로 저어새를 달갑지 않게 보는 농민들과의 갈등도 있다. 모내기한 벼 사이로 무리를 지어 부리로 휘

휘 젓고 다니는 모습이 농민들에게 곱지 않은 시선을 줄 만하다. 천연
기념물 도래지로 지정한 이후 해안 개발이 제한되면서, 주민과의 갈등
과 개발 제한에 따른 민원 등의 여러 문제점들은 계속되고 있다.

저어새의 보호

강화 갯벌의 넓은 면적이 천연기념물 지역으로 보호되고 있지만 일부
저어새들이 이용하는 핵심 서식지는 보호지역에서 벗어나 있다. 일부
저어새가 번식하는 섬들은 보호지역으로 지정되지 못하였으며, 저어새
들이 자주 찾는 해안 인근의 논이나 습지 역시 보호지역으로 지정하기
는 어려운 실정이다.

강화 남단의 여차리, 흥왕리, 분오리 등의 해안에 위치한 유수지와
저수지, 그리고 어유정도 폐염전과 강화도 일원의 폐양어장 등은 갯벌
에 물이 차는 만조에 저어새들이 들어와 쉴 수 있는 좋은 장소이다.
이런 장소들 중에 일부가 향후 저어새의 보호를 위해 습지 공원이나
보전 지역으로 지정·관리될 수 있다면 저어새 보호에 큰 역할을 할 수
있을 것이다.

1) 여차리 유수지의 사례

저어새들이 가장 즐겨 쉬는 장소로 여차리 유수지가 있다. 이곳은 수
심이 얕고 만조 시에 안전하게 휴식을 취하거나 목욕을 할 수 있는 곳
이다. 그러나 이곳은 사유지인 데다 함초를 재배하거나 물을 뺄 경우
에는 이용할 수 없다. 또한 새우 양식장 때문에 새들이 잡아먹거나 조
류에 의한 전염병 전파 우려가 있어 저어새의 접근이 달갑지 않은 상
황이다. 동주농장의 경우에도 저어새들이 휴식지로 즐겨 찾거나 물을

먹는 곳어서 일부 해안 지역을 습지 공원으로 전환한다면 저어새와 물새 서식지로 유명해질 수 있을 것으로 보인다.

2) 각시암의 사례

각시암은 저어새 번식지로도 이용되지만 만조에 가장 많은 저어새들이 휴식지로 이용하는 곳이다. 이곳에 매년 보호 단체가 둥지터를 만들고 둥지 재료를 넣어줌으로써 번식 수 증가에 좋은 효과를 보고 있다. 그러나 섬이 작기 때문에 주변에 이보다 더 큰 섬을 만들어준다면 저어새에게 큰 도움이 될 수 있을 것이다.

과거에 저어새는 DDT와 물의 오염으로 거의 멸종할 뻔했던 새이다. 그러나 자연환경 보호를 통해 점차 수가 증가하고 있으며 이제는 좀 더 가까이에서 많은 새들을 볼 수 있게 되었다. 저어새는 갯벌의 건강함을 상징한다고 할 수 있다. 앞으로도 계속 강화의 저어새가 사람들과 공존할 수 있도록 우리의 배려와 노력이 필요할 것이다.

강화나들길

이민자(사단법인 강화나들길 이사장)

길을 걸으며
길을 닮고 싶은 사람들
바퀴에서 내려
직선 길 벗고
여기 모였다

자연이 외곽인 문명에서
자연이 중심이 되는 길
사람들로부터 잊혀져가며
눈꺼풀처럼 감겨 울던 길
이제 꽃처럼 다시 피어날 길들
여기 모였다

길은 인류의 생명줄임을
길은 한 문장으로 된 끝나지 않는
인류가 써온 자서전임을

이민자
자연

알아,

기리려

머릿속의 숫자를 털고

찔레꽃 향 가득 채울 사람들

여기 모였다

'사람들은 이상한 날개를 가졌군,

땅을 차며 나는 저 수상한 날개 좀 보게나

글쎄, 우리는 어떻게 움직이면서

길을 갈 수 있을까가 더 궁금한 걸'

산새들 들새들 호기심 높고

서서 제 길 가는 풀과 나무들 질문 푸르른

산과 바다와 들판과 하늘이 만들어 준

역사와 문화가 깃든

길을 걸으면

살아온 길과

살아갈 길도 함께 걷는

품은 여리나 정신은 억센

새 길 열려

우리들

여기 모였다

사계절 오르막 내리막 평평탄탄

길을 걸으면

자신도 모르게 자신을 걷게 되는

강화나들길에서

우리가 길의 평화를 배우고

우리가 길의 비영리를 배운다면

길은 기꺼이 현이 되어

길 위를 걷는 우리 생을 찬연히 연주해주리라

— 함민복, 「강화나들길—비영리단체 사단법인 출범식을 축하하며」(2011년 1월 8일)

강화나들길은……

1) 강화의 자연과 문화유산이 담긴, 강화 그 자체인 길

강화나들길은 1906년 화남 고재형 선생이 강화도의 유구한 역사와 수려한 자연을 노래하며 걸었던 그 길을 찾아 잇고, 그 길에 강화가 품고 길러낸 강화 그 자체를 연결한 길이다. 걸어서 여행하는 사람들을 위한 길이며 걸어서 여행하는 사람들이 주인인 길이다. 강화는 문신처럼 한반도 역사를 새기고 화석처럼 문화유산을 남긴 유인도 9개, 무인도 17개로 이뤄진 수도권 제일의 청정 지역이다.

이곳에 나들길 20개 코스가 자연과 역사를 품고 여행자들을 기다리고 있다. 본섬에 14개 코스 226.4km, 교동도에 2개 코스 33.2km, 석모도에 2개 코스 26km, 주문도에 11.3km, 볼음도 13.6km 등 총 310.5km 나들길이다.

2) 어제와 오늘을 잇는 섬길

강화나들길에서는 무엇보다도 세계문화유산으로 지정된 선사시대 고인돌을 만날 수 있다. 또한 고려시대의 왕릉과 건축물에서부터 외세의 침략으로부터 나라를 지키기 위해 설치했던 조선시대의 진보와 돈대 등 생생한 역사의 현장을 느낄 수 있다.

살아 있는 갯벌과 천연기념물인 저어새와 두루미 등의 철새들이 서식하는 자연 생태 환경은 강화나들길에서 향유할 수 있는 아름다움이다. 강화나들길은 우리나라 역사의 집약체이며 생생한 역사의 현장인 동시에 이 땅에 선조가 심어놓은 학문과 역사와 지혜의 길이다. 어제와 오늘의 삶을 잇고 있는 강화 그 자체다.

3) 힐링의 길

나들길은 나들이 가듯 걷는 길이라는 뜻이다. 바다가 있고 호수가 있는 강화나들길은 생태계의 보고인 세계 5대 갯벌을 품고 있다. 갯벌은 시시각각 변화무쌍한 아름다움으로 사람들의 발길을 잡는다. 일 년 열두 달 마르지 않는 수로 안으로 해와 달이 뜨고 지는 섬. 멸종 위기의 매화마름이 피는 섬. 전설과 역사가 하나의 고리로 엮여 있는 섬. 정동진에서 뜬 해는 바로 이곳 강화도에서 떨어진다. 일몰의 풍광은 삶의 지난함을 어루만져주고 살아온 날들을 비장한 장엄함으로 수긍하게 만든다. 이것이 힐링이다. 수많은 사람이 찾아와서 쉬 발길을 돌리지 못하는 것도 이 때문이다.

강화나들길의 탄생 배경과 시기

지난 2007년 초, 당시 문화체육관광부의 '스토리가 있는 문화 생태 탐방로' 프로젝트 사업에 따라 강화군의 적극적인 지원으로 학계, 주민 그리고 민간단체가 함께 자리했다. 우선 수려한 자연경관과 유서 깊은 역사와 문화 자원을 하나로 연결, 친환경적인 옛길을 되살리자는 데 중지를 모았다.

자연이 만든 곳에 사람이 머물고, 사람이 만든 곳엔 자연이 머물게 하는 명품 도보 여행 길을 만들겠다는 생각, 나아가 나들길을 통해 강화의 보편적인 가치를 적극적으로 홍보함으로써 관광객을 증대시켜 지역 경제에 보탬이 되겠다는 의지와 희망을 단단히 품고 사업을 시작했다.

2007년 6월, '강화읍 재창조 추진위원회'를 발족, 다음 해인 2008년 4월 화남 선생이 남긴 256수의 칠언절구 시집 『심도기행』을 토대로 동네 어르신들의 옛길에 관한 기억과 산악인들의 도움을 받아 답사에 들어갔다.

2009년 3월, '강화군 도보 여행 추진위원회'가 구성되었고 당시 시민연대 여러분과 주민들의 노력으로 같은 해 5월, 문화체육관광부가 공모한 '스토리가 있는 문화 생태 탐방로'로 선정되었으며, 그해 7월, '강화둘레길'이라 부르던 것을 공모를 통해 선정된 '강화나들길'로 공식 명칭을 변경하고 로고와 캐릭터도 결정했다.

2009년 9월, 나들길 여권과 리플릿을 발행하고, 1코스 '심도역사 문화길' 18km, 2코스 '호국돈대길' 17km, 3코스 '고려왕릉 가는 길' 16.2km, 4코스 '해가 지는 마을길' 11.5km 등 네 개 코스를 공개하고 본격적으로 정기 도보를 시작했다.

2010년, 5코스 '고비고개길' 20.2km, 6코스 '화남생가 가는 길' 18.8km, 7코스 '낙조 보러 가는 길' 20.8km와 20코스 '갯벌 보러 가는 길' 23.5km, 8코스 '철새 보러 가는 길' 17.2km 등 9개 코스 총 163.2km 의 아름다운 강화나들길이 조성, 공개되었다.

2011년 1월에는 9코스 '교동도 다을새 길' 16km를 완성, 공개하고, 10월에 10코스, '머르메 가는 길' 17.2km와 11코스 '석모도 바람길' 16km, 12코스 '주문도 길' 11.3km, 13코스 '볼음도 길' 13.6km, 14코스 '강화도령 첫사랑 길' 11.7km 등을 많은 도보 여행자들의 기대 속에 차례로 개장했다.

2011년 1월 8일 발기인 대회를 마친 사단법인 강화나들길은 비영리단체로 출범, 강화군과 함께 활발한 활동을 펼치면서 15코스 11km, 16코스 13.5km, 17코스 12km, 18코스 15km, 19코스 10km 등 모두 20개 코스 310.5km를 완성했다. 통행이 제한된 본섬 북쪽 지역을 제외한 강화 모든 지역의 옛길을 찾아 이은 것이다. 현재의 강화나들길 코스이다.

점점 늘어나는 강화나들길 방문객

나들길이 공개된 첫해 2009년은 연인원 1만여 명이, 2010년에는 4월과 12월 두 차례의 구제역 파동이 있었음에도 5만여 명, 2011년에는 10만여 명이 나들길을 찾았다. 해마다 강화나들길을 찾아오는 사람들이 눈에 띄게 증가, 2012년 13만여 명, 2013년 15만여 명, 2014년 18만여 명으로 늘어나더니, 2015년 34만여 명, 2016년 48만여 명으로 급속도로 늘어났다. 이는 지자체의 적극적인 홍보와 협조, 그리고 시민단체의 헌신적인 봉사와 노력의 결과라고 볼 수 있다.

특히 지난 2011년 1월 8일 발기인 대회, 5월 12일 비영리단체 사단법인 인가를 받은 강화나들길은 '강화 근대역사 기행', '민통선 평화 걷기—더 좋은 나라 통일의 길목에서', '강화나들길 팸투어', '걷기 인문

1코스 산성 길 (위)
2코스 오두돈대 (아래)

이민자
자연

학' 등 주제 있는 프로그램을 수시로 운영하면서 도보객들의 관심은 물론 이를 통해 더 많은 관광객을 끌어내는 모범 사례를 보여주었다.

또한, 강화군이 '올해의 관광도시'로 선정되어 2018년 나들길 방문객 1백만 명 목표로 좀 더 체계적이고 합리적이며 짜임새 있는 유지와 관리는 물론 길과 연관된 여러 가지 프로그램을 개발, 진행하는 동시에 다시 찾고 싶은 강화나들길이 될 수 있도록 관심 있는 모든 분과 머리를 맞대고 정성과 지혜를 모아 추진하기로 했다.

강화나들길 현재 20개 코스(총 310.5km) 소개

1코스   **심도역사 문화길**   강화 버스터미널 ⟷ 갑곶돈대 18km

한때 임시 수도였던 강화는 '심도(沁都)'라고 불렸다. 강화 타임머신을 타보자. 고려와 조선이 숨 쉬고 우리 한민족의 과거와 현재, 그리고 미래가 공존하는 고장임을, 하늘과 소통하는 성스러운 지역임을 알게 될 것이다.

왜 강화를 지붕 없는 역사박물관이라 하는지, 왜 천년을 넘나드는 시간 여행의 길이라 하는지 발로 알아가는 코스다. 강화도령 철종의 잠저 용흥궁, 고려 왕들이 살았던 고려 궁지, 프랑스군이 탈취해 간 의궤가 있었던 외규장각, 숙종 때 쌓은 성의 흔적이 남아 있는 산성 길, 몽골과 강화조약을 맺었던 연미정, 예성강·임진강·한강이 만나 한 몸을 이루는 곳. 하나하나 열거하기조차 숨 가쁜 역사 문화의 길이다.

2코스   **호국돈대길**   갑곶돈대 ⟷ 초지진 17km

오래전부터 강화도는 호국 성지이자 외국의 문화가 바닷길을 통해 육지로 들고 나던 관문이었다. 남과 북의 강이 모여 흐르는 바닷길을 걷

2코스 호국돈대길 덕진진

이
민
자
자
연
자

다 보면 충돌에 대비하기 위해 섬을 빙 둘러 만든 53개의 돈대를 만나게 된다. 몽골과의 항쟁에서부터 조선 말 병인양요, 신미양요에 이르기까지 민족의 자긍심과 국난 극복의 의지가 서린 강화도의 전적지를 살펴보는 길이다.

한 발짝 한 발짝 내디딜 때마다 쉴 새 없이 마주하게 되는 고려와 조선의 역사 문화 코스다. 이 때문에 사계절 내내 학생들이 가장 많이 찾는 단골 맞춤형 학습 코스이기도 하다. 걷는 중간중간 만나는 돈대에서 항쟁의 역사를 더듬어보고, 나라를 지키기 위해 목숨을 초개같이 버린 이름 없는 수많은 용사의 무덤 앞에서 묵념도 하자. 둑길에 무리 지어 피는 타래붓꽃은 이 나들길이 주는 특별한 환영 인사!

3코스 　고려왕릉 가는 길　온수리 공영주차장 ←→ 가릉 16.2km

온수리 공영주차장에서 전등사를 도는 코스(1시간 소요)와 온수리 성공회 성당으로 바로 걷는 코스가 있다. 길정 저수지의 잔물결을 따라 아름드리 당산나무들이 지켜 선 마을을 지나게 된다. 바람보다 먼저 눕는 파릇파릇한 벼들이 보기만 해도 배가 부르다. 하늘을 찌를 듯 높다랗게 핀 등꽃을 보기 위해 길을 재촉하다 보면 개경으로 돌아가지 못한 슬픔을 간직한 고려 왕들이 능 속에서 진강산 자락을 베개 삼아 누워 나들길을 걷는 나들이꾼들의 발소리를 반겨 듣는 것만 같다.

전등사는 현존하는 한국 사찰 중 가장 오랜 역사를 가진 호국 불교의 근본 도량이다. 시간이 된다면 경내를 둘러보고 북문으로 나오면 마치 깊은 산속으로 들어온 것 같은 숲길을 지난다. 마을 길을 따라 고려 최고의 문장가 이규보 묘를 지나, 우리나라에 단 두 기밖에 없는 고려 왕비의 능으로 가는 숲길은 '전국 아름다운 숲길 베스트 10'으로

이민자
자연

5코스 낙조대에서 본 전망

6코스 화남생가 가는 길

선정된 코스이다. 만일 안개가 꼈다면 길정 저수지 쪽으로 가보라. 둑길에 넘실대며 이리저리 휘돌아 치는 안개 속을 헤치고 걷다 보면 '삼포로 가는 길'이 여기던가? 하는 착각을 순간 하게 된다. 전 구간이 노란 양탄자를 펼쳐놓은 듯 평탄한 길이다.

4코스 해가 지는 마을길 가릉 ←→ 망양돈대 11.5km

노을이 아름다운 하곡 마을은 양반, 노비 구분 없이 평등한 사회와 인간다운 삶을 추구한 강화학파의 산실이다. 그 중심에 하곡 정제두 선생이 있다. 선생의 묘는 300년이 지난 지금에도 하곡 마을에 온전히 남아 있어 하곡의 넋을 기릴 수 있다. 노을이 내려앉은 마을길을 지나 해안 길을 따라 걸으면 탁 트인 외포리 앞바다가 눈앞에 펼쳐진다. 여객선 따라 춤추는 갈매기의 합창, 온통 붉게 물들어버린 하늘은 나들이꾼들의 발길을 멈추게 한다.

숲속 어딘가에 있는 연리지도 찾아보고, 풀꽃들과 눈도 맞추며 걷다 보면 홀연히 시야가 훤해지며 하곡 선생의 묘가 나타난다. 잠시 발길을 멈추고 평등 사회와 인간다운 삶을 추구한 선생의 앞선 생각을 더듬어보자. 인심 좋고 양지바른 마을을 지나 건평 나루에 들어서면 짭조름한 새우젓 냄새가 나들이꾼의 시장기를 자극한다. 만조 시 바다의 소용돌이에 일렁이는 붉은 노을 그리고 망양돈대에서 석양을 볼 수 있다면 둘도 없는 호사다.

5코스 고비고개길 강화 버스터미널 ←→ 외포 여객터미널 20.2km

강화 동쪽에서 서쪽을 가로지르는 길이다. 강화 장터로 장을 보러 가는 길이고 또 반대로 장 보고 돌아오는 길이며 나무꾼이 등짐 지고 오르내리던 정다운 길이다. 수련·어리연이 나들이꾼을 반기는 국화 저수지를 지나 굽이굽이 산길을 돌아 숲속으로 들어서면 오감의 기쁨이 현란하게 교차하는 오솔길이 이어지다가 크고 작은 고인돌 여러 개가 모여 있는 오상리 고인돌군을 만난다. 타임머신을 타고 선사시대로 눈 깜짝할 사이에 건너온 것이다. 강화나들길은 이렇게 수천 년 전 강화에 살았던 사람들을 만날 수 있는 경이로운 곳이다.

국화 저수지를 지나 숲속으로 들어서면 울창한 나무와 오솔길 양쪽으로 앙증맞게 핀 야생화들이 걷는 발걸음에 경이로움과 보는 재미를 더해준다. 운 좋으면 내가 시장에서 소박한 시골 장을 볼 수도 있다. 인천시 무형문화재 제8호 '강화 외포리 곶창굿'은 격년 또는 3년 걸이로 음력 2월에 사흘 동안 행해진다. 전국의 마을굿 중 으뜸인 곶창굿을 볼 수 있다면 한판 신명 나게 놀아볼 수도 있을 것이다. 황량한 무채색 산을, 노란 바늘잎 달고 황금빛으로 밝히며 늘씬하게 서서 가을을 전송하는 덕산의 낙엽송 풍광도 놓치기 아깝다.

<u>6코스</u>　　　화남생가 가는 길　강화 버스터미널 ⟵⟶ 광성보 18.8km

화남 고재형 선생은 1906년 강화의 논과 밭, 산길과 바닷길, 유적 등을 둘러보고 칠언절구의 한시 256수를 남겼다. 바로 강화도의 유구한 역사와 수려한 자연을 노래한 시집 『심도기행』이다. 강화나들길은 바로 화남 선생이 걸었던 길을 탐사함으로써 강화가 품고 길러낸 자연과 땅 위의 모든 것을 연결한 길이다. 선생의 생가 두두미 마을에는 선생이 남긴 '봄바람 맞으며 두두미를 걷노라니 온 마을의 산과 내가 한눈에 들어오네. 밝은 달 푸른 버들 여러(구)씨 탁상에서 잔 가득한 술맛이 힘을 내게 하는구나'라는 「두두미동」 시 한 수가 새겨져 있다.

터미널을 벗어나면 바로 고식이 들판, 조산평이라고 불리는 너른 논이 이어진다. 바람결에 몸을 흔드는 벼 이삭의 배웅을 받으며 도감산을 오르면 진달래·생강나무 꽃이 발걸음마다 따라와 탄성이 절로 나온다. 나무 틈 사이로 푸르디푸른 논은 자연이 만든 예술품처럼 아름답기 그지없다. 화남 고재형 선생의 고향 두두미 마을은 '세상의 모든 꽃이 이곳에 다 있다'라는 말이 너무도 잘 어울리는 조용하고 전형적인 농촌 마을이다.

7코스 　낙조 보러 가는 길

화도 공영주차장 ←→ 갯벌 센터 ←→ 화도 공영주차장 20.8km

화도 공영주차장을 출발, 양지바른 마을 길을 벗어나면 달콤한 찔레 향기 솔솔 풍기는 상봉산 일만 보 길에 들어선다. 무성하게 하늘을 가린 우거진 나뭇잎 진초록 터널이다. 아무도 가지 않았을 것 같은 이 터널 아래 천남성·박쥐나무·쥐방울덩굴 등이 지천이다. 야생화 천국이라고 하는 곰배령이 부럽지 않다. 진초록 터널을 벗어나면 산과 바다 풍경이 어우러진 천연기념물 제419호, 세계 5대 갯벌에 든 1억 3천 6백만 평의 광활한 강화 갯벌이 파노라마처럼 펼쳐진다. 일몰 조망지에서 보는 대섬 너머로 떨어지는 해넘이는 차마 발길을 돌릴 수 없게 한다. 으뜸 포토 존이다.

출발은 품이 넉넉한 느티나무와 소나무가 눈에 띄는 강화 특유의 아기자기한 마을 길이지만 해안도로로 들어서면 조수간만의 차이에 따라 하루에 두 번 주기적으로 밀물 때에는 바닷물로 열렸다가 썰물 때에는 해안선으로부터 바다를 향하여 육지로 드러난다. 이 갯벌에는 저어새 등 천연기념물 12종과 함께 보호종 110종 등 6만여 마리가 서

8코스 선두리 가을

이민자
자연

8코스 선두리 일몰

식하고 있다.

8코스 철새 보러 가는 길   초지진 ⟷ 분오리돈대 17.2km

바다를 왼쪽에 두고 험한 절벽 허리에 나무 데크 길을 놓았다. 들고 나는 물길 위에 부드럽게 휘어진 황산도 데크 길은 1km 정도의 왕복 길로 상쾌한 바닷바람을 맞으며 느리게 걷고 싶은 바다 위의 길이다. 벚나무·오동나무·생강나무·해당화·참나리 등이 절벽에서 제철마다 꽃을 피우고 향기를 바닷바람에 실어 유감없이 멀리멀리 뿜어낸다. 데크 길을 벗어나면 이제 막 썰물이 시작되어 촉촉한 갯벌이 눈에 들어오기 시작한다. 드넓은 갯벌이 만들어내는 독특한 풍광과 바다가 품어온 생명에 경외감이 솟는다. "누구나 바닷가 하나씩은, 자기만의 바닷가가 있는 게 좋다." 어느 시인이 말한 그 바닷가가 바로 여기가 아닐까? 눈·코·귀·입이 한꺼번에 호사하는 아름다운 강화도 해안코스다.

황산도 입구에도 지그재그로 길게 놓인 데크 길이 있다. 바다를 보며 편히 쉴 수 있는 쉼터도 곳곳에 있다. 특히 황산도와 선주들이 운영하는 선두 어시장은 언제나 싱싱한 생선회를 주문할 수 있는 특별한 곳이다. 나들길을 걸을 때 저어새 등 물새들 근처를 지날 때는 팔을 휘두르는 등 위협이 될 것 같은 행동을 삼가야 한다. 나들이꾼들이 꼭 지켜주어야 할 보호종 새들에 대한 배려. 제방 등을 걸을 때 새들이 불안해하지 않도록 조용히 빠르게 지나가도록 하자.

9코스 교동도 다을새 길   월선포 선착장 ⟷ 월선포 선착장 16km

삼국시대 이래 서해안 해상 교통의 요지였던 교동도는 한강과 임진강, 예성강이 합쳐지는 물길 어귀에 자리 잡고 있다. 고려·조선 왕족들의 유배지였으며 조선 중기엔 경기·황해·충청 삼도 수군을 담당하는 삼도 수군 통어영이 설치됐던 중요 섬이다. 드넓은 간척지, 들판과 하늘을 휩쓸고 다니는 철새 떼가 장관인 섬이며 과거와 현재가 공존하고 있는 마을이 있어 옛사람들의 흔적을 만날 수 있다. 풍년에는 교동 주민이 10년은 족히 먹을 수 있다는 풍요의 섬, 천혜의 자연, 단 한 번도 사람의 발길이 닿지 않았을 것 같은 고즈넉한 숲길, 강화 속 강화다. 다을새는 교동의 옛 지명 가운데 하나인 달을신(達乙新)에서 왔다.

월선포를 출발하여 폭신폭신한 숲길을 따라가면 최초로 공자상을 모신 교동 향교의 고풍스러운 솟을삼문이 나들이꾼을 맞아준다. 고려 말의 문신이자 대학자 목은 이색이 머물렀던 화개사를 지나 화개산 정상에 오르면 섬 전체가 한눈에 들어오고 북녘땅이 손에 잡힐 듯 가까이 다가온다. 섬 전체가 민통선 지역인 데다 물때가 맞지 않으면 들고 나기가 매우 불편해서 그랬을까? 옛 정취가 섬 구석구석에 고스란히 남아 있다. 헝클어진 일상사로 머리가 복잡할 때, 일에 치여 피폐해졌다고 느낄 때, 또는 일상이 무료할 때 걸어보라. 시간 여행이라도 한 듯 시계도 더디게 가는 느림의 평화와 생각이 우물처럼 깊어지는 걸 느끼게 될 것이다. 화계사 앞에서 숲길로 들어가 면사무소 방향으로 가는 12.7km의 코스도 있다.

10코스 머르메 가는 길 대룡리 ←→ 대룡리 17.2km

교동도는 잃어버린 과거를 찾을 수 있는 곳이라고 흔히 말한다. 6·25 때 활주로로 사용하였던 곧게 뻗은 11번 도로를 따라 드넓게 펼쳐진 교동평야를 가로지르면 거대한 호수를 연상케 하는 난정 저수지를 만난다. 부지런하고 온순했던 선대의 숨결이 유적으로 남아 있고 온몸으로 섬을 지키려 했던 역사 속 이야기들이 전설처럼 전해져오는 마을. 산과 들과 바다가 어우러진 머르메 가는 길은 옛사람들의 일상이 그대로 풍경이 되어 나들이꾼을 반긴다. 어디를 둘러봐도 가슴 뭉클한 정경에 명징한 하늘을 이불 삼아 벌러덩 눕고 싶다.

　　머르메는 동산리 자연부락의 이름이다. 원래는 가장 큰 마을이라는 뜻으로 두산동이라 불렸으나 한자를 풀어 우리말로 '머리뫼'라 한 것이 와전되어 '머르메'로 불리게 되었다. 오래된 사진 속에서나 봄 직한 평탄한 머르메 길은 구름과 하늘을 벗 삼아 과거로 갔다가 다시 새롭게 태어나듯 현재로 나오는 신기한 길이다.

11코스　　**석모도 바람길**　석모도 선착장 ⟷ 보문사 16km

석모도의 바람은 천 개의 눈과 천 개의 손을 가진 관세음보살이 흩뿌리는 바람이다. 온몸에 살짝 얹히는 바람은 자비롭고 내딛는 발걸음은 마치 관세음이 받쳐주는 듯 가볍기 때문이다. 그래서 걷는 재미에 시나브로 녹아든다. 뒤에서 따라오는 바람과 함께 걷다 보면 일출이 예쁜 어류정항이다. 석모도는 일출과 일몰을 동시에 조망할 수 있는 흔치 않은 곳이다. 강화 본도와 마찬가지로 고려시대 이후 진행된 간척으로 현재 모습을 갖게 됐다. 지금은 간신히 흔적만 남은 삼양염전 자리는 붉은 칠면초와 나문재의 향연장이다. 바람이 걷는 내내 귓전에 머무는 석모도 바람길은 바다와 갯벌과 항구를 잇는 해변 길이다.

　　갈매기 날고 짭조름한 소금 내음이 물씬한 섬 길에는 또한 사람들의 삶이 그물처럼 펼쳐진다. 2017년 8월, 석모대교가 완공되면서 들고 나기가 보다 용이해져 많은 나들이꾼의 발길이 예상된다.

주문도 길 주문도 선착장 ⟵⟶ 주문도 선착장 11.3km

외포리 선착장에서 2시간 남짓 바닷길을 달려와야 하는 한적한 섬이 지만 조선시대부터 구한말까지는 중국으로 가는 전진기지로서 중요한 역할을 했던 곳이다. 서양 문물이 첫발을 디딘 곳이고 영국 성공회 신 부들이 최초로 포교 활동을 한 곳이기도 하다. 촉촉한 윤기가 돋보이 는 주문의 해당화는 아름답기가 우리나라에서 으뜸이다. 마치 섬 전체 가 해수욕장처럼 해변의 풍경이 좀처럼 끊이지 않고 이어져 있다. 멀 리 수평선까지 무량으로 펼쳐진 바다는 숨 막히도록 거대하다. 하늘을 완전히 가린 소나무 숲은 해변을 따라 지천으로 핀 해당화와 경쟁하듯 푸른 향내로 우리를 사로잡는다.

절로 감탄사가 터져 나오는 바다와 해안의 환상적인 비경, 섬에는 우리가 흘려보낸 세월이 내려앉아 있다. 쉼 없이 달려온 자신을 돌아 보며 잠시 숨을 고르듯 사색에 빠져들게 된다. 넉넉한 마음과 시간을 갖고 움직이는 것이 좋다. 주문도로 가는 배편은 바다 상황에 따라 출 발 시각이 다소 유동적이다. 배를 탈 때는 반드시 신분증을 지참해야 하며 탑승은 선착순이다.

볼음도 길 볼음도 선착장 ⟵⟶ 볼음도 선착장 13.6km

자연과 인간의 소통. 그 여유와 즐거움에 빠지고 마는 16.2km의 해안 선으로 둘러싸인 섬. 163세대 270명이 오순도순 살아가는 섬마을이다. 품 안에 쏙 들어올 만큼 아담한 볼음도는 적당히 맑고 적당히 청결하 고 적당히 안온하다. 그 안온한 기운에서 모락모락 맛난 냄새가 난다. 해안가 백사장과 그 뒤를 병풍처럼 둘러싼 푸른 송림 사이로 즐거운 놀이에 흠뻑 빠져든 사람들의 웃음소리가 쉴 새 없이 들린다. 800살도 더 먹은 볼음도 은행나무는 우리를 든든하게 지켜주는 것만 같고 썰물과 일출이 겹칠 때 갯벌을 거니는 사람들 모습은 마치 영화 속 한 장면 같다. 보름달 뜨면 온 섬을 다 비출 정도로 흰해 옛사람들은 만월도라 불렀다.

천천히 만나도 빠르게 친해지는 섬 길이다. 차를 가지고 들어갔을 경우 한 배에 실을 수 있는 승용차 대수가 정해져 있어 다시 섬을 나올 때는 선착장에 일찍 도착해야 한다.

14코스   강화도령 첫사랑 길   용흥궁 공원 ←→ 철종 외가 11.7km

오색 깃발 휘날리며 자신을 모시러 온 영의정을 보고 땅에 엎드려 사또님 살려달라고 울먹이던 천애 고아 강화도령 원범이 강화도 처녀 봉이와 뛰어놀며 사랑을 나눈 사연이 굽이굽이 묻어나는 길이다. 짧은 학문과 얕은 경륜에 대한 자격지심, 세도 정치가들 때문에 왕 노릇도 제대로 못한 비운의 왕. 짧은 재위 기간 내내 강화도의 산천과 정인 봉이 생각으로 가슴앓이하다 33세라는 젊은 나이로 병사한 가엾은 왕 원범이 봉이와 나란히 거닐며 소곤소곤 정담을 나누는 소리가 들리는 듯해 발걸음이 조심스럽다. 구중궁궐에 머문들 마음이 지옥인데, 농사짓고 나무나 하면서 무지렁이 총각 원범으로 살았다면 그렇게 단명하지 않았으리라.

강화도령 원범이 5년간 살았던 용흥궁을 보고 강화도 처녀 봉이와 처음 만나 사랑을 나눈 청하동 약수터를 지나 강화산성 남쪽 정상부에 있는 남장대를 거쳐 솔숲 우거진 노적봉 입구까지 고즈넉한 숲길이 이어지는 사랑의 길이다. 남장대에 오르면 사방으로 시야가 열려 좀 더 머물고 싶어진다.

16코스 둑길과 망월평야

고려궁 성곽길 남문 ←→ 동문 11km

남문을 출발하여 가쁜 숨을 몰아쉴 때쯤 남장대에 이르면 시야가 활짝 열리며 마치 하늘을 나는 새가 아래를 조망하듯 강화읍 전체가 한눈에 내려다보인다. 고려는 몽고의 침략에 대항하기 위해 1232년 강화도로 수도를 옮겨 본격적으로 산성을 쌓았다. 줄기차게 항전했던 39년간 궁궐과 관아, 민가 등을 에워싸고 있었던 강화산성이다. 성곽길을 오르락내리락하며 남문(안파루, 晏波樓) · 서문(첨화루, 瞻華樓) · 북문(진송루, 鎭松樓) · 동문(망한루, 望漢樓)을 차례로 만나면서 도심 전경을 굽어보는 코스다. 오를 때는 하늘과 맞닿은 산성을 따라 고려시대로, 벗어나면 산성을 개축한 조선시대로, 다시 오를 때는 고려시대로, 송림이 뿜어내는 향기를 폐 깊숙이 들이마시며 번갈아 시대를 넘나드는 길이다. 땀이 흐르고 다리 근육도 뻐근해진다. 성곽길의 참맛을 느낄 수 있는 여정이다.

산성 길 고갯마루를 넘으며 시름 하나 벗어놓고, 한 구비 돌아서며 마음 하나 비우게 되는 장엄하고 도도한 길이다. 황금색으로 익어가는 조산평야의 반듯한 논과 멀리 보이는 마을이 더할 수 없이 평화로운 한 폭의 풍경화다. 스케치북에 누구나 똑같이 그릴 수밖에 없는 전형적인 강화의 모습이 바로 이런 것은 아닐까?

서해 황금 들녘길 창후 선착장 ←→ 외포 여객터미널 13.5km

바람이 불어도 좋다. 어차피 불어올 바람이다. 바람은 계산하는 것이 아니라 극복하는 것이란다. 지평선까지 드러난 서해와 저절로 배부르다는 생각이 들게 하는 망월평야의 끝없이 펼쳐진 옅고 짙은 녹색의 향연을 보면서 걷는 길이다. 길고 긴 둑길은 바람이 동무가 되어 내

안으로 들어가는 길이다. '농부들은 흙을 향해 허리를 굽히는 게 모든 일의 시작이다.' 함민복 시인의 글귀가 너른 논에 벼 이삭만큼 그득하게 느껴진다. 농부들의 수고와 고마움에 가슴이 따뜻해진다. 석축 어딘가에 명문(銘文)이 있다는 계룡돈대에서 보물찾기 하듯 명문을 찾아보자. 양지바르고 조용한 마을 길 지나 수도원 옆, 숲길로 들어서면 입구에서 숲이 끝나는 곳까지 꼬불꼬불 오솔길이 이어진다. 하늘조차 보이지 않는 숲길 아래로 외포리 바다가 들쭉날쭉 그림을 그리는 비밀의 정원이다.

망월평야에서 더위를 식혀주는 싱그러운 초록 바람이 불어와 나들이꾼의 온몸을 흔들어 깨워주는 이 코스의 절반가량이 바다를 보며 걷는 둑길이다. 5km가 넘는 긴 둑길이지만, 앉아서 쉴 수 있는 곳이나 꽃 터널도 있어 한여름과 한겨울이 아니면 유유자적 걷기에 안성맞춤인 길이다.

17코스　고인돌 탐방길　강화 지석묘 ⟷ 오상리 고인돌군 12km

탄성이 저절로 나오는 위엄과 신비한 자태를 뽐내는 부근리 고인돌과 수천 년 동안 땅속에 묻혀 있다가 발굴된 크고 작은 고인돌을 만나는 코스다. 유네스코는 지난 2000년 고창·화순의 고인돌과 함께 강화의 고인돌을 세계문화유산으로 지정했다. 전 인류가 공동으로 보존하고 이를 후손에게 전수해야 할 매우 중요한 자산으로 인정한 것이다. 역사를 모르면 교훈도 없다는 뜻을 새기며 천천히 둘러볼 일이다. 고려산 정상 수십만 평이 진달래꽃으로 붉게 물들면, 너도 꽃이고 나도 꽃이고, 우리가 모두 함께 꽃이 되는 호시절이다. 고려산 자락을 타고 내려온 시원한 바람에 떠밀려 적석사 낙조대에 올라서면 압도하는 전경과 가슴까지 물드는 해넘이가 마치 이름 모를 별에 지금 막 도착한 것처럼 아름답고 놀랍다.

적석사 가파른 길을 20여 분 올라가 가쁜 숨을 몰아쉴 때쯤 돌아서서 내려다보자. 바람이 수면을 쓸고 가며 온통 물무늬를 그리고 있는 내가 저수지 너머 외포리에서 불어오는 시원한 바닷바람에 숨가쁨도 한순간에 사라진다. 수백 살 먹은 적석사 느티나무 아래 앉아 보는 눈앞 전경은 적석사에서만 볼 수 있는 명장면이다.

18코스 　왕골공예마을 가는 길　강화 역사박물관 ←→ 강화 역사박물관 15km

조선의 부침을 느껴볼 수 있는 어재연 장군의 수자기(帥字旗)를 박물관에 들러 꼭 보고 갈 일이다. 수자기는 나라가 무엇을 해야 하는지에 대해 깊은 성찰을 하게 하는, 신미양요의 영웅 어재연 장군의 군기(軍旗)이다. 자신을 모르고 상대를 무시하면 역사는 어김없이 잔인한 대가를 치르게 한다는 생각을 떨쳐버리고 마을 길 따라 나지막한 언덕을 오르면 여느 탑과 다른 형태의 5층 석탑을 만난다. 고려시대 석탑이다. 석탑이 바라보고 있는 고즈넉한 오솔길을, 천남성과 때죽나무를 벗 삼아 십여 분 시나브로 따라가면 고려의 석조여래입상이 기다렸다는 듯 손을 내밀어 움츠러든 마음에 자존감을 심어준다. 신바람을 내서 고려시대부터 전수되어 온 전통 생활 문화유산, 화문석을 보러 가자. 그렇다, 전통은 그 시대의 늘 새로운 것이 아니던가!

수자기는 총지휘관의 본영에 꽂는 깃발로 현존하는 것은 강화도 진무영에 있었던 어재연 장수기가 유일하다. 1871년 신미양요 때 광성보를 점령한 미군이 전리품으로 가져갔는데 미국 아나폴리스 해군사관학교 박물관이 소장하였다가 지난 2007년 10월, 136년 만에 한국으로 돌아왔다. 화문석 문학관에 들러 여러 체험 학습 프로그램에 참여하는 재미와 여유를 가져보자.

19코스   석모도 상주 해안길   동촌 ⟷ 상주 버스 종점 10km

아늑한 섬 속의 섬, 석모도 선착장에서 삼산면 쪽으로 가다 보면 꽃잔디로 담을 꾸민 수수한 집들이 단박에 눈에 들어온다. 길보다 낮은 집들이다. 고향에 온 듯 저절로 마음이 푸근해진다. 바다에 둥둥 떠 있는 손바닥만 한 섬의 사연을 들으며 돌아보다 보면 어느새 시간이 뭉턱뭉턱 사라진다. 걸음이 지칠 때쯤 정자가 있는 둑길에 들어서면 하얗게 머리를 푼 억새가 등 너머로 화려했던 가을날과 작별을 고하듯 휙휙 멀어진다. 홀로 피어 화려함을 뽐내지 않고 서로가 서로에게 의지하며 하나가 됨을 은빛, 금빛 물결로 보여준다. 상주산 한 바퀴 길은 이렇게 시작해서 자연이 선사한 멋진 선물인 소나무, 참나무가 빼곡한 오솔길을 걷는 길이다.

석모도 가는 또 하나의 재미는 새우깡을 한 봉지 들고 외포리를 떠날 때다. 노란 부리 끝에 빨간 립스틱으로 한껏 치장한 수백의 괭이갈매기들이 다투어 새우깡을 향해 돌진, 전광석화같이 낚아채 간다. 그러나 이 광경도 석모대교가 개통되면서 더는 볼 수 없는 옛이야기로 남았다. 외포리 선착장에서 빌려주는 자전거를 이용해 천천히 섬을 둘러보고 섬 특유의 밤 정취를 즐기는 여유를 가져보자. 석모도의 낙조는 가히 육감적이다.

갯벌 보러 가는 길

분오리돈대 ←→ 갯벌 센터 ←→ 화도 공영주차장 23.5km

분오리돈대는 강화의 돈대 중 가장 특이한 모습을 하고 있다. 원형도 아니고, 사각형도 아니고, 한쪽을 살짝 틀고 있는 분오리돈대만의 형태 이다. 선조들의 유니크한 혜안이 놀랍고 재밌다. 눈꼬리를 동시에 좌 우 깊숙이 돌릴 수 있다면 모를까, 그 너른 바다를 한눈에 담을 수는 없다. 강화의 바다는 하루 두 번씩 바닷물이 들락날락하는 왕복성 조 류가 흐른다. 수평선이 어딘지 지평선이 어딘지 끝이 잘 보이지 않을 만큼 너른 갯벌을 보며 제방 길을 걷는 아름다운 해변 코스다. 한 번 쯤 출발지를 바꿔 분오리돈대 방향으로 걸어보자. 솔숲 우거진 동막해 수욕장을 지나 풍광이 가장 빼어난 분오리돈대에서 바다로 떨어지는 붉은 태양과 S자형 갯골에 노을이 점점이 떨어져 담황색으로 곱게 물 드는 것을 볼 수 있다면 그야말로 '대박'이다.

분오리돈대에서 보는 일출은 일몰과 달리 심해처럼 푸르고 따뜻 하게 빛나서 단 한순간도 놓치기 아까우므로 눈을 하늘에 고정시키고 보아야 한다. 좀 더 걷고 싶다면 안개 자욱한 몽환적인 상봉산 일만 보 길을 지나 화도공영터미널로 가는 코스도 있다. 해거름에 썰물을 만나면 조심조심 발을 떼며 대섬에도 들어가보자.

강화나들길 대통령상 받다!

2012년 9월: 대통령상 수상

전국의 도보 여행 길 중에서 지자체와 시민단체가 긴밀하게 협조, 친 환경적일 뿐만 아니라 풍광과 문화 유적, 그리고 역사를 담은, 즉 스토 리텔링이 가장 뛰어난 길로 수상.

2012년 10월: 국토부 선정 전국 아름다운 해안누리길 베스트 5

'2코스 호국돈대길' 선정. 바다를 끼고 있는 전국의 도보 여행 길 중에서 풍광은 물론 역사와 문화 유적을 잘 표현한 길로 수상.

2015년 8월: 한국 등산트레킹 지원센터 선정 전국 아름다운 숲길 베스트 10

'3코스 고려왕릉 가는 길' 선정. 전국의 도보 여행 길 중에서 숲과 흙길의 비율, 그리고 풍광과 문화 유적은 물론 지도, 안내 표시 등 도보 여행자가 혼자서도 쉽게 찾아다닐 수 있는 아름다운 숲길로 수상.

20코스 분오저수지

역
사

고인돌 그리고 강화

하문식(세종대 역사학과 교수)

한반도의 허리에 자리한 섬 강화. 풍요로운 자연환경을 가지고 있어 옛사람들이 일찍부터 이곳에 터전을 잡고 살림을 꾸리게 되었다. 지금으로부터 5만여 년 전의 구석기시대 뗀석기가 찾아진 것을 비롯하여 바닷가 근처의 여러 곳에서는 신석기시대의 빗살무늬토기, 돌그물추, 돌도끼 등 비교적 다양한 살림살이 연모가 조사된 것이 그러한 사실을 입증해준다.

이러한 긴 시간 동안 섬 곳곳에서 살았던 사람들은 더 발전된 새로운 문화를 받아들여 체계적이고 조직적인 사회를 만들게 되었다. 그 사회의 구성원들이 남긴 문화의 상징 가운데 하나가 강화 고인돌이다.

강화의 지세와 지질

강화 지역은 한강과 임진강이 합류하는 조강의 남쪽에 위치한다. 조강의 한 줄기는 서쪽으로 흐르다 예성강과 합류하여 서해로 들어가고 다른 한 줄기는 남쪽의 염하로 흐른다.

강화에는 고려산을 비롯하여 별립산, 봉천산, 길상산, 마니산, 진강산, 혈구산 등의 산봉우리가 있으며, 산기슭은 대체로 경사가 급한 편이다. 산언저리에는 골짜기에서 발달한 삼거천, 내가천, 동락천, 선행천, 덕하천, 교산천 등의 물줄기가 있다.

강화 지역의 지세에서 주목되는 것은 간척에 의한 해안선의 변화다. 강화는 본섬과 마니산이 있는 화도면이 처음에 서로 분리되어 있었고 수많은 섬으로 이루어진 지역이었다. 그리고 해안선의 굴곡이 아주 심하고 산지 사이로 넓은 갯벌이 펼쳐져 있었다. 그 후 고려시대부터 꾸준하게 이루어진 간척으로 오늘날 강화의 모습이 만들어지게 되었다. 그러므로 고인돌이 축조되던 시기의 사람들은 현재보다 좁은 지역을 토대로 생활하였을 것이다.

이러한 간척의 범위와 해안선의 변화에 대하여는 읍지도, 지형도, 토양도 등을 비교·검토해보면 그 대강을 알 수 있다. 간척지의 확대와 해안선의 변화에 따른 경관 변화 과정을 복원한 결과에 따르면, 지금의 해발 10m가 선사시대의 해안선일 가능성이 크다는 것이다. 이 해안선의 복원을 고려하면 평지에 분포하고 있는 대부분의 고인돌 유적은 축조 당시에 바다와 닿아 있었을 가능성이 있다.

강화 지역의 지질은 거의 화강암질 편마암으로 이루어져 있으며, 주로 흑운모 편마암과 장석 편마암으로 분류된다. 덮개돌과 굄돌 등의 돌감을 유적 주변 지역에서 옮겨와 이용하였기에 이러한 암질은 고인돌 축조와 직접적인 연관이 있다.

고인돌 조사의 시작

이곳의 고인돌은 다른 지역보다 오랜 조사 이력을 지니고 있으며, 일제강점기인 1913년부터 조사가 시작되었다. 이렇게 일찍부터 사람들의 관심을 끌게 된 것은 무엇보다 이곳이 동북아시아 고인돌의 상징과

강화 부근리 지석묘

도 같은 부근리 고인돌 등 탁자식 고인돌 여러 기(基)가 분포하고 서울과 비교적 가까운 지리적인 위치에 있는 것이 계기였던 것 같다.

초기에 조사된 것은 부근리 고인돌을 비롯하여 하점면 장연리, 화도면 동막리, 송해면 하도리 황촌 등의 탁자식 고인돌 유적이고, 이곳에서 민무늬토기, 간돌검, 돌도끼, 돌화살촉, 둥근 석기 등을 찾게 되었다.

일찍부터 관심을 끌었던 고인돌 유적은 한동안 관심에서 멀어졌다가 1960년대 초부터 다시 강화 전역의 유적에 대한 조사가 이루어지게 되었다. 먼저 황촌에서 새로운 형식의 개석식 고인돌이 조사되면서 화도면 동막리, 하점면 신봉리·삼거리, 내가면 외포리에서도 여러 고인돌이 새로 발견되었다. 이들 가운데에서 탁자식 이외에 개석식 고인돌이 새롭게 조사되어 그 무덤방의 짜임새도 알 수 있게 되었다.

이 시기에는 하도리의 황촌 고인돌과 삼거리 소동 고인돌이 발굴되어 학술적으로 본격적인 조사가 시행되었다. 황촌 고인돌은 무덤방의 파괴가 심하였지만 붉은간토기, 간돌검과 돌화살촉이 발견되었다. 그리고 1966년에 국립박물관이 전국 12곳의 중요한 고인돌 유적을 발굴하면서 소동 탁자식 고인돌 유적을 포함해 발굴하였다. 조사 결과 지반 문제를 고려하여 굄돌을 보강한 흔적이 조사되었고, 옆에서 고인돌을 축조한 사람들이 생활하였던 집터가 찾아졌다.

1990년대에는 강화 지역에 대한 광범위한 고인돌 분포 조사가 시행되어 80여 기가 확인되었고, 이 결과를 토대로 최근까지 조사가 이루어져 170여 기가 있는 것으로 밝혀졌다. 또한 오상리 고인돌 유적 발굴 결과, 탁자식 고인돌의 특이한 축조 방식(쐐기돌 사용, 돌깔림)이 조사되어 고인돌 문화의 전파 과정을 이해하는 데 도움이 되고 있다.

고인돌의 입지와 분포

강화 지역의 고인돌은 섬의 북부 지역에 치우쳐 분포한다. 특히 고려 산·별립산 등 산자락의 자연 지세에 따라 고인돌의 분포 양상에 차이 가 있다. 또한 이곳의 고인돌 유적은 산지에 분포하면서도 작은 물줄 기와 깊은 관련성이 있는 것으로 밝혀지고 있다. 대표적으로 고인돌이 가장 밀집하고 있는 삼거리 유적이 있다. 이 유적이 있는 곳은 강화에 서 작은 하천이 매우 발달한 지역으로, 고려산의 골짜기에서 시작되는 물줄기가 1년 내내 흐르며, 능선 사이의 간격이 비교적 넓은 곡간 지대 가 형성되어 있고 선상지가 발달해 선사시대의 유적이 형성되기에 아 주 좋은 조건을 갖추고 있다.

고인돌이 있는 곳의 지세는 산마루나 능선, 산기슭, 평지로 크게 구분할 수 있다. 이 기준에 따라 고인돌의 분포를 나누어보면 산기슭 에 100여 기가 있고 산마루나 능선에 60여 기, 평지에는 10여 기가 자 리한다. 이렇게 산기슭에 많은 고인돌이 분포한다는 것은 다른 지역과 비교해볼 때 매우 특이한 점으로 강화 지역의 지세와 연관성을 고려해 볼 수 있다. 또한 당시 사람들의 생활공간과 밀접한 관련이 있는데, 실 제로 고인돌을 축조한 사람들이 터전을 잡고 살림을 꾸렸던 것으로 보 이는 당시의 마을이 하점면 장정리의 봉천산 남쪽 능선의 끝부분에서 조사되기도 하였다.

평지에 자리한 고인돌은 대부분 해발 20~30m 내외 지역에 해당 하며 바닷가와 닿아 있었을 가능성이 크다. 부근리와 하도리, 신삼리 고인돌 유적, 그리고 별립산 남쪽 기슭의 몇몇 고인돌이 여기에 해당 한다. 이들 유적은 고려산 일대의 고인돌과는 상당히 떨어져 있으며 평지에 있는 것으로 미루어 농경사회의 기념물의 성격을 지녔던 것 같다. 이곳의 고인돌은 무엇보다 물을 중요하게 여긴 당시의 상황을 잘 보여주고 있다. 이러한 곳에 있는 고인돌은 물과 관련된 식량 문제, 의례 행위와 깊은 관련이 있을 것으로 여겨지며, 당시 사람들이 지닌 세계관이나 내세관을 이해하는 데 도움이 된다. 또한 바닷가와 가까이 있고 갯벌이 상당히 발달하여 얕은 수심을 이용한 물고기잡이와 조개잡이가 살림의 한 축을 이루었을 것이다.

산마루나 능선 등 비교적 높은 지역인 해발 300m 안팎에 자리한 고인돌로는 교산리와 고천리 유적이 대표적이다. 이곳에 있는 고인돌은 탁자식과 개석식이 동시에 나타나며 평지에 있는 고인돌보다 그 밀집도가 높다는 것이 특징이다.

한편 주변 지역에서 가장 높다란 곳에 고인돌이 축조된 것에는 남다른 의미가 있다. 자연 지세를 고려하여 주변의 어디에서나 쉽게 바라보이는, 조망이 아주 좋은 곳에 고인돌을 세운 것을 통해 당시 사람들이 선호했던 입지 조건을 알 수 있다. 이런 입지 조건을 가진 고인돌이 강화와 가까운 서북한 지역은 물론 바다 건너 요남(遼南) 지역에서도 조사되고 있어 비교된다.

강화 고인돌 분포의 또 다른 특징은 한 지역에 여러 기가 떼를 이루고 있다는 것이다. 이렇게 한곳에 모여 있다는 것은 당시 사람들이 고인돌을 축조할 곳을 미리 골랐다는 사실을 시사한다. 또한 그 기능이 무덤이기에 장제(葬制)에 대한 여러 의미를 살펴볼 수 있는 자료가 된다.

고인돌의 구조와 형식

고인돌의 구조는 그 형식에 따라 차이가 있지만 덮개돌의 채석과 운반, 무덤방의 구조에 대한 특징이나 속성 등 고인돌에 관한 여러 가지 사실을 알려주는 자료가 된다. 이러한 구조 문제는 고인돌을 축조할 당시 사람들이 가지고 있던 건축 방법이나 도량형과도 밀접한 관련이 있을 것이다.

먼저 덮개돌은 외형적인 중요성 못지않게 그 자체가 위엄을 가지고 있어 오래전부터 사람들이 고인돌에 관심을 가지는 계기가 되었다. 고인돌 하면 떠오르는 부분이 덮개돌일 만큼 상징적인 의미가 크다.

고인돌을 축조한 사람들은 덮개돌의 마련과 운반 등 축조에 따른 노동력 문제를 제일 먼저 고려하였을 것이다. 예를 들어 강화 고인돌의 상징인 부근리 고인돌을 가지고 덮개돌의 운반 문제를 살펴볼 수 있다. 덮개돌의 재질은 유적 주변에서 쉽게 구할 수 있는 흑운모 편마암으로, 길이 650cm, 너비 520cm, 두께 143cm 크기이다. 암질의 비중($2.69g/cm^3$)을 고려하여 덮개돌의 무게를 계산하면 약 55.2톤쯤 된다. 이렇게 큰 돌을 옮기는 데 필요한 노동력을 추정해보면 고인돌 축조 당시의 사회 규모를 알 수 있다. 지금까지 연구된 결과, 한 사람이 약 100kg을 옮길 수 있다는 것에 근거하면 약 550명 정도 필요한 것으로 해석된다. 옮긴 방법은 부근리 고인돌 유적의 지형을 고려하면 고려산 북쪽 기슭에서 끌기식으로 가져왔을 가능성이 크다. 이 정도의 크기와 무게를 지닌 탁자식 고인돌의 덮개돌은 아주 큰 편에 속한다. 따라서 이것의 채석에 필요한 기술과 운반에 따른 노동력 문제는 고인돌 사회의 기술 발전 단계를 보여주므로 상당히 복합적인 사회상을 가졌음을 알려준다.

강화 지역 고인돌 가운데 덮개돌 크기와 모양을 알 수 있는 150여 기를 대상으로 길이와 너비의 상관관계를 분석한 결과, 의미 있는 자료를 얻었다. 덮개돌의 길이와 너비는 거의 1대 1∼2대 1의 범위에 있으며, 특히 1.5대 1의 중심축 주변에 밀집된 것으로 밝혀졌다. 이렇게 많은 덮개돌의 모양이 일정한 비율을 이루고 있다는 것은 고인돌 축조 당시에 의도적으로 그 크기를 맞추어 채석하였을 가능성을 알려준다고 할 수 있다. 특히 1.5대 1의 중심축에 밀집된 것은 건축에서 널리 알려진 황금 비율(1.618대 1)과 비교된다. 황금 비율은 어떤 구조물이 균형을 이루면서 가장 안정감을 주는 조화로운 일정한 비율이다. 이것은 주로 고대 이집트의 건축에서 이용되어 오다가 그리스까지 알려진 것으로 지중해를 중심으로 한 고대국가에서 널리 이용되었다.

탁자식 고인돌이 오랜 기간 쓰러지지 않고 처음의 모습을 유지하기 위해서는 덮개돌과 굄돌을 잘 짜 맞추어야 한다. 대부분의 덮개돌은 위쪽이나 옆쪽은 손질을 많이 하지만 밑쪽은 거의 하지 않고 채석한 그대로 이용한다. 이렇게 덮개돌 밑쪽이 울퉁불퉁하면 굄돌과 서로 맞추기가 쉽지 않다. 따라서 이런 모난 쪽의 맞닿는 부분을 서로 맞추기 위하여 그 생김새에 따라 조금 다듬어 서로 맞추어야 하는데, 이런 것을 우리 전통 건축에서는 그렝이 기법이라고 한다. 이 기법은 한국 고대 건축에서도 활용되었는데, 대표적으로 불국사 3층 석탑이 있다. 강화에서도 점골 고인돌은 안정감을 유지하려고 의도적으로 굴곡을 이용하여 그렝이 기법을 축조에 활용한 것이 주목된다.

강화 지역의 고인돌에 대한 발굴 조사가 거의 이루어지지 않아 축조에 대하여 아직 밝혀진 것은 많지 않으나 삼거리 소동과 오상리 고인돌에서는 무덤방의 특이 구조가 찾아졌다.

소동 고인돌은 탁자식으로 지반 문제를 고려하여 덮개돌을 받치고 있는 굄돌이 쓰러지는 것을 방지하기 위하여 주변에 막돌을 깔거나 쌓아놓은 것으로 알려졌다. 오상리 고인돌에서는 무덤방의 구조가 확인되었는데 굄돌과 막음돌의 축조 방법을 보면 막음돌이 양쪽 굄돌 사이에 끼인 모습이다. 또 탁자식 고인돌의 무덤방 주변에 둥글게 막돌을 깔아 묘역을 만든 것으로 밝혀졌다. 이렇게 묘역을 만든 것이 서북한 지역의 사리원 성문, 연탄 평촌, 황주 긴동·천진동·극성동, 평원 원암리에서도 찾아지고 있어 고인돌의 전파에 대하여 시사하는 점이 많다.

고인돌의 형식은 분포 지역과 외형적인 모습에 따라 조금씩 차이가 있으며, 크게 탁자식, 바둑판식, 개석식으로 구분된다. 탁자식 고인돌은 잘 다듬어진 판판한 굄돌을 세워서 땅 위에 상자처럼 돌방[石室]을 만들고 그 위에 덮개돌을 올려놓은 것으로 탁자나 책상 모습이다. 바둑판 고인돌은 땅 위에 놓인 3~4개 또는 그 이상의 받침돌이 덮개돌을 받치고 있어 마치 바둑판 같은 모습을 하고 있다. 땅속에 있는 무덤방은 돌널, 돌덧널, 구덩이 등 여러 가지이다. 개석식 고인돌은 땅위에 커다란 덮개돌만 드러나 있고 무덤방은 땅속에서 찾아진다.

강화에 분포하고 있는 고인돌은 탁자식과 개석식만 있고 지금까지 바둑판식은 찾아지지 않았는데, 이것이 강화 고인돌의 특징 가운데 하나다. 강화 지역에서는 탁자식 고인돌이 60퍼센트 가까이 조사되고 있어 10퍼센트 미만인 경기 지역, 30퍼센트인 서북한 지역과는 차이가 크다. 이렇게 다른 지역보다 탁자식 고인돌이 월등하게 많이 분포하는 것은 1차적으로 강화만의 독특한 점이며, 이 지역의 고인돌 문화가 어디서 왔는가 하는 전파와 기원 문제를 이해하는 데 참고가 된다. 지금까지의 조사와 연구 결과를 보면 탁자식 고인돌은 중·남부 지역과는 비교할 수 없을 정도로 북부 지역에서 많이 축조된 것으로 밝혀지고 있다. 또한 서해 건너 요동반도와 요남 지역에서 조사된 고인돌은 거의 탁자식이기에 시사하는 점이 많다. 이런 점에서 강화 고인돌은 지리적으로 비교적 가까운 황해도 지역에서 전파되었을 가능성이 크며, 넓은 관점에서는 요남 지역과의 관계도 고려해볼 수 있을 것이다.

한편 강화 지역에서는 탁자식 고인돌이 산마루나 능선에 분포하는 경우가 많아 다른 지역과는 차이가 있다. 이것은 바다와 맞닿아 있는 강화의 지형과 관련이 있겠지만 고인돌이 전파되었을 초기에 당시 사람들이 생활했던 집터와 가깝기 때문으로 보인다.

고인돌의 껴묻거리와 연대

고인돌은 축조 과정에 소요된 많은 노동력에 비하여 껴묻거리가 아주 적게 발견되고 있어 하나의 의문점이 생긴다. 그럼에도 불구하고 장례 습속과 관련된 것은 전통성과 보수성이 강하여 새로운 문화가 들어와도 쉽게 변화가 일어나지 않으므로 이런 점에서 고인돌의 껴묻거리는 당시 사회를 이해하는 좋은 자료가 된다.

고인돌의 껴묻거리는 무덤방 안팎에서 모두 찾아지고 있다. 무덤방 안에 껴묻기된 것은 죽은 사람이 일상생활에 썼던 것이나 함께 묻어주려고 일부러 만든 것이고 주변 것은 묻힌 사람의 죽음에 대한 애도의 표시인 장송용이나 제의와 관련 있는 것이다.

발굴 조사된 소동, 황촌, 오상리 고인돌 유적에서 여러 유물이 찾아졌다. 껴묻거리는 크게 그 쓰임새에 따라 토기류(팽이형 토기·민무늬토기·붉은간토기), 석기류(간돌검·돌화살촉·돌창·반달돌칼·돌자귀·갈판·돌가락바퀴·바퀴날도끼), 꾸미개류(대롱구슬) 등으로 구분된다.

팽이형 토기는 서북한 지역 이외의 고인돌에서는 찾아지지 않았다. 그 생김새가 팽이 모습과 비슷한데, 밑바닥은 좁고 이중으로 된 아가리 부분에 평행한 빗금무늬가 새겨진 것이 특징이다. 청동기시대의 여러 토기 가운데 비교적 이른 시기에 해당하며, 강화 지역의 고인돌은 물론 집터에서도 찾아지고 있어 청동기시대 초기 서북한 지역과의 교류 가능성을 시사한다.

토기의 겉면에 붉은 칠이 된 붉은간토기가 무덤인 고인돌에 껴묻기되었다는 것을 통해 당시 사람들의 내세관을 이해할 수 있다. 붉은색은 고인돌 사회의 장례의식에 이용한 것으로 영생을 바라는 의미로 해석된다. 아울러 살아 있는 사람이 죽은 사람으로부터 예기치 않게 받게 될 위험을 멀리하여 주는 벽사(辟邪)의 의미도 있다.

갈판과 돌가락바퀴는 당시 사람들이 살림살이에 직접 사용한 것을 그대로 껴묻기 하였다. 갈판은 갈돌과 함께 나무 열매나 곡식의 껍질을 벗기는 데 사용한 연모인데, 가락바퀴와 함께 무덤에 묻은 것은 내세를 위한 것으로 보인다. 돌가락바퀴는 고인돌을 축조한 사람들의 옷감 짜기에 대한 여러 가지를 알려준다. 거의 무덤방 밖에서 찾아지며, 이것을 주로 사용한 사람은 남성보다 여성이므로 묻힌 사람의 성별을 구분 짓는 데 참고가 된다.

바퀴날도끼는 톱니날도끼와 함께 실제 생활에 썼다기보다 무기나 지휘봉으로 쓰는 상징성을 가졌던 것으로 보인다. 지금까지 고인돌에서 출토된 것은 제천 황석리 유적과 증산 용덕리 유적뿐이다. 이처럼 희소성을 지닌 유물이 고인돌에 껴묻기 된 것은 묻힌 사람이 강력한 힘을 소유한 집단의 지도자였음을 의미한다고 볼 수 있다.

또한 강화 지역의 고인돌에서 청동기시대 서북한 지역의 대표적인 유물인 팽이형 토기, 돌창(유경식석검, 有莖式石劍), 바퀴날도끼 등이 찾아졌다는 것은 여러 가지 의미를 지닌다. 먼저 서북한 지역과 강화는 가까운 거리에 위치해 문화 교류를 상당히 쉽게 할 수 있는 지리적인 조건을 가지고 있다. 이에 따라 이곳의 고인돌도 황해도 남쪽의 예성강 언저리에서 직접 전파되었을 가능성이 크다. 지금까지는 일반적으로 우수한 북쪽의 선진문화가 한강을 따라 중부 지역에 전파되었고, 그다음 여러 지역에 전해진 것으로 이해하고 있다. 하지만 강화 지역에서 한강 유역보다 이른 시기의 팽이형 토기 문화 관련 요소가 나타나고 있어 기존의 인식을 새롭게 바꿀 필요가 있다.

강화의 고인돌 연대는 절대연대 측정 자료가 없어 껴묻기 된 유물을 통해 비교하는 상대연대를 가지고 추론할 수 있다. 고인돌 출토 유물 가운데 표지적인 성격을 지닌 팽이형 토기를 가지고 서북한 지역의 안악 노암리와 황주 천진동 고인돌, 그리고 영변 구룡강 집터 유적 자료와 비교해볼 수 있다. 오상리 고인돌에서 찾아진 팽이형 토기의 아가리 부분은 겹입술의 모습이 뚜렷하고 그 위에 약 0.5cm 간격으로 일정하게 빗금무늬가 있다. 이 팽이형 토기의 아가리는 노암리나 천진동 고인돌 출토의 토기와 비교할 때 빗금무늬가 새겨진 모습, 겹입술의 상태 등이 비슷하다. 특히 빗금무늬의 새긴 수법이나 간격 등은 구룡강 집터에서 출토된 것과 아주 비슷하다. 구룡강 집터는 방사성 탄소연대 측정 결과 기원전 11세기쯤으로 밝혀졌다. 그렇다면 오상리 고인돌의 축조 연대는 지금부터 3100년 전쯤으로 가늠된다.

강화를 대표하는 고인돌 유적

강화에는 지세에 따라 여러 고인돌이 곳곳에 무리지어 자리하고 있는데 이들은 나름대로 의미를 지니고 있다. 그 가운데 몇 곳을 소개하면 다음과 같다.

1) 강화의 표상, 부근리 고인돌

고려산에서 북쪽으로 뻗어내린 시루메산의 끝자락과 그 언저리의 평지에는 30여 기의 고인돌이 분포한다. 이들 고인돌은 2~5기씩 떼를 지어 있는 것이 특징이며 개석식 고인돌이 많다. 주변에는 금곡천과 오류천이 흐르고 있어 예부터 사람들이 터전을 잡고 살기에 좋은 조건을 지니고 있다.

부근리에는 동북아시아 최대의 탁자식 고인돌인 '강화 고인돌'(1964년 사적 제137호 지정)이 있다. 세계 거석문화의 표상으로 불리고 세계문화유산으로 등재된 이 고인돌은 해발 30m쯤 되는 대지 위에 있다. 55톤 되는 긴 네모꼴의 덮개돌(650×520×143cm)이 높이 230~250cm 되는 양쪽 굄돌 위에 놓여 있다. 주목되는 것은 이 거대한 탁자식 고인돌이 15도쯤 기울어진 상태로 3000년 이상 쓰러지지 않고 처음의 모습을 유지한 채 고려산을 바라보며 서 있다는 것이다.

이 고인돌은 주변을 조망할 수 있고 구조적으로 돌방이 무덤방을 이룰 수 없는 것으로 볼 때 제단이나 상징적인 기념물의 기능을 한 것으로 해석된다.

강화 고인돌과 같은 대규모의 탁자식 고인돌이 황해도의 배천 용동리, 안악 노암리, 은율 관산리와 요남 지역의 개주 석붕산, 해성 석목성, 장하 대황지, 보란점 석붕구 등지에도 존재하여 서해를 중심으로 둥글게 호를 이루면서 분포(환상적 분포, 環狀的 分布)하고 있어 이 지역을 토대로 하는 문화권의 설정에도 시사점이 많다.

강화 오상리 고인돌군

2) 공동체 무덤인 오상리 고인돌

고려산 서쪽 낙조봉의 능선이 남쪽으로 흘러내린 산 끝자락과 산기슭에 17기의 고인돌이 분포한다. 이 가운데 산 끝자락에 '내가 고인돌'(인천시 기념물 제16호)로 명명된 12기의 탁자식 고인돌이 자리한다. 큰 것이 산 능선 쪽에 있고 그 아래쪽으로 작은 것들이 위치하는데, 발굴 조사한 다음 복원하여 놓았다.

이 고인돌들은 탁자식이지만 굄돌이 아주 낮고(높이 50cm 안팎), 막음돌이 있는 점이 특이하다. 발굴 결과 축조 과정에 쐐기돌을 사용한 점, 돌을 깔아 묘역을 이룬 점, 무덤방의 크기가 작아 두벌묻기를 한 점 등 여러 사실이 밝혀졌다. 또한 간돌검과 화살촉, 반달돌칼, 팽이형 토기 등의 유물이 나왔다.

오상리 유적은 일정한 곳에 고인돌이 집중적으로 분포하고 있어 공동체를 이룬 가족무덤으로 보인다.

3) 전파의 길목에 자리한 교산리 고인돌

별립산(399.8m)과 봉천산이 만나는 산 능선과 기슭에 30여 기의 고인돌이 떼를 이루면서 분포한다. 이곳은 강화의 가장 북쪽으로 예성강과 서해가 만나는 곳이 보인다. 탁자식 고인돌은 주로 산 능선에 있고 개석식 고인돌은 산기슭에 위치하는 점이 돋보인다.

탁자식 고인돌의 긴 방향은 대부분 산 능선과 직교하고 있어 다른 지역의 고인돌과는 차이가 있다.

이곳의 고인돌은 지리적인 위치, 탁자식이 산 능선에 있는 점 등으로 볼 때 강화 지역 고인돌 문화의 전파 과정을 이해하는 데 중요하다. 강화 지역의 고인돌에서 찾아지는 여러 특징―팽이형 토기 문화

요소, 탁자식 고인돌의 비율과 입지 조건―으로 볼 때, 서북한 지역의 고인돌 문화가 강화로 전파되어 맨 처음 고인돌이 축조된 곳이 바로 교산리일 가능성이 크다. 그렇다면 교산리 고인돌 유적은 선진문화의 전파 과정에 있어 교두보 역할을 하였을 것으로 판단된다.

4) 높다란 산마루의 고천리 고인돌

고려산(436m)에서 적석사 낙조봉으로 길게 뻗은 능선의 해발 300m 안팎의 서쪽 산마루에 20기의 고인돌이 분포한다. 이곳의 고인돌은 강화 지역뿐만 아니라 우리나라 전 지역으로 볼 때도 절대 높이가 아주 높은 곳에 위치하는 것으로, 당시 사람들의 생활공간을 이해하는 데 중요한 자료가 되고 있다.

고인돌은 떼를 지어 세 곳에 자리하고 있는데 대부분 편평한 곳을 골라서 축조한 것으로 보인다. 주로 탁자식 고인돌이며, 이른 시기의 탁자식이 평지가 아닌 산마루에 집중되어 있어 축조 당시 바닷물이 산쪽으로 깊숙이 들어왔음을 알려주는 것으로 강화 지역의 지형 변화를 헤아려볼 수 있게 한다.

낙조봉 근처에 있는 고인돌의 주변 바위에서는 채석 흔적이 발견되어 축조 과정을 이해하는 데 참고가 된다. 이곳의 탁자식 고인돌은 현재 거의 자연적으로 무너지고 파괴된 상태로 남아 있지만, 축조 집단의 활동 반경과 살림살이 등 당시의 사회상을 짐작해볼 수 있게 하는 좋은 자료이다.

강화 교산리 고인돌군 (위)
강화 고천리 고인돌군 (아래)

동서양의 조화로운 만남,
성공회 강화성당

김기석 (성공회대 신학과 교수)

이야기의 시작, 관청리 언덕

강화군청 뒤편으로 좁은 골목을 오르면 강화읍 전경이 한눈에 내려다보이는 전망 좋은 관청리 언덕에 도달한다. 이 언덕은 시가지를 조망하기에 그리 높지도 않고 그리 낮지도 않으며, 좌우를 둘러보면 강화산성으로부터 나란히 뻗은 나지막한 두 언덕이 좌청룡 우백호처럼 호위하고 있어, 풍수지리를 잘 모르는 이라도 금방 "아, 명당이란 바로 이런 곳이구나!" 하고 알아차릴 수 있는 곳이다. 이 언덕은 700여 년 전 몽골군이 고려를 침략했을 때 대몽 항쟁의 지휘부가 자리 잡았던 고려궁터를 둘러싼 강화산성 남쪽 성곽의 일부분이기도 하다. 봄이면 고려궁터의 진달래 동산에서 번져오는 꽃향기가 코끝을 자극해서 마음이 삼삼하고, 더운 여름날이면 저 멀리 갑곶이에서 불어오는 해풍에 이마에 흐르는 땀을 식힐 수 있어서 좋다. 가을이면 노랗게 물든 낙엽이 휘날려서 가을 정취가 더욱 그윽해지고, 흰 눈 날리는 겨울이면 사각사각 하얀 솜이불에 덮여가는 강화 땅을 고적하게 바라보기에 적격인 장소이다. 이 명당자리에 우리나라에 오직 하나밖에 없는 명품 건축물인 성공회 강화성당이 서 있다. 대한민국 사적 제424호로 지정된

김
역 기
사 석

한옥 성당 건물이다.

이 건물이 명품인 이유는 동양과 서양의 성공적인 만남을 보여주기 때문이다. 우리의 전통문화와 그리스도교의 절묘한 조화를 가시적으로 보여주기 때문이다. 강화성당은 서양문물은 우월하고 우리 것은 무조건 열등하다고 느끼던 서세동점의 시대에 지어진 격조 높은 한옥양식의 교회이다. 건축물이 이야기의 종합 구성물이라면, 강화성당은 한국의 전통 건축 양식으로 표현한 그리스도교의 이야기이다. 이제 이쯤 하면 이 건물에 대한 독자들의 관심을 끌었으니, 세계적으로 유례를 찾을 수 없는 강화성당에 얽힌 이야기보따리를 미주알고주알 풀어보자.

서해안의 꽃봉오리 섬, 강화

영국의 국교로 잘 알려진 성공회(Anglican Church)의 초대 선교사인 고요한(Bishop. Charles John Corfe, 1843~1921) 주교가 인천 제물포항에 처음 도착한 것은 1890년이다. 고요한 주교는 영국 해군의 군목 출신이었다. 해양 강대국인 영국 해군의 장교로서 오랜 경험을 통해 해상교통의 중요성을 간파한 그는 강화도를 서울과 제물포(인천)와 더불어 조선 선교의 가장 중요한 거점 중의 하나로 삼았다. 제물포는 해외에서 조선의 수도인 서울로 진입하기 위해 거쳐야 하는 항구이고, 강화는 남한과 북한의 주요 도시들로 쉽게 연결될 수 있는 해상교통의 요충지로 보았던 것이다.

지도를 펼쳐놓고 보면, 한반도 중부 내륙을 관통하는 한강과 임진강, 그리고 예성강은 모두 강화도를 통해 서해로 합류한다. 이는 여러 가지 이점을 제공한다. 강화도에서 난 농산물의 맛이 유별나게 좋은 것은 홍수 때마다 내륙의 영양분을 싣고 와서 강화 땅에 토해놓아 그 땅이 비옥해졌기 때문이다. 또한 강화도는 해상교통의 중심지였다. 교통수단이 열악했던 과거에 세곡을 비롯한 물자는 주로 강을 통해 운반했다. 물자의 운송은 곧 문화의 교류로 이어진다. 이런 점을 고려할 때 강화도는 비록 육지와 떨어진 섬이지만, 오히려 한반도 내륙의 여러 고을과 깊숙이 연결된 교통의 요지였다. 강화도에 역사적인 유적지가 유난히 많은 이유도 바로 이러한 지정학적 이유 때문이다. 사실 강화도는 한반도 서해안 뱃길의 허브라고 할 수 있다. 예로부터 강화는 남쪽으로는 인천과 평택, 아산과 당진까지 하루 뱃길로 연결되었고, 북쪽으로는 해주와 남포를 거쳐 평양까지 큰 힘을 들이지 않고 도달할 수 있었다. 한편, 1945년 해방과 동시에 외세에 의해 그어진 38선으로 인해 한반도가 분단된 이래, 강화도가 가진 서해안 해상통로 허브로서의 강점을 살리지 못하고 있는 점이 안타깝다. 언젠가 남북통일이 되면 서해안 뱃길을 통해 남북한을 연결하는 섬 강화, 한반도의 배꼽과도 같이 서해안의 중심에 피어난 꽃봉오리, 강화의 시대가 활짝 피어날 것이다.

일찍이 해상 강국이었던 영국에서 온 선교사들은 강화의 지정학적 이점을 주목하여 1893년 갑곶이[甲串里]에 집을 구하여 선교 활동을 시작하였다. 이들은 강화도가 장차 '조선의 아이오나(Iona)'가 되기를 희망한다는 표현을 본국과 주고받은 서신에 남겼다. 아이오나는 6세기경 영국에 그리스도교 복음을 전도하는 위대한 업적을 남긴 성 콜룸바(St. Columba)가 선교 활동의 거점으로 삼았던 스코틀랜드 북서안의 조그만 섬이다. 영국에서는 일종의 기독교적 이상향으로 여겨지는 성지로서, 오늘날에도 오랜 전통에 따라 아이오나 공동체는 세계 교회의 일치와 화해를 꿈꾸는 사람들이 모여 기도를 드리는 곳이다. 강화도가 한반도의 가장 순수한 신앙의 성지인 아이오나가 되기를 희망했던 영국 선교사들은 서울과 제물포에서 의료 선교나 문서 활동에 주력했던 것과는 달리, 강화에서는 사람들에게 복음을 전하는 본격적인 전도 활동을 시작하였다. 1898년 초부터 갑곶이에 학당을 열고 6명의 학생에게 『조만민광(照萬民光)』을 교재로 성서 교육을 시작했다. 여기서는 암기식으로 한학을 가르치던 종래의 서당과 달리 사고력을 배양하는 교육의 목표 아래, 장차 한국 선교를 담당할 전도사를 양성하는 것이 목적이었다. 그 결과 강화에서는 한국성공회의 첫 세례 신자이자 첫 사제가 된 김희준(마가)을 비롯하여 많은 걸출한 성직자와 평신도 지도자들을 배출하였다.

이러한 역사의 연장선으로 볼 때, 오늘날 강화도와 성공회가 만나 배출한 대표적인 인물로는 김성수 주교를 손꼽을 수 있다. 조금 더 부연하자면 '성공회' 하면 대중들은 흔히 영국의 국왕이었던 헨리 8세의 이혼을 먼저 떠올린다. 교회사의 맥락에서 더 정확히 말하자면 유럽 각 지역에서 민족주의가 발흥하던 시기에 종교개혁의 동기와 결부된 여러 가지 이유로 인해 '로마가톨릭과 분리된 영국의 개혁교회'라고 표현하는 것이 맞을 것이다. 개신교와 천주교의 교세가 매우 강한 우리나라에서는 그 사이에 존재하는 작은 교파인 성공회에 대해서 일반 사람들은 잘 모르는 것에 비해 강화성당 때문에 강화에서는 비교적 잘 알려져 있다.

벽안(碧眼)의 사제가 꾸었던 원대한 꿈

서구에서는 세계지도를 만들면서 한반도가 속한 지역을 가리켜 자신

갑곶나루 선착장 석축로

들의 관점에서 동쪽의 끝자락이라 하여 '극동(極東, Far East) 아시아'라고 불렀다. 사실 19세기 말 서양인들에게 조선은 극동아시아 가운데서도 중국이나 일본에 비하면 거의 알려지지 않은 관심 밖의 나라였다. 지금은 88올림픽이나 2002 월드컵, 그리고 국내 대기업들의 세계적인 브랜드로 많이 알려졌음에도 불구하고, 아직 유럽 소재 대학교 도서관에 가서 자료를 찾아보면 다른 아시아 나라와는 비교할 수 없을 정도로 그 양이 빈약한 것이 현실이다. 하물며 19세기 말 서양인의 눈에 비친 조선의 모습은 어떠했을까? 조용한 동방의 나라로 알려진 조선에 도착한 영국 성공회 선교사들의 첫눈에 비친 가장 인상적인 장면은 이 땅의 헐벗고 가난한 민중들이었다. 아마도 맨 처음에는 그저 완고하고 미개한 족속들이 사는 나라 정도로만 여겼을지도 모르겠다. 그러나 영국 선교사 중 일부는 곧 조선의 전통문화에 깃든 멋과 격조를 알아보게 되었다. 특히 우리의 전통문화에 심취했고, 당시 서양 선교사로서는 드물게 조선어에 능통했던 영국인 조마가(Mark Trollope, 1862~1930) 신부는 마음속에 원대한 꿈을 품었다. 그것은 강화 시가지를 한눈에 내려다볼 수 있는 높은 언덕 위에 조선의 전통 건축 양식에 따른 한옥 성당을 짓고, 마당에는 큰 종을 달아 사방에 은은한 종소리를 울려, 사람들로 하여금 그리스도의 진리를 찾아 언덕을 오르게 하겠다는 꿈이었다.

'종교(宗敎)'라는 단어를 한자로 풀이하면 '종(宗)'은 마루, 일의 근원(根源), 근본(根本), 으뜸, 제사(祭祀) 등의 뜻이 있다. 따라서 종교란 '가장 근본이 되는 가르침'이란 뜻이다. 본래 '종교'라는 단어는 산스크리트어에서 유래한 불교 용어로 '높은 곳에 걸린 부처님의 말씀'이라는 의미인데, 서학을 소개하던 근대화 당시 일본 학자들이 '릴리전(Religion)'

이라는 영어를 한자로 번역하면서 '종교'라고 표기하였다. '릴리전'이란 단어의 어원은 라틴어 '릴리기오(Religio)'에서 유래하였는데, '신과 인간의 재결합', 혹은 '(경전 등을) 다시 읽다'라는 의미를 지녔다. 이처럼 '높은 마루에 걸린 진리(부처님)의 가르침'이 종교라는 말의 어원임을 생각할 때, 강화성당은 종교의 좋은 모형이다.

　　오래전에 강화궁터에서 마을로 뻗어 내린 높은 언덕에 토착 종교문화와 새로운 그리스도교의 진리가 조화를 이룬 멋진 성당을 짓고자 꿈꿨던 사제가 있었다. 조선의 멋이 깃든 한옥과 조선의 유구한 전통 종교인 불교와 잘 어울리는 교회당을 세워 조선 사람의 문화적 자긍심을 살리면서 동시에 그리스도교의 복음을 받아들이게 하자는 취지였다. 그는 많은 강화 사람들이 아침저녁으로 이 건물을 바라보면서 마침내 진리의 길로 들어서기를 열망했다. 벽안을 지닌 영국 신부가 강화성당을 짓고자 꾸었던 꿈은 곧 자기희생을 통해 전 인류에게 사랑을 가르쳐준 예수 그리스도의 진리를 사람들에게 전하고 싶은 꿈이었다. 높은 마루에 멋진 성당을 지어 사람들로 하여금 저절로 발걸음을 향하게 하리라는 조마가 신부의 꿈은 하나의 종교로서 그리스도교를 잘 드러내고 있다.

건축 과정

조마가 신부는 1896년 관청리 422번지 인근 2필지 700여 평의 땅을 마련함으로써 성당 건축의 첫발을 내디뎠다. 건축 예산은 1000파운드로 잡고 영국성공회의 해외 선교 단체인 '복음전도회(SPG)'로부터 500파운드의 지원을 약속받았다. 성당의 크기는 한옥으로 계산하여 종으로 10간(間), 횡으로 4간, 총 40간으로 잡았다. 이는 250명이 들어가 감

대한성공회 강화성당 정면 (위)
대한성공회 강화성당 내부 및 세례대 (아래)

사성찬례(미사)를 드릴 수 있는 공간이다. 성당 터는 구원의 방주를 상징하는 배(舟)의 형태로 잡았다. 뱃머리에 해당하는 서쪽에는 전통적인 사찰 건축양식에 따라 외삼문과 내삼문을 세웠다. 두 대문을 거치며 세속의 죄를 씻고 마음을 닦고 나서야 비로소 성당 입구에 들어설 수 있게 하였다. 성당 내부는 서양의 바실리카 양식을 구현하였다. 바실리카라는 말은 원래 고대 로마인들의 공공건물을 가리키는 용어였는데, 점차 기독교 건축의 문맥에서 대규모의 유서 깊은 성당을 가리키게 되었다. 여기서는 장방형의 건물 내부에서 기둥으로 회중석과 통로를 구분하는 건축구조를 뜻한다. 이는 회중석과 제대 사이의 이동을 편리하게 해주고 기둥이 제대를 가리는 단점을 보완하고 있다.

이처럼 강화성당은 한국의 전통 건축양식을 기조로 삼으면서 서양의 양식을 결합해 조선 사람들이 민족의 자존심을 지키며 기독교를 받아들일 수 있게 하였다. 초기 선교 시절 많은 유학자가 개종하여 강화성당의 신자가 될 수 있었던 이유이기도 하다. 또한 궁궐이나 사찰에서 흔히 채택하는 공포 양식을 버리고 민가에서 쓰던 익공 양식을 채택하여 화려하거나 웅장함을 취하는 대신에 실용성을 택했다. 그러면서도 건축재로 우람한 목재를 사용하여 안정감과 위엄을 잃지 않음으로써 신도들의 경외심을 자연스럽게 불러오는 효과를 일으키고 있다.

조마가 신부는 설계, 계약, 목재 구입에 이르기까지 직접 관여하였고 한국인 목수와 중국인 석공들과 함께 공사 현장에 참여하는 열정을 보였다. 목재와 관련해서 전설 같은 이야기가 전해오는데, 조마가 신부는 직접 신의주로 가서 백두산 원시림에서 벌목한 적송을 구하여 뗏목으로 서해안을 거쳐 강화까지 운반했다고 한다. 건축의 총책임을 맡은 도편수는 대원군 시절에 경복궁 증축을 맡았던 대목수가 담당했다고 전해진다. 당시 도편수를 조력했던 목수들로서는 대산리 이무갑, 관청리 구명서, 솔정리 김공필 등의 실명이 확인된다. 석재와 석공 작업은 중국인의 손을 빌렸는데, 화강암의 기초석은 제물포의 중국인 석재상에서 구입했으며, 제대와 성천대(세례에 사용하는 성당 입구의 큰 물그릇)는 중국인 석공이 다듬었다고 전해진다. 지붕은 팔작지붕으로 설계되었고 강화산 기와를 올렸으며, 용마루는 석쇠를 높이 올린 다음, 네 귀 추녀 마루에 용마루의 끝을 장식하는 치두를 올려 마무리하였다.

조마가 신부는 마침내 1900년 11월 14일 해가 질 무렵에 강화성당을 완공하였다. 감격에 겨운 이들은 그날 밤을 금식으로 지새우고, 15일 아침 7시부터 아침기도를 시작으로 세 시간에 걸친 축성식을 거행하였다. 이날 아침 강화성당의 깃발을 앞세우고 순행하였는데, 지금도 성당 내부에 걸려 있는 깃발에는 성당의 수호성인인 성 베드로와 성 바우로를 상징하는 천국의 열쇠와 검이 새겨져 있다. 이들은 시편 24편을 노래하면서 성당을 한 바퀴 돌며 순행한 후에 고요한 주교가 앞장서서 서쪽 문을 열고 성당에 들어가서 무릎을 꿇고 기도함으로써 축성식을 시작하였다. 강화성당 축성식의 예문은 조마가 신부가 직접 번역하였는데, 이는 최초로 한국말로 번역된 성당 축성 예식문이었다. 이로써 마침내 벽안의 신부의 꿈이 이루어졌다. 고려 궁터에서 뻗어 내려온 명당자리인 관청리 언덕에 웅장하면서도 하늘로 날아갈 듯한 자태를 지닌 성공회 강화성당이 완공된 것이다.

이렇게 완성된 강화성당에는 한자로 쓴 현판이 곳곳에 걸려 있어 찾는 이들의 눈길을 끈다. 그리스도교의 가르침을 담은 이 현판과 기둥의 글귀들은 건물의 격조를 한껏 더 높여주고 있다. 여기서는 이 중 두 개의 구절만 소개한다. "萬有之原(만유지원)." 제대 뒤 기둥에 걸린 현판에 새겨진 글귀이다. 이 말은 '모든 존재하는 것의 근원'이라는 뜻으로 창조주 하느님의 존재를 나타내고 있다. 우리가 존경하는 부모님과 조상님, 그리고 이 세상의 수많은 생명과 우리를 둘러싼 자연의 근원이 맨 처음 어디에서 시작되었는지 생각하게 하는 글귀이다. 이에 대한 대답은 성당 입구 다섯 기둥 가운데 맨 오른쪽에 세로로 쓰인 구절에서 찾아볼 수 있다. "無始無終 先作形聲 眞主宰(무시무종 선작형성 진주재)." 이 말의 뜻은 이러하다. '처음도 끝도 없으면서 형태와 소리를 처음 지으신 분이 진실한 주재자이시다.' 이러한 글귀들은 다른 지역의 유학자들보다 앞서 양명학을 받아들인 진취적인 강화 유학자들의 관심을 끌었고 그리스도교의 진리에 귀를 기울이게 하는 효과를 가져왔다.

높은 건물이 많이 지어진 오늘날과 달리 당시의 사진을 보면 강화 읍내에서 강화성당이 한눈에 들어온다. 강화읍 어디서나 바라볼 수 있는 높은 언덕 위에 지어진 이 성당은 섬사람들의 마음을 열었고, 온수리를 비롯하여 월곳, 내리, 냉정, 송산, 초지, 삼흥, 흥왕, 여차, 넙성, 장화, 석포, 교동 등으로 복음이 뻗어가게 되었다. 이 과정에서 강화의 유학자들이 대거 개종하여 유교와 불교의 가르침을 존중하면서 동시에 기독교가 전하는 복음을 받아들인 크리스천이 되었다. 강화에 설립된 성공회 교회들은 부설 기관으로 학교나 서당을 지어 학생들에게 신학문을 가르쳤다. 강화 선교는 바다를 건너 황해도 백천, 해주 지역으로 뻗어나가 북한 지역 선교의 징검다리가 되었다. 이로써 북한 지역에는 남한보다 더 많은 교회가 설립되었는데, 안타깝게도 지금은 오갈 수 없는 땅이 되고 말았다. 조속히 남북 왕래가 자유로워지는 날이 오기를 바라는 마음뿐이다.

동양과 서양의 조화

이 땅에는 명산마다 예외 없이 유명한 사찰이 자리 잡고 있다. 산자락이 흘러내리는 명당 언덕에 지어진 불교 사찰, 마을이 내려다보이는 절 마당에 세워진 범종, 그리고 아침저녁으로 산골짜기를 따라 울리는 은은한 범종 소리에 사람들은 잠시 고단한 일상을 멈추고, 부처님의 가르침을 되새기며 마음을 정화하고 삶의 소소한 소원을 비는 모습이 자연스럽게 연상된다. 이것이 바로 이 땅에 1000년이 넘는 역사를 거치면서 한국인의 심성에 뿌리를 내리고 전통문화와 조화를 이룬 불교의 구원 방식이다.

요즈음 한류가 유행하고 있지만, 조마가 신부는 이에 100년을 앞서 서양 그리스도교와 한류의 만남을 시도했다. 우리나라 명산의 유구한 사찰처럼 한국인의 종교문화라는 토양에 토착화된 격조 높은 성당을 지어 역사에 길이 남기고자 했던 것이다. 이와 같은 벽안의 신부의 꿈에서 우리는 배울 점이 있다. 그는 전통 종교인 불교를 배척하고 그 자리에 서양 종교인 그리스도교를 이식하는 선교 방식이 옳지 않다고 보았다. 그 대신에 조선의 전통문화와 조화를 이루는 동양적인 그리스도교를 세워보리라는 구상을 품었던 것이다. 서양에서 꽃을 피운 그리스도교가 비서구 지역에 가서 그곳의 전통문화와 조화를 이루며 뿌리를 내리는 선교 방식을 가리켜 신학에서는 '토착화 선교'라고 말한다. 조마가 신부가 생각한 조선에서 토착화의 첫걸음은 한옥 양식을 수용한 멋진 성당을 짓는 일이었다. 강화성당이 완공된 후 성당 마당에는 보리수와 회화나무를 심었다. 누구나 짐작할 수 있듯이 보리수는 불교를 상징하고, 회화나무는 유교를 상징하는 나무이다. 보리수는 영국 선교사가 안식년을 얻어 고향에 갔다가 영국에서 돌아오는 길에 인도

김기석

역사

대한성공회 강화성당

에서 10년생 묘목을 가져와 심었고, 회화나무는 성당 축성 당시에 강화 출신의 교인이 기념식수 한 것으로 전해진다. 초여름이면 보리수에 꽃이 만발하여 꽃향기가 진동하고 사방에서 꿀벌이 모여든다. 성당 뒤뜰에 심어진 회화나무는 서당에서 공부하는 학동들에게 시원한 그늘을 선사하여 선비나무라고 불렸다. 인도에서 온 보리수와 강화에서 난 회화나무가 어울려 강화성당의 운치를 더해주었는데, 아쉽게도 회화나무는 몇 년 전 재해로 소실되었다. 강화성당을 둘러싼 이 모든 자산을 하나로 합쳐 음미해보면, 강화성당은 불교와 유교가 우리에게 전해준 보편적 가치와 인문학적 혜택을 보존, 간직하면서 그 토양 위에 새로운 진리로서 그리스도교의 가르침을 펼치고자 했다.

이런 점에서 보면 조마가 신부의 꿈은 그야말로 시대를 앞선 위대한 꿈이 아닐 수 없다. '해가 지지 않는 나라'라는 별칭을 얻을 정도로 세계를 제패한 '위대한 대영제국(The Great Britain)'의 종교가 무엇이 아쉬워 국운이 기울 대로 기운 조선의 전통 종교를 흉내 낸단 말인가? 어떻게 유일한 하느님의 아들 예수 그리스도를 믿는 그리스도교가 당시 쇠퇴 일로에 있는 동양의 종교이자 경쟁 상대의 옷을 입게 한단 말인가? 그러나 조마가 신부는 한 세기도 훨씬 전에, 현대에도 성취하기 쉽지 않은 종교 간 대화를 진행했다. 이는 동양과 서양이 조화롭게 어울리는, 서로 다른 문화와 종교에 깃든 가치와 멋을 살리고자 하는 꿈을 꾸었기에 가능했던 것이다.

파란 눈의 사제가 오래전 강화에서 꾸었던 꿈을 우리는 다시 성찰해야 한다. 서로의 '다름'을 '틀림'이라고 손가락질하며 배척하는 오늘날, 반드시 우리가 이어가야 할 꿈이기 때문이다. 이웃 종교와의 만남을 종교다원주의라고 재판하는 이들은 현재의 서구 기독교(그리스도교)

역시 2000년 전 팔레스타인 지방에서 처음 선포된 예수의 복음이 서양과 만나 서양 문화의 옷을 입은 역사적 산물임을 지적하고 싶다. 편협한 기독교인 외에 자신들이 믿는 유일신에게 충성한다며 이웃에게 증오와 폭력을 부추기는 이들 또한, 위대한 종교의 창시자들은 예외 없이 관용과 사랑과 용서를 가장 중요한 가르침으로 강조했음을 되새겨보아야 할 것이다.

후일담을 전하자면 조마가 신부는 나중에 한국성공회의 3대 주교가 되었다. 우리의 전통문화에 담긴 고결함과 멋을 알아보고 깊이 사랑했던 그는 안타깝게도 1930년 세계성공회 주교회의에 참석했다가 귀국하던 중, 일본 고베에서 일어난 불의의 선박 사고로 세상을 떠나게 된다. 하지만 조마가 주교의 유해는 유언에 따라 또 하나의 한국 교회 건축의 걸작품인 대한성공회 서울대성당 지하성당에 안장되어 영원히 이 땅을 떠나지 않고 지키고 있다.

강화도 여성이 기록한 병인양요의 역사 현장:「병인양란록」 읽기

정우봉(고려대 국문학과 교수)

「병인양란록」과 나주 임씨

「병인양란록」은 나주 임씨(1818~1879)라는 양반 여성이 병인양요 때에 직접 겪은 전쟁 체험과 수난을 한글로 기록한 일기이다. 전쟁의 한가운데에서 여성이 자신의 체험을 한글로 쓴 일기문학이라는 점에서 중요하다. 조선시대 일기 자료 가운데 한글로 기록된 것이 드물며, 더욱이 여성에 의해 쓰인 것은 더욱 희소하다.

1866년 프랑스 군대가 강화도에 쳐들어와서 개항을 요구하였다. 조선은 이를 거부하였고, 프랑스 군대와 전쟁이 벌어졌다. 열악한 환경 속에서도 조선군은 최선을 다해 방어를 하였고, 결국 한 달 만에 프랑스 군대는 철수했다. 한 달에 걸쳐 강화도에서 일어났던 이 전쟁을 흔히 병인양요라고 부른다. 1866년에 발발한 병인양요는 구질서와 신질서, 조선왕조 체제의 전통과 서구 자본주의 근대가 무력으로 충돌하는 일대 사건이었다. 이 전쟁의 포화 속에서 강화도 사람들은 서둘러 피란을 떠나기도 하였고, 비참한 죽음을 맞기도 하였다. 서구 세력과의 접촉은 병인양요 이전에도 간헐적으로 지속되어 왔다. 서구 선박의 출몰은 19세기 중엽에 이르러 통상 관계를 요구하는 등 구체적 목적을 띠고 이루어졌다. 병인양요는 그 같은 서구와의 접촉이 이제는 무력 충돌의 양상으로 전환되었음을 의미한다. 병인양요는 서구 열강과의 첫 무력 충돌이었다.

병인양요는 서구 세력과의 첫 무력 충돌이었다는 점에서 근대사의 중요한 사건이었다. 비록 그 전쟁의 범위가 강화도에 국한되기는 하였지만, 당시 조선 정부와 일반민들에게 준 충격은 컸다. 나주 임씨는 이양선이 출몰하던 때부터 서술을 시작하여 병인양요 기간 자신을 포함해 강화도민들이 겪어야 했던 고통과 수난의 실상을 생동감 있는 언어를 통해 서술해 놓았다.

「병인양란록」은 나주 임씨가 병인양요라는 일대 역사적 사건을 직접 체험하였던 것에 근거하여 서술되었다. 하지만 저자 자신이 직접 본 것에만 한정하지 않고, 주변으로부터 견문한 것들을 두루 참조하여 병인양요 발발 이전에 서구인들이 강화도를 찾아오는 데서부터 서술을 시작하여, 프랑스 함대가 강화도에서 물러나기까지를 다루었다. 병인양요 이전에 서구인들이 강화도를 찾아와 통상을 요구하는 대목이나 프랑스 군인들이 강화도를 침략하는 장면 등은 저자 자신이 직접 본 것은 아니다. 아마도 주변으로부터 견문한 것을 저자 자신이 풀어쓴 것으로 보인다.

「병인양란록」은 아동문학가이며 소설가로 유명한 이주홍 선생이 처음 학계에 소개하였다. 그런데 흥미롭게도 「병인양란록」이 수록된 이 고서를 6·25전쟁이 한창 진행 중이던 1951년 여름 피란지 부산에서 구입하였다는 점이다. 병인양요의 역사 현장을 증언하고 있는 이 책이 6·25전쟁의 피란지에서 발견되어 세상에 비로소 빛을 보게 된 것이다. 현재 이 책은 부산에 위치한 이주홍문학관에 보관되어 있다.

「병인양란록」의 작가인 나주 임씨는 강화도에 세거하던 여흥민 씨 집안의 민치승과 결혼을 하였다. 나주 임씨는 「호동서락기」라는 여행기를 쓴 여성 문인 금원과는 서로 사돈지간이기도 하다. 금원은 1817년생이고, 나주 임씨가 1818년생이니 두 여성은 같은 시대를 살았던 여성 작가이다.

나주 임씨는 아버지 임필진(1761~1834)과 전주 이씨 사이에서 4남 4녀 중 한 명으로 태어났다. 나주 임씨 집안은 대대로 관직 생활을 역임하였던 양반 가문이었다. 나주 임씨는 남편 민치승과의 사이에 1남 4녀를 두었다. 그런데 나주 임씨는 둘째 딸과 아들 그리고 셋째 딸을 연이어 잃는 슬픔을 겪어야 했다. 아들 민관호(1849~1872)는 나주 임씨 생전에 24세의 젊은 나이로 요절을 하였다. 『여흥민씨세보』에 따르면, 민관호는 여러 저술을 남겼는데, 불행하게도 6·25전쟁이 일어났을 때 모두 소실되었다고 한다.

나주 임씨는 시부모와 함께 강화도 인정면 의곡에서 생활을 하다가 나이 49세 때에 병인양요를 맞게 되었다. 결혼 생활을 한 지 35년의 세월이 지났을 때였다. 그녀는 병인양요가 발발하여 사태가 악화되었을 때에 시부모를 모시고 일행들과 함께 강화도 주변 피란처를 전전하다가 황해도 평산으로 갔다. 황해도 평산군 서봉면은 여흥민 씨 집안 사람들이 대대로 거주해온 곳이었고, 선영이 있던 곳이었다. 나주 임씨는 그곳에서 피란 생활을 하다가 프랑스 군대가 물러간 후에 다시 강화도로 돌아왔다.

나주 임씨가 「병인양란록」을 저술한 것은 대략 1866년 12월로 추정된다. 「병인양란록」을 저술한 이후 나주 임씨의 행적은 달리 발견되지 않는다. 아들과 둘째, 셋째 딸을 연달아 잃은 나주 임씨는 1879년

62세의 나이로 죽음을 맞이하였다. 그 후 남편과 함께 황해도 평산군 서봉면에 묻혔다.

병인양요, 전란의 기억

「병인양란록」에서 주로 다루어지는 것은 크게 둘로 나뉜다. 하나는 전쟁의 참혹상과 피란상을 서술하는 것이고, 다른 하나는 전쟁이라는 극한적인 위기 상황에 대응하는 다양한 모습들을 다루는 것이다.

병인양요는 11월 21일 제2차 원정이 끝날 때까지 무려 2개월여에 걸쳐 진행된 전쟁이었다. 전쟁 피해자의 시선에 비친 당시 강화도민은 정부의 보호를 받지 못한 채 제각각 살길을 찾아 피란 생활을 떠나야 했다. 「병인양란록」은 강화도에 거주하였던 한 양반가 여성의 눈을 통해 전쟁이라는 극한적 위기 상황 속에 자신을 포함해 강화도민들이 겪어야 했던 고통과 참상을 생생하게 증언하였다. 작가는 삶의 터전을 버리고 피란 가던 당시 사람들의 모습, 강화도를 탈출하여 황해도 평산으로 피란 가던 자신의 체험을 긴박감 있게 묘사하였다.

프랑스 군대가 강화도를 점령하고 있던 상황에서 작가 일행은 집 뒷산에 굴을 파놓고 숨어 지내야 했다. 낮에는 굴에 숨어 있다가 밤이 되면 집에 내려오는 생활을 하고 있었다. 이때 작가는 서양인과 합세하였다고 하여 강화도 백성부터 몰살하라는 명을 내렸다는 소문을 듣게 된다. 고종이 내린 전교의 내용이 실제 사실에 부합하는 것인지 관련 사료를 통해 확인하기는 어렵지만, 그 같은 흉흉한 소문의 전달과 유포의 이면에는 조선 정부에 대한 불신이 암암리에 포함되어 있던 것으로 보인다. 프랑스 군인의 약탈과 방화로 인하여 고통받고 있을 백성들을 구원하기보다는 오히려 그들을 처단하라는 명령을 내린 조정의 처분에 대해 작가를 포함한 당시 강화도민들은 일대 혼란과 충격을 받아야 했다.

"정신이 아득하고 일신이 떨려 통곡이 낭자하다"는 작가의 언급이 전혀 과장으로 느껴지지 않는다. 조선 정부와 국왕의 대응에 대해 명시적으로 비판하지는 않았지만, 우리는 우회적 비판의 목소리를 읽게 된다.

작가는 전쟁 초기에는 집 뒷산에 굴을 파고 숨어 살다가 음력 9월 11일에 시부모와 일가 사람, 노비 등을 포함해 피란을 떠났다. 당시 작가의 일행은 60여 명에 이르렀다. 이들 일행은 강화도 인근에 있는 섬들을 전전하면서 갖가지 고생을 겪다가 21일에 황해도 평산에 도착해서야 비로소 안착할 수 있었다.

음력 9월 11일에 집을 떠나 피란길에 올랐던 작가 일행은 강화도 주변의 섬들을 전전하였지만 피란하기에 적합한 장소를 찾지 못하였다. 결국 여흥민씨 세거지였던 황해도 평산을 향해 배를 타고 가다가 저물녘 바다의 풍랑이 거세게 일어나고 비까지 내리는 가운데 배가 뒤집혀 목숨이 위태로운 상황을 맞이하였다. 배질에 능숙한 사공조차 손을 놓은 채 겁을 먹는 상황이니, 배 안에 앉아 있는 피란민들은 어찌할 방법이 없었다. '하늘을 우러러 탄식할 뿐이다'는 작가의 말이 결코 과장으로 들리지 않는다. '숨도 제대로 쉬지 못한 채 죄가 있고 없음을 생각할 따름'이라는 말을 통해 작가는 죽음의 문턱에 발을 딛고 서 있는 절체절명의 위기 상황을 참신하게 표현했다. 저승에 갔을 때에 옥황상제 앞에서 이승에서 저지른 죗값을 심판받아야 하는 상황을 떠올리는 것이다. 죽음을 코앞에 둔 작가의 긴박했던 위기의 순간을 예리하게 잘 포착하여 현장감을 높여주었다. 또한 노를 젓다가 풀에 걸려 배가 반이나 기울어지는 위급한 상황을 맞이하였으며, 거친 바다의 파도와 풍랑에 목숨이 풍전등화와 같았다. "파리 목숨 같이 죽기를 대령하였다"라고 표현하여 그때의 위급했던 긴박한 상황을 실감있게 나타냈다.

남동 이참판의 손자 이철주도 거기에서 사는데, 비록 가난하지만 좋은 집에 세간치장이 찬란하더니 급한 지경에 다 버리고 부인네들이 총각 모양을 하고 손목 맞잡고 도망하니, 그 집도 불을 놓고 세간은 다 부수고 그리하고 촌으로 떼지어 다니며 여인 욕 뵈기와 세간 탈취하되 남정의 옷과 쇠붙이와 돈이며 양식이며 소 잡기와 닭은 더 좋아하니, 문을 잠그고 간 집은 다 바수며 혹 불도 놓고 주인이 있어 대접하고 닭 잡아주는 자는 칭찬하고 그리하면 그 집 것은 가져가는 것이 없더라.

위의 인용문에서 작가는 월등한 군사력을 앞세운 프랑스 군대의 무자비한 약탈과 방화의 현장을 생생하게 묘사하였다. 프랑스 로즈 제독은 모두 7척의 전함과 1400여 명의 병력을 이끌고 와서 강화해협을 장악하여 한강을 봉쇄하였고, 10월 14일 강화도에 상륙하였다. 10월 16일 강화도를 점령한 프랑스 군대는 "상교청과 관사며 대궐과 집이며 모도 불 지르"고, "촌으로 떼지어 다니며 여인 욕 뵈기와 세간 탈취"를 자행하였다. 조선 정부와 관군의 보호를 받지 못하는 강화도민들은 "제가끔 살기를 구하"지 않을 수 없었다.

특히 작가는 전쟁 상황에서 여성들이 겪어야 했던 고통과 수난을 주목하였다. 전란 중의 혼란스러운 피란 상황을 묘사하는 대목에서 작가는 부인들이 총각 모양으로 변장을 한 채 손을 맞잡고 도망을 간다

정우
역사봉

강화 김포 간 염하 전경

고 하였고, 서양 군인들의 무자비한 약탈을 서술하면서 "촌으로 떼지어 다니며 여인 욕 뵈기", "여인은 보는 족족 욕을" 보인다고 표현하였다. 전쟁 속에 희생당하고 수난당하는 여성들의 모습에 초점을 맞추어 서양인들의 무력 침탈과 폭력성을 부각시켰던 것이다. 여성들이 감당해야 했던 전쟁은 남성의 그것과는 사뭇 달랐다. 약육강식의 비정한 생존법칙에 지배되는 전쟁 상황에서 여성들은 거의 무방비 상태로 노출되고 참혹하게 고통을 겪어야 했던 것이다.

양인(洋人)이 여인을 보는 족족 욕을 뵈니 상민의 집은 얼마인지 수를 모르지만 사대부 황이천 집 부인과 동네 양반 심선달 부인들이 욕을 보았다고 하니 생사가 시각에 달렸으니 이때 양인이 전등사 치러 간다고 하니 전등사 길은 우리 집 문 앞이라 날마다 지나가는 소리뿐이니.

위 인용문은 2차 원정 때에 프랑스 군대에 의해 성폭력을 당하는 여성의 수난을 그렸다. 전쟁의 극한 상황 속에서는 남성과 여성이 모두 피해를 입었지만, 특히 약자인 여성들은 더 큰 고통과 수난을 견뎌야 했다. 전쟁이라는 폭력적 현상은 남성에 비해 신체적으로 약한 여성과 어린이에게 더 큰 영향을 미쳤던 것이다. 프랑스 군대의 약탈과 방화의 현장 속에서 '여성'으로 대표되는 사회적 약자들은 그 누구로부터도 보호를 받지 못한 채 침략국 남성에 의해 착취당해야 했다. 여성의 경우에는 전쟁의 혼란 속에서 성폭력에 희생당하는 일이 잦았다. "여인은 보는 족족 욕을 뵈니 상민의 집은 얼마인지 수를 모르지만"이라는 표현은 성폭력이 광범위하게 자행되었음을 보여준다. 그런데 작가는 성폭력의 무자비한 실상을 전하면서 양반 여성가의 신원을 구체적으로 밝혀놓았다. 이 같은 서술은 아마도 여성 수난의 실상을 보다 구체적으로 부각시키고자 하는 의도에 의해 이루어진 것으로 짐작된다.

서구와의 접촉과 조선인의 대응

「병인양란록」의 또 다른 서술 축은 서구의 침략과 전쟁이라는 극한적인 위기 상황에 대응하는 조선의 다양한 모습들을 다루는 것이다. 이 과정에서 작가는 지배층, 관군의 무기력한 대응을 우회적으로 드러내는 한편, 이와는 대조적으로 개인의 안위를 돌아보지 않고 순절과 충의를 발휘한 인물들의 행적을 높이 평가했다.

조선과의 통상을 요구하며 찾아온 영국 상선의 출몰을 다룬 대목에서 작가는 서양인과 조선인의 대화를 통해 서양과의 접촉과 만남, 그리고 그 대화를 기록하였다. 그 서술 속에서 우리는 서양 세력의 출현에 대한 작가의 시선을 읽을 수 있다. 작가가 병인양요가 발발하기 이전에 조선을 찾아왔던 이양선의 존재를 작품 앞머리에 서술하고 또 그들 서양 세력에 대한 경계의 목소리를 작품 내에 서술한 것은 조선 관군과 정부의 대응을 문제 삼고자 했던 의도로 읽힌다.

병인양요가 발발하기 이전에 강화도에 찾아온 서양인들이 통상을 요구하는 장면에서 작가는 우리 측에서 외참외, 숭어, 계란을, 서양인들은 유리병을 선물로 주고받는 모습이나 서양인들이 타고 온 배를 인상적으로 묘사했다. 특히 서양인이 타고 온 함대의 외양과 운항 모습을 세심하게 묘사했는데, 겉모습은 상어 같고 산더미같이 크며, 돛대가 둘이 있고, 노를 젓지 않고 증기를 뿜으며 운항한다고 했다.

강화도 해안에 자주 출몰하였던 서양 선박과 서양인에 대해 느끼는 작가의 시선은 무엇이었을까? '뜻밖에도 국운이 불행하여'라는 말에서 보듯이, 이양선의 출현이 병인양요라는 무력 충돌로 이어졌다는 점에서 그것은 두려움과 불행의 대상이었다. 다른 한편 서양 선박은 신기롭고 경이로운 대상이기도 했다. 나룻배나 범선으로 힘겹게 강을 건너던 조선인의 눈에 증기기관으로 조류를 거슬러 올라가는 서양 함대의 모습을 가까이에서 보고 서양 과학기술에 대한 '감탄과 두려움'의 이중적인 감정을 느꼈을 것이다.

작가는 서구의 충격 속에서 그들의 문명과 폭력을 경험하는 한편, 전쟁의 혼란한 상황 속에서 구질서의 붕괴를 체험하게 된다. 작가는 강화도를 탈출하여 인근 섬에서 생활할 때에 그곳 백성들이 홍생원으로 대표되는 양반 부자에게 모욕을 주고 재물을 탈취하는 장면을 목격하였다. 공고했던 신분질서가 무너지는 현장을 직접 보게 된 것이다. 작가는 서양인들의 침탈에 편승하여 그들의 노략질에 앞장서는 일부 조선 사람의 행태에 대해 지적하기도 하였다. 목숨이 경각에 달려 있는 위급한 상황 속에서 자기 한 목숨을 보전하기 위해 사람으로서 지켜야 할 도리를 잃어버리는 지경에까지 이르렀다고 개탄하였다. 사대부가 양반 여성의 도덕적 시각을 읽게 된다.

작가는 조선의 근간을 이루고 있는 윤리강상과 신분질서가 무너지는 현실을 눈앞에서 직접 목도하였다. 서구 세력과의 물리적 충돌로 이어진 병인양요는 전통적 윤리 규범의 해체를 가속화하는 계기를 마련하였다. 함께 모여 살아야 할 가족들이 저마다 흩어지고, 각자 생명을 부지하기 위해 윤리와 체면과 양심을 버려야 했다. 작가는 서구 세력과의 무력 충돌을 통해 신구질서가 재편되는 역사적 현장을 몸소 체험했던 것이다.

프랑스 함대의 1차 원정 때에 군함이 한강 수로를 타고 서강까지 올라왔다. 도성 안은 삽시간에 두려움과 공포에 떨어야 했으며, 피란 길이 줄을 이었다. 하지만 이에 대한 조선 관군의 대응은 무기력하기만 하였다. 이때의 상황과 관련하여 작가는 "용맹이 없어 한 번을 못치고 헛총을 놓아 졸렬함을 보이"는 한심한 상황만을 보여줄 뿐이라고 적었다.

「병인양란록」에서는 프랑스 함대의 제2차 침입 때의 상황을 묘사하면서 강화도를 점령하는 과정에서 조선 관군은 맞서 싸우지도 못한 채 도망가기에 바빴던 장면을 묘사했다. 관복을 평복으로 갈아입고서 백성들과 섞이어 동정을 살피며 도망가는 관군의 모습을 통해 그들의 무능함과 무기력함, 비겁함을 드러내 보였다. 강화도 지역민을 보호하기는커녕 백성들과 함께 도망치기에 급급했던 관군들의 행태로 인하여 프랑스 군대의 약탈과 방화는 더욱 심하였으며, 강화도민들의 고통과 수난은 더욱 클 수밖에 없었다.

한편 작가는 외세의 침탈에 맞서 자신의 안위를 돌보지 않고 충절을 드러낸 이시원(李是遠)과 양헌수(梁憲洙)의 행적을 높게 평가했다.

나주 임씨 시댁은 평소 이시원 집안과 친분을 맺고 있었다. 나주 임씨 일행이 강화도를 떠나 평안도 평산으로 피란을 갈 때 이시원 집안 사람들과 함께 동행하였다. 이때 이시원은 미리 자결을 할 생각을 하고 준비를 하였다. 이시원은 1815년 문과에 급제한 후 벼슬이 이조판서, 홍문관제학에 이르렀으나 1866년 강화도가 함락되자 동생 이지원(李止遠)과 함께 유서를 남기고 음독자살 하였다. 작가는 이시원이 남긴 유언의 말을 직접 옮겨놓음으로써 충절을 향한 그의 비장한 각오와 죽음에 임하는 의연한 태도를 효과적으로 형상화했다.

때로는 타인의 견문에 바탕을 두어 양헌수 장군에 의해 프랑스 군인이 격퇴되는 장면을 묘사했다. 양헌수 장군은 정족산성을 지키던 중, 10월 3일 프랑스 함대의 로즈 제독이 보낸 해군대령 올리비에의 부대 160여 명을 맞아 치열한 전투를 벌인 끝에 프랑스군을 격퇴시켰다. 이를 계기로 프랑스군이 철군하는 데에 결정적 역할을 했다. 프랑스 군대와의 전투 장면, 격퇴당한 프랑스군이 죽은 전우의 시체를 업고서 가마에 태워 도망을 가는 장면, 벼를 베던 일꾼을 만났을 때 두 팔을 헤치며 도망하라고 하는 장면, 시신을 화장하고 관에 넣은 다음 각각 성명을 쓰고 돌아가는 장면 등에서 매우 현장감 있게 사실적으로 묘사되어 있음을 알 수 있다.

「병인양란록」의 의의

여성이 전쟁 체험을 일기의 형식을 빌려 표현한 앞 시기 작품으로는 남평 조씨의 「병자일기」가 있다. 「병자일기」에는 병자호란 중에 겪은 피란 생활의 고난과 시련이 생생하게 표현되어 있다. 나주 임씨가 지은 「병인양란록」은 남평 조씨의 「병자일기」가 만들어놓은 한글 일기문학의 전통을 이어받고 있는 것이다. 또한 「병인양란록」은 유진의 「임진록」, 김약행의 「적소일기」, 훈련도감 소속 한 마병의 「난리가」, 그리고 이세보의 「신도일록」으로 이어지는 한글일기 서술 방식의 전통을 계승하였다. 「병인양란록」은 「신도일록」과 함께 19세기 중후반의 한글 일기문학을 대표하는 작품이라는 점에서 그 문학사적 의의가 크다.

「병인양란록」은 다음 세 가지 측면에서 주목되어야 할 작품이다.

첫째, 「병인양란록」은 병인양요의 역사적 실상을 살피는 데에 유용한 사료로서 가치가 있다. 현재 병인양요와 관련하여 전하는 국내

문헌들은 대부분 한문으로 기록된 공적 기록들이다. 상소문, 격문, 정부 부서 간에 주고받은 공문서들이 대부분을 차지한다. 개인의 체험에 바탕을 두어 기록한 자료들—양헌수의 「병인일기」와 한응필의 「어양수록」—도 있지만, 전쟁의 경과를 서술하는 데에 초점을 맞추고 있다. 「병인양란록」은 전쟁의 직접적 피해를 입은 강화도의 구성원이 자신이 겪은 고통과 수난의 실상을 생생하게 보여주는 흔치 않는 자료라는 점에서 중요한 의미를 지닌다.

둘째, 전근대시대에 전해지는 한글일기가 많지 않다는 점에서 「병인양란록」은 그 자료적 가치가 높다. 전근대시대의 일기는 거의 대부분 한문 일기이며, 한글로 쓰인 일기는 극히 소수만이 전해지고 있다. 한글 일기의 자료적 희소성에서 이 작품은 주목할 필요가 있다. 「병인양란록」은 강화도 사투리를 구사하고 있어 19세기 후반 한글 고어 및 강화도 지역 방언 연구에도 유용한 자료이다.

셋째, 「병인양란록」의 자료적 가치는 한글이라는 표기 수단으로 기록했다는 점에 머무는 것은 아니다. 「병인양란록」은 여성에 의해 한글로 쓰여진 일기문학이라는 점에서 중요하다. 또한 전쟁의 극한적 위기 상황 속에서 피란 생활을 전전하는 자신의 체험담을 한글 일기의 형태로 기록했다는 점에서 조선시대 일기문학사의 흐름 속에서 중요한 의미를 지닌다.

강화도와 불교문화 이야기

김형우(안양대 교양학부 교수)

강화도는 역사의 섬

강화도는 풍요로운 섬이다. 쌀이 주식이던 얼마 전까지 1년 농사를 지으면 3년 먹을 양식이 나온다는 말이 있었다. 쌀뿐만 아니라 인삼, 약쑥, 순무, 화문석 같은 특산물이 많거니와 갖가지 해산물 등 먹을거리도 풍성하다. 그리고 풍광이 아름다운 바닷가, 소나무 숲과 어울려서 운치가 있는 마을도 많다. 서울에서 출발하여 한 시간 남짓이면 차를 탄 채로 편하게 오고 가며, 다양한 제철 음식을 먹고 소박한 농촌과 바닷가 정경을 구경하고 쉬었다 갈 수 있는 곳이다.

하지만 강화도에는 여느 지역과 다른 무언가가 있다. 우리 민족사의 중요한 고비마다 그 역할과 책임을 성실히 수행한 슬기와 집념이 서려 있는 역사의 섬이다. 조금만 주의를 기울이면 아득한 선사시대로부터 오늘날 국토 분단의 현실에 이르기까지 수천 년 동안 우리 민족이 걸어온 영광과 수난의 목소리를 직접 들을 수 있는 곳이 강화도이다.

고려산 북서쪽을 지나다 보면 3000여 년 전 진지한 자세로 고인돌을 세우던 선사시대 조상들의 목소리를 들을 수 있고, 강화읍내 고려궁지에 서면 700년 전 대제국 몽골에 맞서 싸우려고 북산 아래에 새로운 수도를 건설하던 고려인의 비장한 음성도 들을 수 있다. 고려의 온 국민이 정성을 모아 완성한 팔만대장경 경판을 대장경판당에 봉안하고 모두 함께 감격하던 그날의 분위기도 우리는 강화도에서 느낄 수 있다. 시와 술과 거문고를 좋아하던 백운 이규보 선생의 목소리도, 인간과 민족의 문제를 가장 실천적으로 고민하던 강화학파 학자 정제두, 이건창 선생의 열린 생각도 들을 수 있다.

150여 년 전 프랑스군이 외규장각 도서를 약탈해가고 궁궐을 불태우는 모습을 지켜볼 수밖에 없었던 강화도 주민들의 안타까운 한숨소리도, 며칠 동안만 피란하면 곧 돌아갈 줄 알았던 60년 실향민의 망향가도 들을 수 있는 곳이 강화도이다. 강화도만큼 우리 민족이 걸어온 길을 비춰주는 거울로서의 애틋한 사연을 이야기할 수 있는 지역이 우리 땅 어디에 또 있을까 싶다.

강화도는 한반도의 중심부에 자리하고 있다. 강화도 마니산 참성단에서 북쪽으로 백두산 천지와 남쪽으로 한라산 백록담까지의 거리가 비슷하다고 한다. 한반도의 중심부를 흘러내려온 한강, 임진강, 예성강이 바다로 흘러가는 곳에 자리하고 있어, 강화도를 인체에 비유했을 때 옆으로 누운 사람의 배꼽에 해당한다고들 한다.

강화도는 토질이 비옥하다. 섬의 특성을 오롯이 지니고 있으면서도 육지와 비슷한 조건을 갖추고 있다. 토질이 비옥하고 생산물이 풍요로운 것은 큰 강의 퇴적물이 쌓인 간척지의 갯벌 농토로 되어 있고 일조량도 풍부하기 때문이다.

그런가 하면 1000년 동안 수도의 길목 구실을 한 곳이다. 고려의 수도 개경과 조선의 수도 한양의 관문 역할을 하면서 지방의 생산물과 외국의 문화 및 물자가 통과하던 지점이었으니, 나라의 목구멍에 해당하는 땅, 즉 '인후지지'였다.

한반도의 수도와 아주 가까운 거리에 있는 작지 않은 크기의 섬인 강화도는 사방이 갯벌로 둘러싸여 있어 배를 댈 수 있는 곳이 한정되어 있었다. 천연의 요새인 셈이다. 나라가 위험에 처했을 때 수도를 옮겨와 나라의 명맥을 유지해주는 '보장지처'이기도 했다. 병자호란 이후 강화 섬을 빙 둘러 53개의 돈대를 세우고 12개의 진보로 하여금 관리하도록 하였으니, 천연의 지세를 활용한 해양 관방시설이었다. 근대에 와서 해양 세력이 접근해올 때는 맨 먼저 외국 문명과 접촉하고 슬기롭게 대처한 관문 구실도 하였다.

이러한 지리적 특성을 지닌 강화도의 문화유산 중에는 유네스코 세계유산으로 지정되어 세계적으로 인정을 받고 있는 것이 적지 않다. 우선 강화의 고인돌은 세계문화유산으로 지정된, 우리나라 선사시대를 대표하는 유적이며, 해인사의 고려대장경판은 강화에서 기획되고 제작·보관되었던, 역시 세계에 자랑할 만한 문화유산이다. 또한 정족산 사고(史庫)에서 온전히 보관되어 오늘에 전하는 『조선왕조실록』은 세계기록문화유산으로 등록되어 있으며, 세계 최초의 금속활자는 강화도읍기를 전후하여 창제되었다. 그런가 하면 한반도 남쪽에서는 유일하게 단군과 관련된 유적인 참성단이 있어 민족의 성지로 불리고 있고, 고려시기 한때 수도로서의 경험도 있는 곳이다.

일정한 지역으로 강화도만큼 민족이 겪어온 삶을 비춰주는 거울로서 중요한 사연을 이야기할 수 있는 곳도 드물 것이다. 그래서 강화도의 역사는 한국 역사의 '집약체'라고도 하고 섬 전체가 유적박물관인 곳이라고도 한다.

전등사는 우리나라의 맨 처음 사찰인가?

강화도는 한반도의 중심부인 한강 유역으로 들어가는 길목에 자리하고 있기 때문에 선사시대로부터 문화와 물자의 통로였다. 강화의 옛 지명이 해구(海口), 혈구(穴口)였던 것도 그 때문이다.

강화도의 전등사는 삼국시대에 아도(阿道)화상이 창건하고 그 이름을 진종사(眞宗寺)라 했다고 「전등본말사지」에 전해온다. 그런데 그 연도가 381년으로 백제에서 불교를 수용한 384년보다 앞서고 있다. 그것이 가능한 일일까? 전등사의 창건과 관련하여 다음의 자료가 주목된다.

전등사는 아도화상이 세웠으며, 우리나라에서 '맨 처음 창건한 사찰(海東鼻創佛宇)'이다. 절의 옛 이름은 진종사이다.

이 기록은 「전등본말사지」에 『전등사대웅보전 및 대조루 제4차 중수기문』에 실려 있는데 1916년에 쓰여졌다. 전등사를 해동, 즉 우리나라의 '비창불우'라고 한 것이다. 비조(鼻祖)가 한 겨레나 가계의 맨 처음이 되는 조상을 의미하듯이, 비창(鼻創) 역시 맨 처음 창건되었다는 뜻이고 불우(佛宇)는 사찰이라는 말이다. 또 1941년에 쓰인 「전등본말사지」에는 '전등사는 381년(고구려 소수림왕 11년, 신라 내물왕 26년, 백제 침류왕 7년) 신사(辛巳)에 아도화상(阿道和尙)이 개산(開山)하고 진종사(眞宗寺)라 게액(揭額)하였다'라고 하였다.

위의 자료들은 모두 오래전의 기록은 아니지만 무턱대고 부정할 이유도 없다. 그동안 전등사의 삼국시대 아도화상 창건설에 대하여 의심하는 견해가 많았다. 381년이라는 창건 연대에 그 전거를 달지 않았

김형우
역사

전등사

고, 그 해를 고구려 소수림왕 11년이라고 했는데, 당시 강화도는 백제의 영역이었다는 것이다. 그러나 고구려뿐 아니라 신라와 백제의 왕력도 같이 쓰여 있어, 당시 백제 영역에 고구려 연대가 맞지 않다는 지적은 큰 의미가 없다.

당시는 백제가 웅진(공주)으로 천도하기 전이므로 하남위례성을 수도로 하던 한성백제 시기이다. 한강 유역이 나라의 중심지였기에 강화도를 경유하여 불교가 전해진 사실은 매우 자연스럽다. 그러므로 백제의 수도에서 불교가 공인된 384년보다 3년 앞선 381년에 강화도에 절이 창건된 사실은 충분히 가능한 일이다. 단군의 세 아들이 쌓았다는 삼랑성(三郎城) 안, 신성한 지역에 백제의 첫 사찰이 세워졌다는 것도 의미를 찾을 수 있겠다.

백제에 불교를 전했다는 호승(胡僧) 마라난타도 강화도를 거쳐 한강을 거슬러 올라가 당시의 수도 하남위례성으로 들어갔을 가능성이 크다. 호승은 천축 또는 서역의 승려를 지칭한다. 강화도 고려산의 청련사·백련사 등 오련사(五蓮寺)를 천축에서 온 조사(祖師)가 창건했다거나, 바다에서 건져 올린 보문사 불상 설화도 해상 교통을 통한 불교의 수용 과정을 반영한 것이라 할 수 있다. 강화의 불교 사원의 건립은 백제의 불교 공인과도 밀접한 관련이 있는 것으로 볼 수 있다.

천축국 조사(祖師)가 창건한 다섯 곳의 연꽃 사찰〔五蓮寺〕

청련사(靑蓮寺)는 고려산의 동쪽 기슭인 강화군 강화읍 고비고개로에 자리하고 있다. 청련사는 삼국시대에 천축조사가 창건한 것으로 전해온다. 조선 후기 18세기의 저술인 김노진의 「강화부지」와 20세기 전반기에 간행된 「속수증보강도지」 및 「전등본말사지」에 의하면, 천축국에서 온 한 스님이 고려산 정상의 우물에 핀 연꽃을 공중에 던져 청색의 연꽃이 떨어진 곳에 절을 창건하고 이름을 '청련사'라고 하였다고 기록되어 있다.

고려산에는 청련사 외에도 백련사(白蓮寺)와 적석사(積石寺·赤蓮寺)가 현재도 남아 있고 지금은 없어진 흑련사와 황련사도 원래는 있었다고 한다. 청련사의 창건에 대해서는 다음의 자료가 참고된다.

○ 전해오기를. 고려산에 옛날 청련(靑蓮)·홍련(紅蓮)·벽련(碧蓮)·백련(白蓮)·자련(紫蓮)의 다섯 연사(蓮寺)가 있었다고 한다. (이형상, 「강도지」, 1696)

○ 전하는 말에 의하면, 천축국의 이승(異僧)이 오색의 연꽃을 허공에 날려서 그 꽃들이 떨어지는 곳을 따라서 각각 절을 세웠다고 한다. 이곳에 붉은 연꽃이 떨어지면 그 이름을 적련사라 하였고, 흰 연꽃이면 또한 백련사라 하였다 한다. 그리하여 국정사의 동쪽에는 청련사의 터가 있는데, 혹자는 고려산을 오련산(五蓮寺)이라고 칭하기도 한다. (김노진, 「강화부지」 불우조, 1783)

○ 옛날 동진(東晉) 의희(義熙) 12년(416)에 천축조사가 고려산에 와서 산 정상의 오련담(五蓮潭)에 5색의 연꽃이 영롱하게 피어 있는 것을 보고…… 5색의 연꽃을 한 송이씩 꺾어 공중으로 날린 후 그 꽃이 떨어진 곳마다 절을 각각 지었다. 여기에 백색의 연꽃이 떨어져서 백련사라고 하였다. 〔혜안(惠安), 「백련사중건기」, 1905〕

○ 고려산은 강화부의 진산(鎭山)이며 일명 오련산(五蓮山)이라 한다. 전하기를 천축(天竺)의 승려가 일찍이 다섯 빛깔의 연꽃을 하늘에 날려서 각각 떨어진

곳에 사찰 한 개씩을 세웠다고 한다. 지금은 청련사와 백련사와 적련사 세 사찰만이 있고 나머지는 모두 폐지되었다. (고재형, 「심도기행」, 1906)

○ 세상에 전하기를 천축국의 이승(異僧)이 고려산 정상에 와보니 산에 5개의 우물이 있고, 우물마다 연꽃이 있는데, 각기 다른 색이었다. 모두 5색이었는데 그 천축국의 스님이 5색의 연꽃을 꺾어 공중으로 던지고 그 떨어지는 곳마다 절을 하나씩 세웠다. 이 절은 청련이 떨어진 곳이므로 이름을 '청련사'라 하였다. 그 밖에 적련사, 백련사, 황련사, 흑련사는 아래와 같다. (박헌용, 「속수증보강도지」, 1932)

○ 옛적 진(晉)나라 의희(義熙) 12년 천축조사(天竺祖師)가 심도(沁都, 강화)에 와서 고려산을 답사하다가 산 정상에 이르러 오련지(五蓮池)를 발견하였다. 천축조사는 그 5종의 연꽃을 꺾어 공중으로 날려서 그 연꽃이 떨어지는 곳마다 절을 창건하였다. 이곳은 청련이 떨어졌으므로 절을 지은 즉시로 '청련사'라 칭하였다. (안진호, 「전등본말사지」, 1942)

○ 적석사는 백제 전지왕 12년(416) 병진년에 천축조사가 개산하고 적련사라 이름하였다. (안진호, 「전등본말사지」, 1942)

이처럼 청련사를 비롯한 고려산 오련사의 창건 설화는 여러 기록에 보인다. 즉, 김노진이 지은 「강화부지」에 천축국의 승려가 고려산에 와서 정상의 연못에 핀 5색의 연꽃을 공중에 날렸고 떨어지는 곳마다 절을 창건하였다는 것이다. 그런데 그보다 조금 앞서 나온 이형상의 「강도지」에는 5색이 청련(靑蓮)·홍련(紅蓮)·벽련(碧蓮)·백련(白蓮)·자

청련사

보문사 마애석불좌상

련(紫蓮)으로 되어 있다. 그리고 이후의 자료에는 홍련은 적련으로, 벽련과 자련은 흑련과 황련으로 바뀌었다. 청색, 백색, 적색, 흑색, 황색의 다섯 가지 색은 바로 오방색(五方色)이다. 현재 남아 있는 청련사, 적석사(적련사), 백련사의 방향도 정확하지는 않지만 동쪽, 남쪽, 서쪽 방향으로 어느 정도 일치한다. 오방위와 그 색이 반영되어 사찰의 건립 설화가 이루어진 것이 아닌가 생각된다.

20세기에 들어와서 오련사의 창건 시기에 대한 구체적인 자료가 나타난다. 「백련사중건기」(1905)에 오련사의 창건이 진(晉)나라 의희(義熙) 12년인 서기 416년의 일이라고 밝히고 있다. 백제의 불교를 처음 전한 마라난타도 같은 동진에서 온 천축국의 승려였으며, 시기는 384년이라고 한다. '마라난타가 백제 한산주에 와서, 절을 지으니 이것이 백제 불교 시초이다'라고 삼국사기에 기록되어 있는데, 이로부터 약 30년이 지나 강화의 오련사가 창건되었다는 것이다.

바다에서 건져 올린 보문사 불상

보문사는 창건된 지 얼마 지나지 않아 한 어부가 바다에서 건져 올린 불상으로 나한전을 건립하였다고 한다. 사찰에 전해오는 말에 의하면 신라시대에 한 어부가 불상과 나한석상 22개를 바다에서 건져 올려 지금의 나한전 자리에 모셨다는 것이다. 「전등본말사지」 보문사 편에 이 전설이 실려 있다.

신라 진덕여왕 3년 4월에 산 아래 마을(현 매음리)에 살던 사람들이 배를 가지고 보문사 앞 바다에 나아가 고기잡이를 하던 중 그물을 던졌다가 거두는데, 무엇인가 묵직한 것이 올라와 살펴보니 고기는 없고 인형 비슷한 돌덩이 22개가 걸려 올라왔다. 낙심하여 돌덩이를 바다에 쏟아버리고 다시 그물을 던졌는데, 이번에도 역시 22개의 돌덩이가 올라왔다. 그날은 재수가 없다고 생각한 그들은 각기 집으로 돌아가 잠이 들었는데, 꿈에 한 노승이 나타나 어찌하여 돌덩이는 버렸느냐고 그들을 꾸짖었고, 내일 다시 그물을 치게 되면 돌덩이가 여전히 올라올 것이니, 이들을 명산(名山)에 잘 봉안하면 길상(吉祥)이 많이 생길 것이라 하였다. 이튿날 선주들은 다시 바다로 나아가 그물을 던졌는데 또 돌덩이가 올라왔다. 꿈에 일러준 노승의 말에 따라 배로 옮겼고, 신령스런 장소를 찾아 낙가산으로 올라왔다. 석굴 부근에 이르러 갑자기 돌이 무거워져 더 이상 운반할 수가 없었다. 이 굴이 신령스런 곳이라 생각하고 단을 모아 그곳에 모셨다. 이 22개의 돌덩이는 주세삼존(住世三尊)과 십팔성중(十八聖衆)과 나반존자(那畔尊者) 1위였다. 그 후 선주들은 모두 큰 부자가 되었는데, 매음리 사람들은 지금도 이 이야기를 한다.

이 이야기를 단순히 전설로만 보기도 하지만, 긍정적으로 검토해 볼 만한 면이 충분하다. 즉, 바다에서 불상을 건져 올렸다는 사실은 바다 건너 외국에서 불교가 전해지는 과정을 설화화했다고 볼 수 있기 때문이다.

고려대장경은 강화도읍기에 만들어진 세계의 보배

강화도의 자주정신과 문화의식은 고려대장경을 만들어냈다. 지금은 해인사에 보관되어 있는 국보 제32호 고려대장경판은 그 규모가 방대할 뿐 아니라 세계의 어느 대장경보다도 정확하게 만들어져 세계 불교 문화유산 중에 단연 으뜸가는 보배이다. 이 대장경판은 이것을 조성했던 당시 고려의 불교문화가 세계적 수준이었음을 말해주고 있다. 이 경판이 대몽고 항쟁기에 강화도에서 이루어진 것이다.

부인사(符仁寺)에 있던 고려의 초조대장경이 몽고군에 의하여 소실되자, 다시 대장경을 조성하여 부처의 가피력에 힘입어 국가를 지키겠다는 간절한 발원을 하였다. 강화도에 대장도감을 설치하고 간행에 착수하였고, 16년에 걸친 국가적 대역사 끝에 1251년 9월 완성하였다. 전쟁의 와중에서 긴 세월과 무수한 인력 및 재력을 들여 이 거대한 대장경 조성 사업을 이루어냈다는 사실은 대단히 큰 의미를 지닌다.

대장경 조성 사업은 대몽항쟁 중에 왕성한 민족의식과 문화의식, 그리고 일반 민중의 불교 신앙심에 힘입어 완수될 수 있었다. 몽고의 침입에 대처함에 있어서 대내적인 결속을 민족의식 속에서 찾고, 특히 우리는 대장경을 조성할 수 있는 민족이라는 문화적 긍지를 갖게 하고, 몽고를 야만시함으로써 대몽고 항쟁의 지표를 명백히 할 수 있었다.

또한 대장경의 조성이 성공적으로 이룩될 수 있었던 것은 당시 고려 불교의 높은 수준과 그 전통적 저력 때문이었다. 대장경을 조성하는 일은 워낙 거대한 사업이었기 때문에 불교계가 쏟은 정력도 대단한 일이었다. 고려 재래의 대장경본을 위시해서 북송본(北宋本), 거란본(契丹本) 등의 여러 경전을 수집하고, 편집·교정하는 일이 결코 쉬운 일은 아니기 때문이다. 이때에 교정의 총책임을 맡았던 분은 수기(守其) 스님인데, 그는 개태사(開泰寺)에 주석하던 학식이 뛰어난 승려였다. 1251년 완성된 대장경판은 148년 동안 강화도 판당에 보관되다가 조선 초 1398년에 왜구에 의한 피해를 우려하여 내륙 깊숙한 곳에 있는 해인사로 옮겼다.

이 강화경판(江華京板) 고려대장경의 내용과 역사적 의의 등에 대해서는 많은 연구 성과가 있다. 그러나 아직 풀어야 할 문제도 많이 남아 있다. 우선 대장경 조성 사업을 주관한 대장도감의 위치와 대장경판을 봉안했다는 판당의 위치이다. 위치를 찾는 일은 역사적 의미를 구하는 일이라기보다는 현재에 되살리는 일과 관련이 있다. 강화도에 있던 대장경판이 해인사로 옮겨간 과정과 경로도 아직은 감추어져 있다. 아울러 세계 최초의 금속활자로 찍은 책도 강화도에서 만들어졌으니 이 또한 뜻깊은 일이 아닐 수 없다.

유불조화 사상을 펼친 정수사

강화도 남쪽에 또 하나의 고찰이 있으니 마니산의 정수사(淨水寺)이다. 잘 알려진 것처럼 정수사는 조선 초 함허 기화(涵虛 己和, 1376~1433) 스님에 의해서 크게 중창되었다. 보물로 지정되어 있는 정수사 법당도 함허 스님이 중건했다고 전하며, 절 앞의 계곡 이름이 '함허동천(涵虛洞天)'일 정도로 그가 정수사에 미친 영향은 컸다. 그는 조선 초 숭유억불의 시대에 유불조화론을 주장했던 스님이다. 「현정론」과 「유석질의론」 등의 저서를 통해서 편협된 당시의 불교관을 바로잡으려고 애를 썼다.

유교와 불교의 관련에서 정수사 법당 후불화는 주목할 만하다. 이 불화는 1878년 명미당 이건창(1852~1898) 가족의 시주로 그려 모셔졌기 때문이다. 조선 말의 대학자이자 문장가요, 고위 관료였던 이건창과 그의 부모, 부인, 두 동생 등 시주자의 이름을 화기에서 확인할 수 있다. 할아버지 이시원(1790~1866)이 이조판서를 지냈고, 이건창도 암행어사로 크게 활약했던 당대의 명문 사대부 가문임에도 불구하고 유교와 불교를 모두 포용하여 서로 배타적으로 생각하지 않았음을 알 수 있다. 이는 양명학을 기본 소양으로 삼았던 강화학파 학자들의 개방된 학문 풍토에서 가능한 일이었다.

정수사 법당

2009년 9월 서울 조계사에서 한 권의 고서가 공개되었다. 성철 스님(1912~1993)이 남긴 책을 정리하던 백련암의 원택 스님이 발견한 이 고서는 1548년 강화도 정수사에서 간행한『십현담요해(十玄談要解)』언해본이었다. 매월당 김시습(金時習, 1435~1493)이 쓴『십현담요해』를 한글로 번역한 책인데, 지금까지 보고된 고서 목록에 기록되어 있지 않은 유일본으로 추정되어 학계의 지대한 관심을 받았다.

'십현담'은 당나라의 상찰(常察) 스님이 선(禪)의 핵심을 열 가지 시구(詩句)로 정리한 책이고, 여기에 김시습이 주석을 단 것이『십현담요해』이다. 지금까지 이 책의 한문본은 더러 발견되었었지만, 언해본이 세상에 알려지기는 이 책이 처음이다. 16세기에 드물게 한글로 번역된 선종 계열의 불서라는 점에서 의미가 있고, 또 한편으로는 조선시대 우리말 변천사를 연구하는 데에도 귀중한 자료로 평가받고 있다. 그동안 알려진 한글 고서에서 볼 수 없었던 어휘가 많이 나오고 있기 때문이다.

이 책은 권말의 간기를 통해 1548년〔嘉靖二十七年 戊申〕강화도 마리산 정수사〔江華地摩利山淨水寺〕에서 간행된 것임을 밝히고 있다. 그리고 화주의 소임을 맡아 일을 추진한 분은 희조(熙祖) 스님이었음을 알려준다. 가로 24.9cm 세로 15cm, 44쪽 분량의 책이다.

이 책의 서문에 성화(成化) 을미년에 설잠(雪岑)이 주석을 달았다고 쓰여 있다. 출가 후에 설잠이라는 이름을 썼던 김시습이 을미년 1475년에 썼으니, 그의 나이 41세 되던 해였다. 그러고 나서 73년이 지난 1548년에 한글로 번역된 이 책이 정수사에서 간행되었다. 아쉽게도 간행된 과정과 연유는 명확히 알 수 없다.

다만 김시습이 생전에 강화도 마니산에 왔던 사실이 있고, 그때 지은 '강화 마니산에 올라(登摩尼山 江華)'라는 제목의 시가 전해온다. 그 시

김형우 역사

에 마니산 제단도 나오고 승사(僧舍)도 나오니, 참성단에 올라갔다가 정수사도 다녀갔음이 분명하다. "마니산 산색은 좋기도 하니(摩尼山色好) 바다 하늘 모퉁이에 우뚝이 솟아 있다(矗立海天隅). 날아가는 기러기도 건너지 못하고(飛雁不能渡) 맑은 아지랑이 모두가 그림 같구나(晴嵐摠可圖). 제단에는 가을 풀이 시들어가고(祭壇秋草老) 절집에는 흰 구름이 외롭다네(僧舍白雲孤). 한번 보니 푸른 바다 넓기도 한데(一望滄溟闊) 물안개에 있는 듯 없는 듯 닿아 있다(煙波接有無)."(『매월당시집』 권4)

이 책이 나오기 4년 전인 1544년에 정수사에서는 법화경이 판각되었다. 그 경판 100여 장이 지금 전등사에 보관되어 있고, 그 인출본이 송광사에 전하고 있다. 조선 전기에 간행된 법화경의 수가 그리 많지 않으니 이 또한 귀중한 자료임에 틀림없다. 당시 정수사의 불서 간행이 자못 활발하였음을 짐작할 수 있다.

우리 민족의 성산(聖山) 강화도 마니산에 자리한 정수사는 조선 초 유교와 불교의 조화를 주장했던 함허 스님이 중창한 곳이며, 김시습이 지은 『십현담요해』의 한글 번역본을 간행하여 불교 대중화에 앞장섰던 절이다. 그리고 절 아랫마을 판서댁 이건창 가족이 주위의 시선을 의식하지 않고 소신껏 불화를 시주해준, 열린 마음의 신도가 있었던 그런 유서 깊은 절이다.

사
람

"그러면 너는 행복하다": 김성수 성공회 대주교가 걸어온 길

조희정(작가)

가끔 사람이 한 권의 책과 같다는 생각을 한다. 지난해 늦가을 나는 '김성수'라는 한 권의 책을 읽어내라는 명(命)을 받았다. 1930년생의 대주교님이라니. 고백건대 완독(玩讀)을 자신하기에는 너무나 두껍고 무거운 책이었다.

　며칠 후 집에 도착한 박스 하나. 1980년 무렵부터 갈무리해 놓은 김성수 주교에 관한 각종 기사, 논문, 책 등이었다. 어떻게 이것을 다 모았나 싶을 정도로 양이 많았다. 그런데 이것이 또 다른 고민거리가 되었다. 그가 대한성공회 서울교구 주교로 부임하던 1984년을 전후해 신문, 방송, 잡지, 단행본 등 웬만한 매체에서는 이미 김성수 대주교가 걸어온 길에 대해 소상히 기록해둔 것이다.

　기본에 지나치게 충실한 인터뷰도, 기교 있는 인터뷰도 무의미할 터. 결국 그 수많은 자료 속에서 자기 삶의 분절마다 들려주었던 김성수 주교의 '목소리'와 그를 인터뷰한 사람들의 '시선'을 통해 그 삶을 따라가보기로 했다.

"그저 밥 세끼 먹었죠, 밥 세끼 먹었어요"

1930년 6월 12일, 김성수 주교는 성공회를 믿는 가정의 2남 1녀 중 장남으로 태어났다. 강화도 길상면 온수리 605-2번지. 지금 그가 사는 '우리마을' 자리다. 성공회에 입교한 할아버지 덕에 일찍부터 성공회 신자가 되었고, 일제강점기 시절 그의 아버지는 김성수 주교를 유학 보내기 위해 본적을 서울로 변경할 정도로 유복했고 교육열도 높았다. 그러나 그는 그 시절 '밥 세끼를 먹었을 뿐'이라고 회상한다. 겸손이 지나친 것일까.

아니에요, 아니에요. 정말 미안했고, 이렇게 편안하게, 참 어려운 시대였는데 지금 지나놓고 보니까 좀 더 우리 집안도 그렇고 나도 그렇고 좀 더 겸손하게 살았으면 좋을 뻔했다. 그런 생각을 틀림없이 하는 거죠. (《MBC 손석희의 시선집중》, 2011. 1. 8.)

1940년대, 장남 김성수는 부모님의 기대를 한 몸에 받으며 귀한 세루양복을 입고 경기중학교로 시험을 치러 갔다. 교동초등학교 학생 삼 분의 일이 경기중학교에 합격했지만 그는 낙방했다. 2차로 배제중학교에 입학한 그는 인생의 새로운 전환점을 맞게 된다. 아이스하키와의 만남. 천진에서 전학 온 친구 윤영노는 김성수에게 함께 아이스하키를 해보자고 제안한다. 자신감이 충만했던 시절을 그는 이렇게 회상한다.

아이스하키라는 게 스틱이 길잖아요. 그리고 이 장구가 여러 개 있어서 그걸 메고. 집이 가회동이었어요. 차가 어딨습니까. 그때는 걸어서 걸어서 경기고 앞으로 이화고 앞으로 해가지고 배제까지 가면 다 쳐다보는 거예요. 그 맛에, 그 맛에. (《MBC 손석희의 시선집중》, 2011. 1. 8.)

"짜식들아, 내가 피를 쏟으면 바께쓰(양동이)로 하나야!"

그러나 1950년 강원도 춘천 소양강에서 열린 아이스하키 대회를 끝으로 김성수 주교는 운동선수를 할 수 없었다. 폐결핵이었다. X선 사진을 보며 의사가 말했다. "아드님……, 오래 못 살겠습니다." 얼마 전 하얀 얼음판에 왈칵 피를 쏟았을 때만 해도 몸보다는 경기가 우선이었던 그. 짐짓 친구들 앞에서 괜찮다고 허세도 부려봤지만 집으로 돌아오면 마당 수돗가에서 핏덩이를 쏟아냈다. 배재중 6학년(현 고교 3학년) 김성수가 할 수 있는 건 '죽을 날'만 기다리는 것뿐이었다. 그리고 반년여 뒤 전쟁이 터졌다.

이런 아이러니가 또 있을까. 6·25전쟁으로 많은 사람이 목숨을 잃었는데 '폐결핵 환자가 있는 집'이라며 공산군도 그의 집을 피해 무사할 수 있었다. 밥만 먹고 잠을 자며 8년을 허송세월했다. 부모는 전쟁통에서도 아들을 살리기 위해 어떻게든 주사와 약을 구해왔다. 덕분에 재산도 많이 까먹었다. 그런 절망 속에서 하느님을 만났다. 부모의 손에 이끌려 교회를 다니던 그가 스스로 하느님께 매달린 것이다. 그는 평소 자신은 한 게 아무것도 없다는 이야기를 입버릇처럼 한다. 길고 외로웠던 투병생활 끝에 얻은 깨달음이었다.

하느님이 저를 살려주셨잖아요. 그렇게 거저 받았으니 나도 거저 누구에게 줘야 한다는 생각이 잠재의식에 자리 잡았어요. 그렇기 때문에 제가 뭘 하고 싶어서 한 게 하나도 없다는 말입니다. (《국민일보》, 2013. 11. 3.)

길상면 온수리 성공회성당

"시몬 아저씨는 신부님이 되면 좋겠어"

병치레하느라 대학입시를 준비할 수 없었던 김성수 주교는 20세를 훌쩍 넘겼다. 몸이 조금 회복되자 어머니의 권유로 단국대학교 정치외교학과에 입학했지만 결석이 다반사였다. 1957년 졸업 후에는 수원에 있는 부친 회사에서 일했다. 그때 수원 성공회재단에서 운영하는 성베드로 보육원과 인연이 닿았다. 보육원 아이들과 천방지축으로 아이들과 노는 김성수를 지켜본 아주머니 하나가 그에게 신부가 될 것을 권한다. 이렇게 그는 그곳에서 자신의 '줄', 즉 '사명'을 발견하게 된다.

인간은 줄을 하나씩 갖고 태어난다. 어떤 줄을 잡느냐도 중요하고, 줄을 잡은 뒤 어떻게 사느냐도 중요하다. 나처럼 고아원에서 밥하는 아주머니들의 말을 듣고 인생의 전기가 생기기도 한다. 남의 말을 잘 들어야 한다. 또 스스로 개척해서 깨닫기도 한다. 결국 자신이 무슨 존재인지 깨달아야 한다. (《중앙선데이》, 2013. 12. 15.)

성공회는 1890년 한국에 소개됐다. 신부, 수녀가 있어 가톨릭으로 오해받기도 했으나 성공회는 개신교파의 하나로 영국 국교다. 종교개혁 시기에 가톨릭에서 독립하여 개혁적 성격이 강하나 동시에 보편교회로서의 전통을 계승하고 있다. 구교와 신교의 특징을 모두 지니고 있고, 각기 다른 이름을 가진 여러 교회와 다양한 신앙 형태들을 모두 포용함으로써 교회 일치의 정신을 구현하는 교회이다. 성공회 신부는 결혼할 수 있다.

사실 김성수 주교는 폐결핵 때문에 결혼을 포기했었다. 그러나 일본에서 청년선교를 하던 한 여성의 열정에 반해 결혼을 결심한다. 파란 눈의 선교사인 김후리다 박사. 동경에서 만난 두 사람은 서로에게 관심이 있었다. 김 주교는 한국에 돌아와서도 후리다 박사가 생각났다. 그는 서툰 일본어로 '여기서 나와 함께 살 생각이 있는지⋯⋯' 하는 내용의 편지를 보냈는데, 그녀는 일본에서 바로 짐을 챙겨 한국으로 왔다.

가족의 반대는 전혀 없었다. 결혼을 포기한 아들이 장가를 간다는데, 외국인이라는 게 문제가 되겠는가. 오히려 선구자적인 그의 결혼은 당시 언론에서 대서특필됐다. 당시 서른아홉. 결혼 선물은 소박했다. 영국인 장인은 30년 입은 자신의 양복을 사위에게 물려줬다. 소매 끝과 앞섶에 가죽을 덧댄 장인의 양복은 지금도 필요할 때마다 즐겨 입는다. 이제 그 양복은 70년을 훌쩍 넘었다. 언젠가 한 라디오 방송에 그는 그 양복을 입고 출연했다.

"오늘 입고 왔어요." "아, 이 양복이로군요." "겨울에 입다가 세탁소에 갖다 주고 갖고 오면 새 옷같이 참 이게 좋아요." "오늘만큼은 보이는 라디오였으면 좋겠다는 생각을 합니다. 옷이 우리 주교님의 모든 것을 말해주는 것 같다는 느낌이 듭니다." (《MBC 손석희의 시선집중》, 2011. 1. 8.)

"아빠, 우리 집이 여관인 줄 아세요?"

그러나 두 사람의 결혼생활은 순탄치 않았다. 동서양의 문화 차이 때문이었다. 고부간 의사소통에 어려움이 따랐고 특히 늦은 시간에 손님들의 갑작스러운 방문이나 자녀교육에서 많은 의견차가 있었다. 자녀들도 외모 때문에 어려움을 겪었지만 김 주교는 고집스럽게 일반 학교에 다니게 했다.

그는 자신을 '불량 아빠'였다고 일컫는다. 가정일을 열심히 하다 보니까 교회가 등한하게 되고, 교회 일을 열심히 하다 보면 가정이 그랬다. 그럴 바에는 교회 일을 열심히 하자고 결심한 김성수 주교. 이제 손주 보는 재미가 쏠쏠하다는 그는 가끔, 남의 아이들에게는 관대했으나 왜 자신의 자식에게는 너그럽지 못했는지 반성한다. 성직자이지만 지극히 인간적인 그의 면모가 엿보이는 대목이다. 그렇다면 그가 성직자로 일생을 보내며 가장 후회하는 건 무엇일까. 그는 뜻밖의 말을 꺼냈다.

그는 한동안 눈을 지그시 감고 깊은 생각에 잠기더니 "우리 집사람이 들으면 섭섭하겠지만 결혼한 것이 가장 후회됐다"고 대답했다. 기자가 "왜 결혼을 후회하냐"고 묻자 그는 미소를 지으며 "혼자 있을 땐 구두 한 켤레만 있어도 괜찮았는데 결혼을 하고 나니까 두 켤레가 필요했기 때문"이라고 말했다. (《크리스찬》, 1999. 5. 3.)

"나를 신부의 길로 들어서게 한 아이들이 갈 곳이 없게 됐다"

성공회에서 운영하는 수원 보육원의 아이들이 성장해 모두 떠나자 대한성공회 초대 이천환 주교는 김성수 주교에게 장애인을 위한 새로운 선교를 제안한다. 1969년 결혼 후 영국의 셀리오크 신학대학교에서 산업선교학을 공부하는 중이었다. 특수교육 전문가는 아니었지만 특수교육 분야가 우리나라보다 외국이 더 발전한 것을 알았기에, 그는 귀국하기 전까지 영국의 학교를 돌아보며 정보를 수집했다.

1973년 가족과 함께 귀국한 김성수 주교는 생애 최대의 결단으로 장애인을 위한 학교를 설립하기로 했다. 그러나 영국에서 보조해주는 후원금만으로는 소수의 학생도 보살필 수가 없었다. 버스비를 아끼기 위해 10리 길도 걸어 다녔으며 기금 마련을 위해 자선음악회를 연다는 홍보용 전단을 돌린 것이 시국 반대성명서로 오해를 받아 광화문 파출소로 끌려가기도 했다. 당시 유신정권 시대였기에 겪었던 해프닝이었다. 이러한 열성이 기금 마련을 하며 학교를 운영할 수 있는 기반이 되었고, 1973년 설립 준비부터 1984년까지 그는 대한민국 최초의 지적장애인 특수학교 성베드로학교에서 교장 직무를 감당했다.

어린이를 사랑하는 마음으로 세상과 인간을 대하는 것이 바로 종교다. 장애인 중에서 특히 지적장애인들은 일반인들의 도움이 절대적으로 필요하다. 그들도 하나의 인격체로서 자신의 삶을 스스로 개척해 나갈 수 있도록 우리가 도와야 한다. (《새누리신문》, 1999. 5. 3.)

"짜식아" "임마" "잘해"

성공회대학교는 1994년 종합대학으로 승격하면서 급속히 변했다. 김성수 주교는 2000년 7월 제3대 총장으로 취임하여 8년간 직위를 감당했다. 그는 대내외적인 총장으로서 부족하지만 자신의 역량에서 최선을 다했다고 회상했다. 특히 학교 재정에 도움을 주는 후원기금 마련이 힘들었고 학교 발전에 대한 부담감이 크게 작용하여 임기 기간 건강도 쇠약해졌다.

학교 발전기금을 마련하는 총장으로서는 부족할 수 있었지만, 성공회대학교에서 그는 이른바 '진보좌빨' 교수들을 다 끌어안았다. 이재정 신부(현 경기도교육감)가 총장을 하던 시절, 이 대학은 소위 '빨갱이 집합소'가 됐다. 1980년대 운동권 브레인들이 총집합했다. 그들이 다

포진한 후에 김 주교는 은퇴 주교로서 성공회 총장이 된 것이다. 당연히 이런저런 말들이 많았다. 그러나 그는 이렇게 일축했다.

에이, 그렇지 않아요. 직접 만나서 이야기 들어보세요. 그리고 그런 사람은 몇 분 되지도 않아요. (《우리 곁의 성자들》, 2015. 8. 20.)

그는 자신이 학생들을 위해 할 수 있는 것을 찾아 실천했다. 먼저 학생들에게 손을 내밀며 대화를 시도했다. 학교의 이념이 '열림, 나눔, 섬김'인 만큼 학생들과 자주 어울리며 정을 주고받는 마음으로 많은 대화를 했다. 친구 같은 할아버지 총장님으로 학생들과 격의 없이 서로 마음을 털어놓고 만났다. 생활이 어려운 신학생들과 식사를 하다 보니 카드가 정지된 적도 있었다.

총장 시절 김성수 대주교는 자신에게 지급되는 2천만 원의 판공비를 경제적으로 어려운 30명의 학생에게 장학금으로 지원했다. 대학교의 어려운 상황에 따랐을 뿐이지만 총장회의에서 곱지 않은 시선을 받을 정도였다. 그는 사람들이 자신을 총장이라고 예우해주는 것이 부담스럽고 싫었을 정도라고 한다. 주위의 끈질긴 권유에도 총장 퇴임식을 하지 않고 퇴임 기념집으로 대신하는 등 검소하며 권위적이지 않은 모습으로 미담이 되었다.

"퇴임식을 안 하셨습니다." "우선 그거 제 못된 성격 때문에 그러겠지만 식장을 만들려면 우리 성공회대학교에서 일하시는 분들이 가외로 일하시는 거예요. 무대 만들어야 하고, 또 꽃다발 만들어야 하고, 학생들 와서 앉아 있어야 하고, 그 바쁜 교수들이 그거 때문에 와서, 아이들 가르치는 시간에 와서 앉아 있어야 하고, 시간 뺏기고 돈 뺏기고, 그건 그것보다는 한 8년 동안 잘 있었으니까 잘 간다고 손 흔드는 건데." (《MBC 손석희의 시선집중》, 2011. 1. 8.)

"87년 6·10항쟁 때 조선일보가 신부 단식대회를 1면 톱으로 장식했다"

사실 영국에 뿌리를 둔 성공회는 '신사의 종교'였다. 성공회 서울주교 좌성당은 서울 정동 영국대사관 바로 옆에 있다. 서울 정동은 구한말 '외교 1번지'였다. 미국, 영국, 러시아 등 서구 열강의 대사관과 관저가 있었고, 배재학당과 이화학당도 여기 있었다. 당연히 서구 선교사들의 거처도 이곳이었다. 정동 한가운데 자리 잡은 성공회대성당은 당시 서울 사람들에게 범접하기 어려운 곳이었을 것이다. 문자 그대로 '영국 신사' 같은 종교처럼 일반인의 눈에 비쳤다.

김 주교는 바로 이렇게 '높고 어려운' 성공회의 이미지를 삶 속으로 퍼뜨렸다. 젊은 사제들을 '사람 속으로' 보냈다. 상계동 판자촌, 남양주 한센인촌 등으로. 허리를 펴고는 드나들 수도 없는 화장실, 그것도 공동화장실조차 하나 없던 동네에 '나눔의집'을 열도록 격려하고, 한센인들이 닭을 치던 변두리 마석 동네에 '샬롬의 집'을 만들도록 독려한 것도 김성수다. '점잖은 영국 신사' 같던 성공회의 이미지를 바꿔놓은 것이다.

결정적인 전기는 1987년. 당시 전두환 정권은 이른바 '4·13호헌조치'를 발표했다. 당시 서울교구장이던 김 주교는 6월 10일 호헌철폐를 위한 성찬례를 집전했다. 6·10민주화운동의 시발점이었다. 그러나 그는 "자신은 뭘 모르고 젊은 신부들이 하자는 대로 했다"고 말한다.

한편 성공회 서울주교좌 성당은 점심시간이면, 인근 직장인들의 쉼터가 되었다. 그는 손수 커피를 타주는 주교로도 유명했는데, 자원봉사자 3명과 함께 지적장애인들의 기금 마련을 위한 커피를 판매하기도 했다. 특히 이웃 조선일보 직원들은 이곳의 주요 고객이었는데, 그는 신분증 줄로 조선일보 직원들을 대번에 알아보고 특히 반가운 마음에 커피 한잔이라도 더 권했으며, 방상훈 사장 또한 종종 비서실 직원들과 함께 이곳에 다녀갔다. 방 사장은 조선일보 구내식당을 자주 이용하는 김 주교에게 조선일보 특별 출입증을 선물하거나, 성공회 건물 벽에 '커피 팝니다'는 딱지가 붙어 있는 것을 보고 게시판을 만들어주기도 했다.

사실 1965년 김성수 주교가 처음 이곳에 왔을 때만 해도 조선일보와 성공회의 관계는 무덤덤했다. 그러나 1987년부터 매일 터지는 다이너마이트 소리와 굴착으로 수녀원 벽에 금이 가는 피해가 생기면서 다소 불편해질 뻔했다. 그러나 방 사장(당시 전무)이 성공회를 방문하면서 오히려 더 좋은 이웃이 되었다. 방 사장은 성공회 수녀원에 현대식 본관을 짓는 데 기여하기도 했다.

김성수 주교가 서울교구장 재임 시 선교 백 주년(1990)을 맞이했고, 1992년에는 영국관구로부터 독립하여 대한성공회관구가 설립되었으며, 그 이듬해인 1993년부터 김성주 주교가 대한성공회 초대 관구장을 역임했다.

김성수 주교는 대한성공회와 성공회대학의 보수와 진보적 성향을 망라해온 정신적 지주다. 또 고(故) 김수환 추기경에 이어 천주교와 개신교를 망라한 기독교계에서 가장 존경받는 원로 지도자 중 한 사람이다. 그는 어느 방향을 쳐다보지 않는다. 굳이 방향을 꼽으라면 '폭을 넓히는' 쪽이다. '함께 살자'는 쪽이다.

"박근혜 대통령에게 조언하고 싶은 게 있다면." "본인이 건강해야 남을 건강하게 할 수 있다. (한참 생각하다) 또 나 말고 주변에 남들이 있다는 것을 꼭 기억해주길 바란다. 상대방이 아무리 미워도 먼저 사랑을 나누면 사랑이 싹트게 되어 있다. 잘못된 것이 있어도 비판 대신 '우리 함께 고쳐 나가자'는 마음과 노력이 중요하다." (《중앙선데이》, 2013. 12. 15.)

"장애인도 하느님의 영광을 위한 자들"

2000년 3월에 문을 연 '우리마을'은 김성수 주교가 유산으로 받은 고향 땅 3천 평을 기증해 시작할 수 있었다. '우리마을'은 성베드로학교 졸업생뿐 아니라 성인이 된 후 갈 곳 없는 장애 성인들의 자립생활과 일터를 위해 설립되었다. 고등학교를 졸업한 1~3급 지적장애인들이 일하고 생활하는 직업재활시설이다. 설립 목표는 장애 성인들이 지역사회와 협력하여 자활할 수 있도록 돕는 것이다.

'우리마을'을 운영하는 실무원장은 따로 있으며, 그는 한 마을의 장이란 의미에서 '촌장'이라는 직함으로 '우리마을'의 모든 뒷바라지를 해주시는 큰 울타리가 되어주고 있다. 노후에 장애인과 함께 살고 싶어 했던 꿈을 위해 사위가 '우리마을' 옆에 아담한 집을 지어주었고, 2010년부터 그곳에서 부인과 함께 생활하며 감사하는 마음으로 매일 아침 '우리마을'에 출근하고 있다.

'우리마을'이 자리를 잡는 데에는 각계각층의 따뜻한 마음들이 김 주교에게 힘이 되었다. 장애 학생들의 부모는 '우리 아이가 졸업하면 어디로 가느냐'며 김 주교에게 하소연했다. 궁리 끝에 그는 교육부를 찾아가 지원을 요청했지만 들은 척도 하지 않았다. 결국 손학규 당시 복지부 장관(1996. 11. ~ 1997. 8. 재임)을 찾아갔다. '장애인을 위한 일자리가 필요하다. 내 선친이 갖고 있던 강화도 땅을 내놓겠다'며 도움을 호소했는데, 손 장관은 의미 있는 일이라며 20억 원을 지원해주었다.

가족도 조력자가 되었다. 선친이 가족들에게 물려준 온수리 땅 중 김성수 주교의 지분인 3천 평을 내어놓기로 마음먹고 자식들과 동생 등 가족들과 의논할 때 모두 기쁜 마음으로 지지해주었다. 그도 가진 땅의 십 분의 일을 내놓았지만 온수리교회 김용국 신부(간석교회 시무)의 부친인 김갑수(요나) 교우 역시 자신의 땅 십일조를 하느님께 바쳐 뜻을 모았다. 또 무엇보다 일반인들이 꺼릴 법한 시설이 들어서는데도 온수리 마을 주민이 반대하지 않은 것에 감사한다.

내가 장애우들을 위해 땅을 기증했다고 하지만 그 땅은 부모가 물려준 것에 불과하다. 내 옆 동네에 대안학교를 만든 인사는 학교가 자리를 잡자 이사장 직을 포함해 모든 권리를 내놓고 떠났다. 그런데 나는 이 마을을 떠나면 늙은 나를 누가 보살펴 줄까 걱정돼 못 떠나고 있다. 하느님을 믿고 떠나야 하는데 용기가 없다. 고개 숙여 마을 사람들에게 말하고 싶다. '여러분 때문에 살아갑니다. 더 못난이가 되겠습니다'라고 말이다. 《중앙선데이》, 2013. 12. 15.)

"나를 매일 감동시키는 그들은, 서로를 가슴으로 껴안는 우리는, 정말로 최고다"

'우리마을'이 생긴 7년부터 선생들은 자립을 꿈꾸기 시작했다. 국가 지원금은 '우리마을'보다 못한 곳에 나누고, 장애인들이 자립을 해서 살 수 있는 터전을 만들어야겠다는 꿈이다. 그래서 콩나물 재배를 시작했다. 콩나물 재배를 시작하기 전에 버섯, 제빵, 수경재배도 해봤는데 역시 콩나물이 최고였다.

'우리마을'의 평균 연령은 35세다. 쉰이 넘은 사람도 있다. '우리마을' 콩나물 공장에는 깨끗한 작업복에 모자를 쓴 장애인들이 잘 키운 콩나물을 큰 소쿠리에 담아 생협 판매용 비닐봉지에 담는다. 이렇게 매일매일 생산되어 출하되는 국산 무공해 콩나물이 하루에 2톤이 훌쩍 넘는다. 대부분이 생협과 풀무원으로 나가고 있다. 참 '고마운 고객'이다. 2011년부터 풀무원과 '콩나물 생산 위탁 및 납품에 관한 양해각서(MOU)'를 체결하였다. 현실적인 여건상 장애인 일자리 창출에 적극적일 수 없던 기업과 일자리가 필요하지만 일할 수 없던 장애인들이 간접고용이라는 새로운 형태의 모델로 모두 윈-윈(win-win)할 수 있는 모범사례가 된 것이다.

그는 말한다. "콩나물 얘기가 나온 김에 덧붙이자면, 콩나물은 짧고 휘어진 것이 맛이 좋습니다. 사람도 마찬가지라 생각됩니다. 조금 모자라고 어딘가 휘어진, 그러나 마음만은 한없이 순수한 이들이 진정 아름다운 사람들이라 여겨집니다."

김 주교와 장애인들(친구들)이 함께 외치는 구호가 있다. "우리는 최고다!" 세상에서 위축돼 살지 않게 하려고 할아버지 촌장님 김성수 주교가 생각해낸 것이다. 김 주교를 웃고 울린 일화가 있다. '우리마을'의 한 친구가 첫 월급으로 25만 원을 받아 어머니께 속옷을 선물했는데, 자기 힘으로 돈을 벌어오자 그 어머니가 밤새도록 눈물을 흘렸다는 것이다.

그는 정부가 장애인에게 보조금을 주는 대신 일자리를 주어야 한다고 주장한다. 그것이 진정한 민주주의 국가라는 생각이다. 또한 2013년에는 장애인 정책을 위해 교육부와 복지부가 통합되어야 한다고 주장하기도 했다. 정부의 장애인 사업은 복지부, 교육부에서 따로 하므로 부처 간의 장벽을 없애야 한다는 것이다.

그는 어린이를 사랑하는 마음으로 세상과 인간을 대하는 것이 종교라고 말한다. 장애인들 중 특히 지적장애인들은 일반인들의 도움이 절대적으로 필요하다. 그들도 하나의 인격체로서 자신의 삶을 스스로 개척해 나갈 수 있도록 도와야 한다는 지론이다.

이렇게 행복한데도 나는 자주 눈물이 납니다. 어릴 적 별명이 울보였던 내가 아직도 그 버릇을 못 고치고 있으니, '세 살 버릇 여든까지 간다'는 속담은 참으로 명언입니다. 나와 눈을 마주치지 않던 친구가 어느 날 그윽한 눈으로 나를 바라봐줄 때, 24시간 내내 우리 친구들을 보살피면서도 얼굴 한 번 찡그리지 않는 직원들을 볼 때, 고맙고 행복해서 코끝이 찡합니다. (《사랑의 열매》, 2012. 10월호)

"에이, 못됐다. 바다에 있는 아이들한테 미안하고 부끄럽기 한이 없어"

2014년 5월 24일. 이진순 씨가 쓴 김성수 주교에 관한 글 일부를 옮긴다.

특정한 종교가 없는 나 같은 사람도, 요즘은 자꾸 어떤 초월적 존재를 찾게 된다. "이건 너무 가혹하지 않나?"라고 신을 원망하다가 '이 가여운 넋들을 제발 편안한 곳으로 보내달라'고 간구한다. 그리고 마음속으로 묻는다. 이런 참혹한 사고를 통해서 우리에게 경고의 메시지를 보낸 신의 깊은 뜻은 대체 무엇이냐고. 이런 질문에 신실하게 답해줄 어른을 찾다가 문득 그가 떠올랐다. (《한겨레》, 2014. 5. 23.)

해당 인터뷰에서 김성수 주교는 말했다. 아직도 배 안에 있는 아이들을 생각하면 정말 부끄럽다고. 사회 한구석이 썩어가고 있는데, 냄새가 나는데 왜 그걸 못 느꼈는지를 자책했다. 우리에게 살려달라고 소리 못 지르지만 영혼으로 그 소리가 들릴 때, 얼마나 부끄럽고 뜨뜻한 밥을 먹는 게 창피한지를.

그는 개인의 구원과 정의는 같이 간다고 말한다.

구원을 왜 저희들만 받아? 그런 하느님이 세상에 어딨나? 하느님이 다 똑같이 사랑해주시니까 하느님이지. 사랑이 있으니까 구원을 해주는 거거든. 정의는 불의를 보고 고치라고 할 줄 아는 사람이지. 그리고 가난하고 소외된 사람들과 손잡고 더불어 가는 사람들이지. (《한겨레》, 2014. 5. 23.)

경제 발전의 기적을 이뤘다는 자신감 뒤에 IMF가 도둑처럼 찾아왔다. 그는 그 추락이 우리가 얼마나 어리석게 살아왔는가를 돌이키게 하는 가늠자가 되었다는 점에서 뜻 깊다 말했다. 비로소 이제 우리는 물질 만능의 가치보다 더 귀중한 사람 사는 가치와 의미를 되새기게 되었다고.

소통은 하느님의 뜻이에요. 예수를 믿으라고 외치는 것도 좋아요. 하지만 제가 생각하는 참된 소통은 하느님의 제자인 우리가 사는 동네와 사회에서 좋은 시민이 되는 거죠. 그래서 그들에게 '저놈들은 우리하고 생각이 다르네. 알고 보니 예수쟁이구나'라는 데서 소통을 시작하면 좋을 것 같아요. (《신학춘추》, 2015. 4. 28.)

"2017년. 우리에게는 기다림이 필요하다"

"사랑이란 무엇인가."

"주는 것이다."

"인생이란 무엇인가."

"글쎄다. 예수도 부처도 겸손한 분들이어서 인생이 뭔지 말씀하지 않았다. 한 마디로 정의하기 어려운 문제다. 맡은 일을 열심히 실천하면서 사는 것이다."

(《중앙선데이》, 2013. 12. 15.)

그리고 2017년 1월.

2년 만에 온수리로 향했다. 독감을 심하게 앓으셨다는 소식이 내내 마음에 걸렸다. 하지만 기우였다는 듯, 김성수 주교님께서는 특유의 환하고 맑은 함박웃음으로 맞아주셨다. 일순간 마음이 편안해졌다.

사실 요즘 나는 화가 많이 나 있었다. 누구 말대로 나라 꼴이 대체 이게 뭔지, 공동체의 구심점이 되어야 할 리더들의 전횡과 그 밑바닥에 깔린 무지와 무치에 속이 상했다. 이제 막 고등학생이 된 아들 보기가 미안했고, 시사 프로그램의 방송작가라는 이름표가 부끄럽지는 않은지, 제대로 밥값은 하는 어른인지 깊은 고민에 빠져 있었다. 태산 같은 대주교님께 살아가는 지혜를 구하고 싶었다. 그런데 자리에 앉자마자 나온 김성수 주교님의 첫 말씀에 나는 그만 당황하고 말았다.

얼마 전에 내 친한 친구가 죽었어. 나도 근래 많이 앓았고. 아주 지독하게 앓았지. 그런데 말이야, 두렵더라고. 죽음이 두렵더란 말이야. 허 참.

'죽음'과 '두려움'. 강화도 오는 내내 주교님께 '삶'과 '희망'에 대한 해답을 구하려 했던 나 자신이 무색해졌다. 주교님은 해맑게 웃으며 말씀을 이으셨다.

아니, 말이 돼? 평생 신부로 산 사람이 죽음이 두렵다니! 하느님 나라에 가는 건데, 그보다 더 기쁜 일이 어디 있다고, 말이 되느냐 이거야. 그런데 이번에 깨달았어. 떠나기 전에 주변에 있는 사람들과 가족을 더 사랑해야지, 아껴야지.

어쩌면 죽음과 두려움, 그리고 삶과 희망에 대한 우리의 근원적 질문과 답은 동일한 것일지도 모르겠다. 지금 이 순간 최선을 다해 생명을 사랑하는 것. 그것이 바로 생명(生命)—삶을 살라는, 삶을 살리라는 준엄한 명령을 지켜 나아가는 것 아닐까.

그럼에도 불구하고, 악(惡)을 소멸시키고 부조리를 바꿀 수 있는 가장 빠른 길이 무엇이냐고 여쭈었다. 그가 빙긋 웃으며 대답했다.

사람의 힘으로 무엇을 어떻게 바꾸나. 우리에게 필요한 것은 기다림, 기다림이야.

평화와 화해의 섬을 가꾸는 사람들: 강화 사람 이야기

김귀옥(한성대 사회학과 교수)

강화도는 기다리고 인내하며 꿈꾸는 섬이다. 세도와 삼정의 문란으로 절망의 수렁에 빠져들고 있던 조선 후기, 유배된 왕족으로 공포와 불명예 속에서 인고의 세월을 이겨낸 강화도령, 철종은 어진 성군을 꿈꿨다. 임금이 되어 한양으로 간 철종의 가슴속에는 사랑스러운 정혼녀와 아름답고 착한 강화 사람들이 오래도록 잊지 못한 채 간직되었다고 전한다.

시간을 거슬러 올라가 몽골의 점령으로 한반도가 도탄에 빠지자, 38년(1232~1270)간 피난 임시 수도가 되어 권토중래를 꿈꿨던 것도 강화도였다. 지금은 '팔만대장경'이라 하면 그것이 소장된 경상남도 합천 해인사를 떠올리게 된다. 하지만 실제 팔만대장경, 한 글자 한 글자가 새겨진 곳은 강화도 선원사였다. 다시 말해 강화 사람들의 절실한 평화와 행복의 염원을 담아 강화도에서 그 대업이 이루어졌다. 당시의 공포와 절망, 비탄에 빠진 백성들의 간절한 소망을 담아 팔만대장경을 준비하고 새기는 과정이 아름다운 문학적 언어로 빚어진 것이 조정래의 소설, 『대장경』이다. 이처럼 강화도의 사람들은 한반도의 참담했던 역사 속에서 절망하지 않은 채, 인내하며 대망하는 역사를 살아왔다.

김
귀
사
람
옥

일제로부터 국권을 빼앗겨 민중이 수탈과 강제동원을 당했던 만 35년의 세월이나 해방 후 극심한 좌우 분열로 혼란했던 시절에도 만 백성이 평등하고 행복한 평화의 세상을 꿈꿨던 조봉암(1899~1959) 농림부 장관을 강화 현대사에서 빼놓을 수 없을 것이다. 조봉암 선생이 꾸었던 꿈을 일제강점기로부터 해방 당시 수많은 청년들이 꾸었고, 그러한 새로운 세상을 열기 위해 진력을 다해 노력했다.

그러나 분단과 전쟁으로 굴곡진 우리의 현대사로 인해 평화와 평등의 꿈을 꿨던 절반의 역사가 오랫동안 잊혀졌다가 2000년대가 되어서야 재조명되고 있다. 분단 이래로 수십 년간 한강과 임진강이 이어진 한강 하구는 분단의 상징이자, 원망과 그리움의 강이었다. 고향을 지척에 두고도 돌아갈 수 없는 사람들, 가족을 먼저 떠나보낸 후 다시는 만날 수 없게 된 이산가족들의 눈물이 강이 되어 바다로 흘러 들어갔다. 그러나 2000년 들어 남북에 화해의 기운이 돌게 되자, 육지에서는 개성공단이 조성되고, 군사분계선과 비무장지대(DMZ)가 활짝 열리게 되었다. 또한 강화 앞바다에는 평화의 배가 띄워졌다. 그로써 머지않아 군사적 긴장과 정적만이 맴돌던 한강 하구와 강화 앞바다에 조만간 환희의 웃음소리가 들리고 흥성했던 고깃배, 화물선, 여객선 등으로 넘쳐나리라는 기대로 차오르기 시작했다. 이제 한강과 임진강의 하구와 강화 앞바다는 새로운 희망과 화해의 상징으로 바뀔 수 있게 된 것이다.

새 사회를 향한 열정을 품은 사람들

강화의 현대사를 살펴보면, 굴곡진 한국 현대사 속에 우뚝 솟아 있는 거인 조봉암을 포함한 강화 청년들의 꿈과 고통을 만날 수 있다. 죽산

(竹山) 조봉암 선생은 이제는 강화읍 사무소로 되어 있는 생가터에서 태어나고 자랐고, 일본의 주오(中央)대학에서 정치학을 전공했던 인재였다. 조봉암 선생은 주로 서울에서 활동하였으나, 그의 선배이자 뜻을 함께했던 강화 출신의 애국자인 박길양(1894~1928, 1990년 애국장 수여) 선생은 뜻 맞는 강화 청년이나 동료들을 규합하여 1924년 '강화중앙청년회'를 결성했다.

1919년 3·1독립운동 이후 퍼져나간 독립과 민주공화정을 향한 열정과 신념을 박길양과 강화의 수많은 청년이 함께 나눴다. 1925년이 되자 기존에 흩어져 있던 송암(松嵒)청년회, 마리청년회, 철산청년회, 갑자(甲子)청년회, 강화무명동맹 등의 회원들이 뜻을 합하고 친목과 구국의 정신을 도모하며, 강화청년연맹을 결성하였다. 그들은 기관지를 발간하여 사상을 공유하거나 확산시키려고 했다. 또한 함께 모여 운동회를 개최한달지, 지역 주민들에게 문맹 퇴치를 한다는 명목으로 야학을 하며, 민중 속으로 들어가 세상 돌아가는 얘기를 하며, 지역민들과 단합하며, 말로는 하기 힘들었던 일제로부터의 해방되는 꿈을 함께 꾸었다. 또한 길상면을 중심으로 200여 명의 농민들이 길상농우조합(吉祥農友組合)을 세워 친목 도모와 정보 교환 등을 하며 일제의 수탈적 농업정책에 맞서 단합하려 했다.

심지어 강화의 여성 청년들도 이러한 사회적 추세에 함께했다. '강화엡윗(Epworth)여자청년회'의 경우 1925년 3월 25일 '강화여자청년회'로 개칭되었다. 감리교회의 엡윗청년회의 일환으로 1922년 강화엡윗청년회(회장 신효영, 부회장 강홍석, 종교부장 조기룡, 문학부장 조구원, 사교부장 서봉준, 운동부장 이학신)가 강화 잠두(蠶頭)예배당(현 강화중앙교회)에서 발족되었다. 1921년 양도면 조산리에는 조산엡윗청년회(회장 김한경, 부회장 윤

조봉암 추모비

종억, 총무부장 이용우, 의사부장 권평근, 문학부장 민태림, 사교부장 건종진, 종교부장 이정갑, 구락부장 김지현 등)가, 길상면 월오리에는 월오엡윗청년회가 조직되었다.

비슷한 시기인 1920년대 초에 조직되었을 것으로 추정되는 강화엡윗여자청년회는 성공회 교도들이나 비기독교 여성들과 통합하여 1925년 강화여자청년회로 발전한 것으로 추측된다. 1925년 3월 25일 〈동아일보〉에 난 기사를 보면 이 단체는 "(강령으로서) 사회진화법칙을 믿고 여성해방을 기함"으로 천명했다. 또한 집행위원으로는 김이옥, 박순실 등으로 구성되었다. 그 회원은 30여 명에 이르렀다.

그중에 대표적인 김이옥을 살펴보자. 강화도 부자의 딸이자 기독교도였던 김이옥은 죽산 조봉암의 애인으로도 알려져 있다. 김이옥은 경성관립여자고등보통학교를 졸업한 재원으로서, 졸업 후 강화에서 3, 4년간 교원 생활을 했다. 1926년 8월 21일자 〈동아일보〉의 표현에 따르면, 그녀는 '올드미스'로서 지역여성회나 청년회에 관여하면서 지역운동을 통하여 여성운동의 선구자로서 활동했다고 한다. 또한 김이옥의 절친인 박순실은 이화여자고등보통학교를 졸업한 후 강화군 합일(合一)여학교 교원으로 재직하던 중 김이옥을 만나 여성청년회 활동을 했다(〈동아일보〉 1926. 8. 21). 당시 김이옥이나 박순실 같은 여성은 '신여성'으로 불렸다. 흔히 신여성을 자유연애주의자로 기억하는 경향이 있는데, 이는 절반의 기억에 불과하다. 이들이 자유연애주의자가 된 것은 봉건적 결혼제도와 질곡적인 여성의 운명을 거부하는 현실적 표현이었다. 신여성 가운데에는 축첩제도와 가부장적 성문화를 비판했을 뿐만 아니라, 풍전등화가 된 조국의 운명에 맞서 독립운동이나 사회개혁운동, 식민지 해방운동에 적극적으로 참여하며 헌신을 했던 사람들도 많았다. 또한 김이옥이나 박순실 등은 강화유치원을 설립하여 어린이가 장차 미래의 주역이 되도록 키우고 희망을 불어넣기에 힘을 기울이기도 했다.

아무튼 서중석 교수(성균관대 사학과 명예교수)의 연구에 따르면, 김이옥은 교회에 다니면서 운명의 짝, 조봉암을 만났다고 한다. 처녀였던 김이옥은 조봉암이 3·1운동으로 1년간 투옥되었을 때, 옥바라지를 하면서 적극적으로 사랑을 표현했던 것으로 보인다. 조봉암이 석방 후 민족해방운동을 하기 위해 중국으로 떠난 후 김이옥도 강화에서 여성 활동을 열성적으로 했다. 그 후 1920년대 후반경 김이옥은 조봉암을 쫓아 중국 상해로 가서 조봉암과 재회하여 딸 조호정을 낳았으나, 1932년 조봉암이 상해에서 일본 경찰에 체포되었다. 조봉암이 옥살이를 하고 있을 때, 김이옥은 폐결핵으로 세상을 뜬 것으로 기록되고 있다.

강화 본도 옆의 교동도에도 그러한 꿈을 꾸는 사람들이 있었다. 교동에는 한국에서 가장 오래된 향교인 교동향교가 세워져 있다. 1127년(고려 인종 5년)에 건립된 교동향교에는 고려의 대유학자 안향이 중국을 방문한 후 갖고 돌아온 공자와 주자의 화상이 있다. 안향은 중국에서 돌아온 길에 교동향교에 이 화상을 봉안했다. 그러한 전통은 교동 사람들에게 향학의 꿈을 불러일으켰다. 가난한 섬이지만, 마을마다 서당을 두고, 겨울이면 마을에서는 타지의 서당 선생을 모셔 와서 아이들에게 지식과 인성을 가르쳤고, 좀 더 여유 있는 집안에서는 개성이나 서울로 공부하러 보내며 더 나은 삶을 위한 꿈을 꿨다.

교동의 청년들도 1920년대 강화 본도와 비슷한 시기에 '화동(華東)청년회'를 만들었다. 1924년 교동의 화개면(현 교동면)의 봉소의숙(봉소리 소재)에서 화동청년회가 설립되었다. 봉소의숙은 집이 가난하여 월사

김
귀
옥
사
람

교동도 전경

교동도 황금 들판

금을 낼 수 없어 보통학교조차 다닐 수 없어 어린이들이 까막눈이 될 것을 두려워하여 공부할 기회를 주기 위하여 훗날 화동청년회의 회장이 된 강태흠과 고문 박성대 등과 같은 지역 유지들이 1923년에 세운 학교였다. 화동청년회는 교동 지역의 단결을 과시하며, 문맹퇴치운동이나 계몽운동, 농민운동 등을 펼쳐나갔다. 교동 인사리 '협성회' 청년들이 중심이 되어 연극단을 조직하여 인사리는 말할 것도 없고 읍내에서도 직접 무대를 세워 안중근 같은 연극이나 가극을 공연하며, 독립의 정신을 품었다.

1919년 3·1독립운동 이후 1920년대 한반도에는 해방을 꿈꾸며, 새로운 사회를 만들겠다는 기운이 넘쳐났다. 그 절정에 1927년 전국적으로 조직된 신간회가 있었다. 같은 해에 여성 항일구국운동과 여성해방운동의 일환으로 근우회가 조직되지 않았던가. 두 조직은 전국 조직으로서 서울에 본부를 두고 있었다. 일제강점기에 이러한 전국적인 조직이 가능했던 바탕에는 경향 각지에 1919년 3·1독립운동 이후 자연발생적으로 설립되었던 지역 청년회 등이 있었기에 가능했다.

그러나 1930년대 후반 일제가 중일전쟁과 함께 태평양전쟁을 확전시키며, 식민강권통치가 더욱 포악해지면서 전국의 사회단체, 청년회 등과 함께 강화 지역의 청년회도 힘을 잃고 말았다. 1920년대 민족운동을 했던 강화 지역의 리더였던 황우천(1894~?)은 1935년 총독부가 편찬한 『조선공로자명감』에도 실린 인물로서, 천만 관객을 모은 영화 〈암살〉(2015)이나 〈밀정〉(2016) 등에 나올 듯한 인물이었다. 그는 일본 게이오대학 출신의 재원으로서, 경성의 주식회사 '계림흥산(鷄林興産)'의 전무이사로 있으면서, 강화산업조합을 설립하였던 일종의 자본가라 할 수 있다. 그는 강화산업조합의 이사에 추대되었으며 군농회특별의원,

학무위원, 면협의회원, 군농촌진흥소작위원회 위원, 경기도평의원 등을 역임하였던 표면적으로 보면 친일협력자라 할 수 있다. 그러나 1929년 2월 강화 지역에 한해(寒害)가 들어 어린이들이 학교에 다니지 못하자, 하점공립보통학교 신입생 전원에게 1년치 월사금을 장학금으로 쾌척하기도 하였던(《동아일보》, 1929. 2. 29.) 사람이다.

1945년 8월 15일 일제의 패망으로 해방되었을 때 누구보다도 이들은 열렬히 사람다운 세상, 평등과 자유의 세상을 꿈꿨을 것이다.

분단과 전쟁으로 찢긴 꿈

조봉암 선생은 청년 시절에는 공산주의에 심취하였으나, 해방 후 1946년 박헌영의 공산주의 노선을 공개서한으로 비판하며, '민족 전체의 자유생활보장'을 내걸고 노동계급의 독재, 자본계급의 전제를 다 같이 반대하며 중도통합노선을 걷게 되었다. 그런 취지에서 그는 미군정의 좌우합작을 지지했다. 선생은 1948년 5·10선거 때 인천에서 제헌국회의원으로 당선되었다. 특히 대한민국 정부 수립 후에는 초대 농림부 장관이 되어 농지개혁을 적극 추진했다. 당시 인구의 70퍼센트 이상이 농민이고, 농민의 80퍼센트가 소작농이었던 것을 감안한다면, 소작농에게 토지를 장기상환으로 분배한다는 것은 그들의 오랜 숙원을 풀 수 있는 획기적인 방안이었다.

강화 지역은 조봉암이나 황우천 등의 영향으로 어떤 지역보다도 '농지개혁'이 철저하게 진행되었다. 농지개혁에는 1920년대 청년회 활동을 했던 사람들이 앞장섰던 것으로 보인다. 그뿐만 아니라 미국과 소련에 의해 분단한 한반도를 통일시키고, 일제의 강권통치를 부활시킨 미군정을 종식시켜 민주공화국을 세우고자 했다. 그러한 열망을 담은 활동에 1920년대 청년회 회원들과 1945년 당시의 청년들이 공명하며 함께 실천하고자 했다.

그러나 민족분단은 남북 정권만이 아니라 개인들의 삶 속에 짙은 그림자를 드리웠다. 1947년 1월 14일, 강화 양사면 철산리에서 미군정관 스타인 소좌(소령)가 발포한 권총에 철산리 사람 승기룡이 죽는 사건이 발생했다. 1946년 10월경 추수 즈음엔 전국적으로 일제 청산, 미군정 반대를 구호로 하는 10월항쟁이 벌어졌다. 그 계기가 된 것은 미군정이 당시 전 국민의 바람이었던 토지개혁은 하지 않은 채, 일본에 보낼 양곡을 강제로 수매하는 데 혈안이 되었던 사실이었다. 농민으로서는 일제강점기의 강제식량공출이나 미군정의 강제미곡공출이 다르지 않았다. 그런 이유로 농민들은 추수 후 벼를 감추고, 미군정의 공출 요구에 협력하지 않았던 것으로 보인다. 1947년 1월 14일 미군정관 스타인 소좌가 미곡 공출을 독려차 양사면사무소로 왔으나 직원은 없고, 면사무소 앞에서 철산리에서 정미업을 하던 승기룡 씨를 만나 공출하지 않는 이유를 따지던 중 승기룡 씨가 스타인 소좌에게 뒷발길질을 하자, 엎어진 스타인 소좌가 손에 쥔 권총이 '절로 발사되어 승 씨의 머리를 쏘게 되어 승 씨는 즉사하게' 되었다고 〈경향신문〉(1947. 1. 19.)은 전한다. 권총 지갑에 있던 권총이 스타인 소좌에 의해 꺼내지지 않았다면 그 권총은 저절로 발사되지 않았을 것이지만, 주권이 부재했던 당시 한국의 신문은 '오발'이었다고 서술하였다.

이에 분노한 승기룡의 아들 승배웅은 철산청년회 활동을 하면서 미군정을 배척하는 한편, 친일파 청산운동에 나섰다. 그는 나라를 찾는 것이 아버지의 원수를 갚는 길이라고 여겼으리라. 그 후 6·25전쟁이 발발하자, 승배웅이나 철산청년회의 대다수 청년은 인민군의 동조자로 활동했고, 9·28수복 때 일부는 월북했고, 남은 사람들은 학살당했다. 또 일부 남은 사람들은 그들이 살았던 철산리나 그 인근 마을 사람들과 서로가 원수가 되거나 마을을 떠나거나 침묵하게 되었다. 오랫동안 그들이 꿈꾸었던 인간다운 세상의 꿈도 분단과 6·25전쟁으로 찢겨버렸다.

1953년 7월 27일 휴전 이후 강화도는 휴전선 직하의 지역이 되었다. 과거 강화도는 임시수도이기도 했고, 중국과 서울과 개성을 잇는 거점이었다. 또한 한강과 임진강이 합수되는 지역으로서 국내외적으로 교통의 요지로서도 역할을 했고, 기독교나 평등사상, 새로운 문명을 받아들이는 역할을 했다. 그러나 분단으로 인해 강화 지역은 북한과 대치한 군사 지역으로 바뀌어 개발이 제한당했고 해양 교통의 거점 역할을 잃어버리게 되었다. 교동의 경우엔 휴전 전에는 사면이 열린 섬이었으나 휴전 후로부터 2014년 교동대교가 개통되기까지는 월선포(강화 창후리와 연결)와 남산포를 제외하고는 10여 개의 포구와 나루가 다 막혀 어업 인구가 '0'인 섬 아닌 섬이 되었다. 그 대신 지금 교동은 '강화섬쌀'로 유명해졌다.

그러나 사라진 것은 지리적인 것만이 아니었다. 일제강점기를 빛냈던 수많은 사람이 기억 저 너머로 사라졌다.

눈물과 한을 시로 노래하는 서씨 할머니

지금은 80살이 된 할머니, 서○○씨 할머니(이하 서씨 할머니라 칭함)의 아버지는 해방 당시 강화내가초등학교의 교장이었다. 경성공립사범학교(현 서울교대)를 졸업한 재원이었다. 또한 어머니는 개성 호수돈여고를 졸업하여 손재주도 좋고, 성격도 시원하여 주변 사람들과 관계가 좋았다. 그런 부모님 탓인지 서씨 할머니는 공부도 잘하고 작문과 노래도 잘하며, 주변 사람들에게 깍듯하여 사랑을 받는 어린이였다. 2남 3녀 중 둘째였던 서씨 할머니는 전쟁이 나기 전까지 화목한 가정에서 살았다.

서씨 할머니의 아버지는 1949년부터 6·25전쟁 직전까지 강화군 내무과 학무계에서 장학사로 재직하다가 전쟁 후 9월경 행방불명이 되었다. 서씨 할머니로서는 아버지가 사회주의 계통이었는지 전혀 알 수 없었다. 그러나 강화 지역의 반공단체는 그의 아버지가 행방불명되었으니 아버지의 행방을 심문하기 위해 어머니와 한 살배기 남동생을 억류, 구금했다. 1951년 1·4후퇴 당시에 강화경찰서에 빨갱이나 그 가족이라는 혐의로 갇혔던 수많은 사람들과 함께 서씨 할머니의 어머니와 남동생도 옥계 갯벌이나 갑곶 나루터에서 학살당한 것으로 추정되었다.

당시 월북자 가족, 빨갱이 가족은 천형으로 낙인찍혀야 했다. 연좌제가 시퍼렇게 살아 있던 시절, 공포심에 휩싸인 서씨 할머니의 친척들은 그를 포함한 형제자매를 나 몰라라 했다. 부모와 할머니를 잃고 난 후 가난과 굶주림으로 그는 여동생과 남동생을 다시 잃어야 했다. 서울의 한 고아원에서 중학 과정을 배웠고, 내과 의원에서 간호사로 일하면서도 시간만 나면 독학을 했다. 서씨 할머니는 굶어가면서도 언니를 양재학원에 보내 재단사가 되도록 도와줬고, 남동생이 계속 공부를 할 수 있도록 힘썼다. 공부를 잘했던 남동생이었으나 1961년 6월 24일, 반공교육을 받고 귀가하던 중 한강 샛강에서 익사체로 발견되었다.

그 후 서씨 할머니는 결혼하여 가정을 일구면서도 어머니와 가족

김귀옥
사람

들의 억울한 죽음을 잊지 않기 위해 기억을 하고 틈만 나면 시를 쓰고 수필을 썼다. 1987년 민주화가 되고 1993년부터는 강화 지역을 다니면서 진상 규명을 위한 활동을 조용히 시작했다. 그의 노력이 헛되지 않아, 2005년 5월에는 여·야 합의로 '진실화해를위한과거사정리기본법'이 제정되고, '진실·화해를위한과거사정리위원회'(줄여서 진화위)가 5년 한시로 설립되었다. 진화위의 공식 조사 활동에 의해 2007년 진화위에서는 강화본도 129명, 교동도 183명, 합 312명이 억울한 죽임을 당했다고 조사 결정이 내려졌고, 위령비가 세워졌다. 이제 서씨 할머니의 꿈은 다 이뤄진 것일까?

평화와 화해를 위한 섬과 한반도의 발원

분단과 전쟁 70여 년. 우리는 참 많은 것을 잃어버렸다. 아름다운 땅이 군사분계선과 민간인통제선(민통선)으로 찢기고 아름다운 바다와 섬마저 고통을 당하고 있다. 조선시대까지 중국에서 한반도를 연결하던 바닷길의 시작점이 되었던 강화 교동은 고문서 기록에나 남아 있다. 아직도 철책으로 에워싼 섬 교동이나 강화의 북부 지역에는 침묵과 냉기, 군사적 긴장만이 감돌고 있다. 그뿐만 아니라 해방 전, 새우와 조기를 가득 실은 만선의 고깃배와 연백군에서 최고의 질을 자랑하던 순백의 소금을 가득 실어 서울 염창동으로 나르던 소금선, 서울로 공부하러, 장사하러 다니던 손님들을 가득 태운 여객선은 추억 저편으로 사라져 기억마저 가물거린다.

사라지고 침묵하는 기억은 그저 누군가의 기억이 아니다. 만백성이 자유롭고 평화롭게 살고자 했던 꿈, 국민이라면 누구든지 주인으로서 평등하게 살고자 했던 꿈이 아니던가? 그 꿈이 분단과 함께 찢기고 잊혀 갔던 것이다.

마침내 강화 사람들의 양심이자 희망이었던 조봉암 선생이 2011년 1월 20일 대법원 재심에서 무죄를 선고받았다. 드디어 천형이었던 간첩 혐의가 조작됐음이 인정되었던 것이다. 이제 해결해야 할 문제들이 남아 있다. 그가 일제강점기에 수많은 독립 운동에 참여했던 기억이 복원되고, 독립운동가로서의 명예를 회복해야 하며, 그에 합당한 서훈도 받아야 한다. 조봉암의 삶은 그저 개인 조봉암의 기록이 아니라, 한국 현대사의 일부이기 때문이다. 또한 조봉암이나 그의 동료들의 정신과 사상은 한국인만을 위한 것이 아니라, 인류 보편적인 인권이자 인간 존엄성에 바탕을 둔 것이기 때문이기도 하다.

이와 동시에 강화인의 자랑으로서 조봉암의 생가를 발굴, 복원하는 사업도 추진해야 한다. 이미 2013년 인천시는 10억 원의 예산을 투입해 죽산 선생의 생가를 복원하고 추모공원도 조성하기로 했으므로 복원은 시간문제일 것이다. 장차 그곳은 강화의 어린이들뿐만 아니라 한국 어린이들에게도 소중한 역사 교육의 현장이 될 것이다.

또한 굴곡진 역사의 고비에 희생당한 원혼들을 위로하기 위한 위령탑은 산 사람들과 죽은 사람들, 상처를 입은 섬사람들이 화해하는 현장이자, 다시는 강화와 한반도가 피로 얼룩지지 않도록 다짐하는 평화 교육의 현장이 될 것이다. 이는 과거 독일 나치 전범들에 의해 자행된 600만 명의 민간인 학살 수용소가 평화와 화해를 위한 교육의 현장이 되는 것과 마찬가지라 할 수 있다.

나아가 이러한 화해와 평화를 위한 노력을 토대로 남북의 막힌 물꼬가 트이면서, 강화도는 바다와 육지, 남과 북을 잇는 교통과 문화의 융합의 요충지로 탈바꿈하게 될 것이다. 이러한 강화 사람들의 노력이 사람 사는 아름다운 섬, 미래의 새로운 문화의 탄생지로서의 강화도를 새롭게 만들어가게 될 것이다. 그로 인해 머지않아 강화도는 인내하고 대망하는 섬에서, 새로운 문명이 만나고 새롭게 탄생하는 평화의 동아시아 지역으로 상전벽해 될 것이다.

송암 박두성,
훈맹정음을 창안하다

최지혜(강화 바람숲 그림책 도서관 관장)

강화도 남쪽 어느 산자락에서 작지만 바람과 숲이 어우러진 곳에 그림
책 도서관을 운영한 지도 4년째 접어들고 있다.

　"내 팔십 평생 이곳에 살면서 이렇게 맑고 유쾌한 아이들의 웃음
소리를 들어본 지가 몇 년 만인지 모르겠네. 허허허!"
강화도 불은면에 사시는 한 할아버지의 말씀이다. 행복이란 이런 순간
에 느껴지는 것이다. 행복해지는 가장 간단한 방법은 선을 행하는 것
이다. 강화도에서 도서관을 운영하면서 진정 선을 행한 행복한 사람을
만났다. 바로 송암 박두성(朴斗星, 1888~1963) 선생이다. 그의 행복한 삶
을 뚜벅뚜벅 쫓아가본다.

가난한 농부의 아들로 태어나다

우리나라는 삼면이 바다로 둘러싸여 있다. 그 서북쪽에는 강화도라는
섬이 있다. 강화도에서도 서쪽으로 가면 교동도라는 섬이 아늑하게 자
리 잡고 있다. 교동도는 나지막한 산과 바다로 둘러싸인 따뜻하고 온
화한 작은 섬이다. 외국 문물을 가장 먼저 접했던 곳이기도 하고, 왕족
의 유배지로 유교가 깊게 뿌리 내린 곳이기도 하다.

박두성은 1888년 4월 26일, 이 온화한 섬 교동도(현 인천광역시 강화군 교동면 상용리 516번지)에서 가난한 농부 박기만 씨의 6남 3녀 중 맏아들로 태어났다. 박두성이 자란 시절은 조선시대 후반기로 서양 문물이 많이 들어오던 시기였고, 무엇보다도 이웃 나라 일본이 우리나라를 지배하고 있던 시절이었다. 조선 말기, 변화가 아주 많던 시기에 박두성은 짠 바닷물과 바닷바람 속에서 자랐다. 맏이여서 집안일도 열심히 도우면서 동생들과 서당에 다니며 한학(漢學)을 배웠다.

이동휘 선생을 만나다

박두성의 성장에 정신적으로 많은 영향을 준 사람은 '성재 이동휘(誠齋李東輝, 1873~1935) 선생'이다. 성재 선생은 함경남도 단천 출생의 독립운동가로 강화도에 머물면서 보창학교 등을 세운 교육자였다.

이동휘 선생은 박두성에게 '암자의 소나무처럼 절개를 굽히지 말고 남이 하지 않는 일을 나서서 하라'는 뜻으로 '송암(松庵)'이라는 호를 지어주었다. 또한 박두성의 영민함을 알고 그가 신학문을 배울 수 있도록 그의 부모님을 설득했다. 박두성은 이동휘 선생이 설립한 강화도의 보창학교에서 신학문을 배웠으며, 기독교의 영향을 받으면서 그 후 한성사범학교를 다녔다. 한성사범학교는 서울대학교 사범대학의 전신으로 졸업 후에는 교사가 될 수 있었다.

박두성의 새로운 삶

박두성은 한성사범학교를 졸업한 후 아이들을 가르치는 교사가 되었다. 박두성이 처음 교직 생활을 한 곳은 서울 어의동 보통학교(현 효제초등학교)이다. 몇 년 후 박두성은 일본인들이 만든 '조선총독부 제생원(濟生院)'에 있는 맹아부(盲啞部)로 가게 되었다. 맹아부는 시력에 문제가 있어 앞을 볼 수 없는 사람들을 모아 교육을 하던 곳이었다. 이는 기독교인으로 일본어를 할 줄 아는 조선 사람이면서 교사 자격이 있는 박두성이 적격이었기에 가능한 일이었다. 박두성의 나이 스물다섯, 1913년의 일이다. 그리고 제생원에서 맹아부를 맡게 된 박두성에게 새로운 삶이 열리고 있었다.

앞을 못 보는 아이들은 박두성에겐 충격이었다. 교실에 모인 아이들은 두 손을 더듬거리며 서로 다투고 있었다. 감겨진 두 눈에선 파리가 윙윙거리고, 낡은 옷에 음식물 자국과 먹다 흘린 음식물 건더기가 붙어 있는 아이들도 있었다. 생각도 못 한 광경이었다. 박두성은 마음이 몹시 아팠다. 이때 박두성은 이동휘 선생의 '남이 하지 않는 일을 행하라'는 말씀을 떠올렸으리라.

'그래, 교사인 내가 이제부터 저 아이들의 눈이 되어주어야겠다'고 박두성은 굳은 마음을 가진다.

앞을 보지 못하는 아이들은 서로 부딪히고, 앞다투어 먹을 것을 빼어 먹으며 교실을 난장판으로 만들곤 했다. 그것을 본 박두성은 복잡한 생각으로 밤잠을 설쳤다. '무엇을, 어떻게 가르쳐야 할까?'

'어떻게 하면 저 아이들에게 마음의 눈이 되어줄 수 있을까?' 이런 생각들로 박두성은 밤을 꼬박 새우기도 하고, 밥상 앞에서 밥 먹는 것도 잊고 골똘히 생각에 잠기곤 했다.

'그래, 바로 이거구나! 보지 못하는 아이들에게는 직접 손으로 모든 것을 만져보고 느끼는 촉각을 통한 교육이 필요하겠구나.'

박두성은 앞을 보지 못하는 아이들에게 사물을 직접 손으로 만져보고 느껴보게 했다. 동물원에도 데려가서 동물들을 직접 만져보게 하

고 어떤 동물인지 알려주었다. 무엇이든지 먼저 만져보게 했다. 마치
헬렌 켈러가 손으로 사물을 만져서 알아가는 것처럼 아이들이 직접 만
져보고 알아가게 하는 박두성의 교육은 빛을 발하기 시작했다.

촉각 교육을 시작한 이후 세상을 당당하게 혼자 살아가기 위해서
는 경제적 개념을 알아야 한다고 생각한 박두성은 직접 주판을 구해
아이들을 가르치기 시작했다. 셈을 배우기 시작한 아이들이 웃기 시작
했다. 상점에 가서 물건을 사고 직접 셈을 해서 정확하게 잔돈을 받아
오는 아이들의 밝아진 얼굴을 본 박두성은 힘이 났다.

박두성, 훈맹정음을 만들다

박두성은 다른 나라에는 앞 못 보는 사람들을 위한 '점자판과 점자책'
이 있다는 것을 알게 되었다. 그는 우리나라에도 한글로 된 점자판을
만드는 일이 그 어떤 일보다도 시급하다고 생각했다. 일본의 통제와
압박이 점점 심해지고 있던 때였다. 일본은 '조선문화말살정책'으로 일
반 학교에서는 조선어를 사용하지 못하게 했으며, 제생원에서도 일본
어로만 교육을 하게 했다. 1923년, 박두성은 점자판을 만들기 위해 비
밀리에 '조선어점자연구위원회'를 조직했다.

세종대왕이 모든 백성을 위해 만든 '훈민정음'처럼 쉽고 간단한 한
글 점자를 만들고 싶은 마음이 박두성을 더 재촉했다.

평양에는 이미 미국 선교사인 홀 여사가 만든 뉴욕 점자식을 기
본으로 한 '평양 점자'라는 이름으로 한글 점자가 있었다. 하지만 너무
어렵고 한글의 구조와 맞지 않아 많은 문제점을 안고 있었다. 박두성
은 무엇보다도 선행되어야 할 점이 있다고 생각했다.

배우기 쉬워야 하고,

점자 수가 적어야 하고

서로 혼돈을 일으키지 않아야 된다.

박두성은 앞 못 보는 아이들을 위해 연구하고 또 연구했다.

그리고 드디어 한글로 된 6점 점자판을 만들었다. 훈민정음의 뜻이 담긴 한글 점자이므로 '훈맹정음(訓盲正音)'이라 이름 지었다.

1926년 11월 4일. 박두성은 함께 연구한 제자들과 '훈맹정음'을 발표했다. 박두성과 그의 제자들이 만들어 발표한 훈맹정음은 다른 어떤 점자보다 규칙적이고 체계적이며 배우기가 쉬웠다. 훈맹정음은 우리나라 시각장애인의 삶에 큰 힘이 되어주었을 뿐만 아니라 지금까지도 세계적으로 우수한 점자로 평가받고 있다.

훈맹정음을 널리 알리다

훈맹정음을 만든 그즈음에는 일본의 조선어 사용 금지에 대한 압박이 아주 심했다. 훈맹정음을 사용하기 위해서는 일본 정부로부터 허락을 받아야 했다. 박두성은 직접 조선총독부에 간절한 마음이 담긴 편지를 보냈다. 이 편지는 일본 총독의 마음을 움직였다. 박두성은 한글 점자판인 '훈맹정음'으로 점자책을 만들기 시작했다. 하지만 일본의 통치하에서 훈맹정음으로 점자책을 만드는 일은 결코 쉬운 일이 아니었다. 일부 정해진 내용만 허락된 상태였다. 일본의 감시와 압박이 나날이 심해지고 있었기 때문에 좀 더 다양하고 폭넓은 내용들을 점자책으로 만들기 위해 박두성은 낮이 아닌 밤에 몰래 지하실에서 작업을 해야만 했다. 아연판 위에 한 자, 한 자 점을 찍어가는 작업으로 인해 박두성은 눈병이 났다. 에디슨이 발명한 머리에 쓴 전등의 빛이 아연판에 비추었고, 그 빛이 박두성의 두 눈을 심하게 자극했던 것이다. 그때 박두성은 생각했다.

'이러다 더 이상 점자 작업을 못 할 뿐 아니라, 나 또한 앞을 못 보게 되는 건 아닐까.'

그러나 이러한 두려움도 잠시, 박두성의 열정은 사그라들지 않았다. 다행히 그의 눈은 회복되었고, 시각장애인들을 위한 점자 작업은 계속되었다.

『천자문』, 『조선어 독본』, 『명심보감』, 『3·1운동 비사』, 『성경』, 『의학 서적』 등 훈맹정음으로 된 점자책을 만들고 또 만들었다. 그 자신이 기독교 신자이며, 성경을 누구나 평등하게 접해야 한다고 생각한 박두성은 성경을 점자로 만드는 일을 시작했다. 하지만 성경은 그 양이 방대하여 쉽지만은 않았다. 1948년, 박두성은 10여 년을 걸쳐 신·구약성경 원판을 만들었다. 그런데 안타깝게도 그렇게 힘들게 만든 성경 점자판이 6·25전쟁 통에 불에 타 소실되었다. 하지만 박두성은 이에 굴하지 않고 다시 성경을 점자로 만들기 시작했다. 드디어 1957년 3월 30일, 점자 성경 1질 24권이 완성되었다. 그 외에도 일반교양 및 소설책들과 침술사를 위한 책, 점술사를 위한 책 등을 훈맹정음으로 만들고 또 만들었다.

"나라를 빼앗겼더라도 자기 나라의 말을 잘 간직할 수만 있다면 감옥의 열쇠를 쥐고 있는 것이나 마찬가지란다."

"배우지 않으면 마음조차 암흑이 될 테니 배워야 한다."

"앞이 안 보인다고 마음까지 안 열리면 되겠느냐?"

이렇게 송암 박두성은 시각장애 아이들의 마음에 빛을 밝혀주기에 온 힘을 다했다. 처음에 박두성은 보지 못하면 사물에 대한 인식도 어려울 것이라고 생각했었다. 그러나 촉각을 통한 교육은 시각장애 아이들에게 배움의 등불이 되었다. 새로운 것을 알아가는 즐거움에 가득 찬 아이들을 보면서 박두성은 자신이 할 일이 아직도 많다고 느꼈다.

박두성, 앞 못 보는 이들의 자존감을 키우다

"눈을 감았다고 머리까지 감은 것이겠냐?"

박두성은 보지 못하는 사람들에게 점자만 가르친 것이 아니었다. 보통 사람이라면 지켜야 하는 일상생활 예절도 가르쳤다. 밥을 먹을 때는 차분하게 앞이 보이는 사람들처럼 숟가락과 젓가락을 번갈아 사용하고 허리는 반듯하게 세워서 천천히 먹게 했다. 걸을 때는 허리를 쭉 펴고 고개를 들고 앞이 보이듯이 천천히 걷도록 했다. 멀리서 보면 앞이 안 보이는 사람인 줄 모르게 늘 그렇게 행동하라고 가르쳤다.

박두성은 또한 보지 못하는 아이들이 있는 집을 알아내려고 전국 방방곡곡을 찾아다녔다. 바깥출입을 못 하게 부모들이 숨겨둔 아이들을 찾아내는 일을 그는 쉼 없이 했다. 사람들이 자기 집 가족 중 누군가가 앞을 못 보는 사람이라는 걸 비밀로 했기 때문이었다. 그래서 평생 집 바깥을 나가보지도 못하고 생을 마치는 사람들도 있었던 시대였다. 박두성은 이런 아이들을 집 밖으로 나오게 해서 교육을 시켜야 한다고 설득하고 또 설득하면서 걷거나 때로는 기차와 자전거로 전국을 누볐다. 박두성의 발에는 물집이 생겼다가 아물었다가 또 생겼다.

오늘의 점자도서관 역할을 하다

직접 오지 못하는 사람들을 위해서는 편지로 훈맹정음을 알렸다. 천으로 된 책가방을 손수 만들어 직접 점자책을 보냈다. 마치 지금의 도서관과 같은 역할을 한 것이다. 전국의 앞 못 보는 사람들을 위해 제생원 졸업생인 서울 갓우물골(현 중구 입정동) 정창규의 집에 '육화사(六花社)'라는 간판을 걸고 점자 통신교육을 시작했다. 이렇게 점자책을 만들고 우편으로 천 가방에 넣어 빌려주는 육화사의 통신교육 사업은 눈이 보이지 않는 사람들에게 점자를 계속 사용하게 하고, 직업은 물론 최소한의 문화생활을 할 수 있게 해주었다. 또한 매월 정기 통신문을 보냈고, 멀리 있는 사람들이 보내오는 편지에는 아무리 사소한 내용이라도 사흘을 넘기지 않고 답을 보냈다. 박두성은 점자를 읽을 줄 모르는 사람들에게 점자를 직접 가르칠 수 없을 때는 편지로라도 그 방법을 알려주었다.

세상 돌아가는 소식을 더 빨리 더 정확하게 전하고 싶어 점자 잡지도 만들었다. 맹아부 학교를 마치고 인천에서 안마원을 운영하고 있던 이상진의 권유로 함께 만들게 된 것이다. 촛불처럼 어둠을 환하게 밝혀주길 바라며 〈촉불〉이라 이름 지었다. 〈촉불〉은 일주일에 한 번씩 냈다. 이 주간지는 6·25전쟁이 일어나기 전까지 200호를 넘게 펴냈다고 한다.

이렇게 보이지 않아 어둠 속에 살던 사람들이 점자책을 통해 조금씩 바깥세상의 흐름에 눈을 뜨기 시작했다. 그리고 그들은 자신감을 가지게 되었다. 혼자 살아갈 수 있는 경제적인 힘도 생겼다. 비로소 앞이 보이지 않는 사람들의 얼굴에 밝은 웃음이 번졌다. 세상으로부터 소외되었던 사람들에게 새 세상이 열리기 시작한 것이다. 박두성의 훈맹정음 창안과 가르침은 직접적으로나 간접적으로 보지 못하는 사람들에게 힘이 되어 교육계나 종교계, 의학계에 훌륭한 인물을 배출하였다. 시각 장애를 안고 있지만 교수가 된 임안수는 말한다.

세상에 누가 있어 맹인들을 그토록 사랑했던가? 세상에 누가 있어 그 암담했던 시대에 맹인들의 가슴에 등불을 밝혔던가? 이 땅의 맹인들에게는 세월이 흘러도 시대가 바뀌어도 잊을 수 없는 영원한 스승이 있으니 그가 바로 송암 박두성 선생이시다. (『송암 박두성』)

박두성은 오랜 교직 생활을 마친 후에도 쉬지 않고 시각장애인들을 위해 훈맹정음을 알리고 점자책을 만드는 일을 했다. 인천 자신의 집에 점자책을 세워두고, 통신을 통해 그들이 필요로 하는 점자책들을 보내주었다.

1963년 8월 25일 무더운 여름날, 송암 박두성 선생은 병으로 누운 지 8년 만에 조용히 눈을 감았다. 향년 76세. 1962년 국민포장을 받은 이듬해이다. 선생은 가셨지만 1992년 은관문화훈장이 수여되었고 한글 점자는 1997년 12월 17일 제1997-58호 시각장애인 문자로 고시되었다. 박두성은 2002년 4월 문화관광부 4월의 문화인물로 선정되었으며, 선생이 태어난 인천시 강화군 교동도에 생가 터가 남아 있다.

점자책은 점자가 상하니까 눕혀 놓지 말고 반드시 세워 놓아라.

앞 못 보는 사람들을 위한 세심한 배려가 느껴지는 말이다. 선생은 눈을 감는 그 순간에도 점자를 만지듯이 엄지손가락과 집게손가락을 힘없이 움직이고 있었다고 한다.

한글 점자 훈맹정음을 창안, 앞 못 보는 사람들의 어둠을 밝힌 송암 박두성 선생!

세종대왕이 만든 훈민정음처럼 송암 박두성 선생이 만든 훈맹정음은 배우기 쉽고, 점자 수가 적고, 독창적이고, 과학적이면서 합리적인 점이 많아 지금도 널리 사용되고 있다. 남한뿐 아니라 북한에서도 널리 사용되고 있다. 그렇게 '훈맹정음'은 지금까지도 많은 시각장애인들에게 마음의 빛을 열어주고 있다.

송암 박두성 어록

○ 어떤 민족이 노예가 되더라도 말을 간직할 수 있다면 감옥의 열쇠를 쥐고 있는 것이나 마찬가지다.

○ 앞이 안 보인다고 마음까지 안 열리면 안 된다.

○ 능숙한 목수는 굽은 나무도 버리지 않는다.

○ 눈이 보이지 않는다고 너희들 마음까지 우울해서는 안 된다. 밝고 명랑한 마음을 가지려면 늘 쉬지 않고 배워야 한다. 사람이 배우지 않으면 마음까지 암흑이 되고 마는 법이다.

○ 들판의 벼는 주인의 발자국 소리를 듣고 자란다.

○ 앞을 보지 못하는 사람에게 모국어를 가르치지 않으면 이중의 불구가 될 터, 그들에게 조선말까지 빼앗는다면 벙어리까지 되란 말인가? (『맹사일지』)

○ 공부를 많이 해서 지혜로운 사람이 되어라. 또 눈 뜬 사람보다 행동이 똑발라서 그네들을 가르치는 사람이 되어라.

○ 세상에 눈으로 보고 하는 일이 많지마는 눈으로 보아야 하는 일이 그다지 많지 않다. 도리어 손으로 만져보는 것이 눈으로 보는 것보다 틀림이 적은 것도 사실이다.

명미당 이건창의 삶과 문장

심경호(고려대 한문학과 교수)

강화도와 이건창

1889년(고종 24년)에 조선 조정은 명목 없는 잡세를 폐지하고 공용선 박이나 어선을 관리가 사사로이 징발하는 일을 못 하게 금했다. 하지만 어부에게는 혜택이 돌아가지 않았다. 또 한 해 전에 삼남 지방에는 근대식 기선을 조운선으로 파견했으나, 연해에서는 어선이나 주판 선박을 징발하여 조운을 맡겼다. 이건창(李建昌, 1852~1898)은 40세 되던 1891년에 강화도 동쪽에 있는 광성진(廣城津)에서 풍어굿을 보면서 어민들의 삶에 동정하여 「광성진에 투숙하여 배에서 벌어지는 풍어굿 풀이를 기록한다(宿廣城津記船中賽神語)」라는 제목의 시를 남겼다. 총 36구로 네 구씩 운자를 바꾸었다. 『해상음고(海上吟藁)』에 실려 있다.

큰 배가 북을 친다. 둥둥 두두 둥둥, 작은 배는 덩달아 박자 없이 북을 쳐댄다. 긴 장대 끝에 큰 깃발은 불같이 빨개서, 너풀너풀 강에 비쳐서 강물이 끓는 듯. 뱃머리에 돼지는 말만 한 놈을 잡아놓고, 뱃사람들은 댓살 창 아래서 술을 붓는다. 중늙은이는 대머리를 마늘 쫑듯이 하고, 무당은 넓은 소매를 어지럽게 뒤흔든다. 밀물에 배가 기울어 한 자는 높았고, 하늘 가득 명월인데 파도도 잔

잔하다. 금빛 가지 비취 깃털은 빛깔도 요란하고, 신령이 내린 듯 강 언덕엔 구름이 자욱하다. 취하고 배부르구나, 너에게 무얼 줄까. 수궁의 보배를 가져다 너를 줄까. 연평 조기에다 칠산의 준치, 다 싣지 못할 만큼 줄까. 와서 계산하면 본전을 제하고, 꿰미 돈이 수천수만 냥. 그러면 일생 배의 노를 잡지 않아도, 밭 사고 집 사서 여생을 잘 보낼 게다. 뱃사람은 신령이 내리시는 걸 사례하고는, 우물우물 공수를 한다. 임금님 어지셔서 농사꾼과 상인을 돌보시지만, 고을마다 여전히 고약한 관리 있지요. 지난해에 분명히 수세(水稅)를 파하셨으나, 금년에도 항구 막아 거둬들여요. 삼남 지방에는 조운선을 보내셨으나, 연안에선 어선 징발로 폐단이 심합니다. 신령께서 돈을 많이 주신다 해도, 밭 사고 집 사고를 어찌한답니까? 공납안(貢納案)에 붉은 도장 말(斗)만 하고, 마미립(馬尾笠)이 잔뜩 이마를 죄는걸요. 신령 말이, 이 일은 내가 못 하니, 일백 번을 청한다 해도 소용없구나. 기슭의 시인에게 하소연하여, 풍요에 채록해서 도성에 올려달라 하거라.

大船擊鼓鼓三四, 小船打鼓聲無次. 長竿大旗如火紅, 風颭照江江水沸. 船頭殺猪大如馬, 船人瀝酒篷窓下. 長年禿頭搗如蒜, 女巫廣袖紛低亞. 潮來舟動一丈高, 明月滿天江無濤. 金支翠羽光晻靄, 靈來如雲滿江皐. 旣醉旣飽何錫予, 水宮之寶持與汝. 延平石首七山鰣, 只恐船重擧不擧. 歸來計利淸本錢, 緡算恰嬴三萬千. 便可一生不操機, 買田買宅終汝年. 船人聞之謝神賜, 口中又有祈請事. 聖主寬仁恤農商, 郡縣處處猶苦吏. 去歲明詔罷水稅, 今年截巷覓抽計. 三南特遣運漕艘, 濱海捉船仍煩獘. 又如神賜得錢多, 買田買宅誰耐過. 紅泥蹋紙字如斗, 馬尾壓頂事如何. 神言此事非我職, 汝雖百拜請無益. 往訴岸上吟詩人. 採入風謠獻京國.

강화도는 개성이나 한양에서부터 하루 거리에 위치하여 세속을 비판하는 많은 묵객(墨客)과 학인(學人)들에게 발걸음을 잠시 머물며 분만(憤懣)의 감정을 삭이거나 일정 기간 장수(藏修, 은둔하면서 자신의 내면을 닦음)할 수 있는 시간과 공간을 제공하여 주었다. 산과 바다가 정(靜)과 동(動)이 어우러진 세계를 만들어내고, 계곡과 염전(鹽田)이 천연의 멋과 불굴의 의지를 곧잘 연상시켰다.

화도면(華道面)에 있는 해발고도 467m의 마니산(마리산, 摩尼山)은 고가도(古加島)라는 섬으로 바다 가운데 솟아 있었으나 가릉포(嘉陵浦)와 선두포(船頭浦)에 둑을 쌓은 뒤로 육지가 되었다. 일제강점기 때 마니산으로 바꿔 불리다가 1995년 마리산으로 되었다. 마리란 머리를 뜻한다. 산꼭대기에는 단군왕검이 하늘에 제사 지내기 위해 마련했다는 참성단(塹星壇, 사적 제136호)이 있다. 그 기원은 명확하지 않으나, 1639년(인조 17년)과 1700년(숙종 26년)의 개축 기록이 남아 있다. 고려 때에도 천자가 하늘에 제사 지내는 의식인 교사(郊祀)를 이곳에서 행했다는 이야기가 있는 것을 보면, 이 지역은 진작부터 우리 민족에게 성지(聖地)로 인식되어 왔다. 홍석모(洪錫謨)는 1799년(기미) 4월 21일, 마니산에 올라 보고 「마니산기행(摩尼山紀行)」이라는 산문을 남겼다.

드디어 정상에 올라섰다. 십여 길이나 되도록 쌓아 올린 돌무더기가 있다. 이상한 생각이 들어서 무엇이냐고 물었더니 옛날 단군이 이곳에서 태어나 단을 쌓고 하늘에 제사를 올린 참성단(參星壇)이라고 한다. 그래서 그 단 위에 올라가 사방을 살펴보니 연기도 아니고 안개도 아닌 푸른 기운이 서려 황홀하게 동남쪽에 자리 잡은 것은 바다이다. 그 기운 사이로 내려다보이는 여러 산봉우리와 출렁대는 파도는 1백 리 밖에 불과하다. 만약 해신(海神)이 바람을 일으켜 구름을 걷어버리고 활짝 시야를 트이게 한다면 서쪽으로는 수양산, 남쪽으

이건창 생가

로는 등래산이 바라다보일 것인데 팔방을 둘러보아도 그럴 만한 곳이 없다.

　　강화도는 조선 후기에 인간 본연의 가치를 새롭게 발견한 강화학파가 배태된 곳이기도 하다. 정제두(鄭齊斗)가 표연히 서울을 떠나 안산에 칩거하여 강학을 하더니, 만년에는 다시 강화읍에서 남서로 칠십 리 떨어진 하일리(霞逸里)로 이주했다. 그리고 그곳 지명을 따서 호를 하곡(霞谷)이라 했다. 이때 이광려(李匡呂)와 이광명(李匡明), 그리고 신대우(申大羽)가 그를 흠모하여 강화도로 이주하여 학문을 이었다. 두만강 아래 부령으로 귀양 간 이광사(李匡師)도 그 혈연과 학맥을 이었다. 그들은 경전을 우리의 시각에서 연구하고 우리의 문자, 음운, 역사를 탐구하는 한편, 인간 존재의 본질을 생각하는 시와 글을 지었다. 그 뒤 이긍익(李肯翊), 유희(柳僖), 신작(申綽)이 각각 국사학, 국어학, 경학 방면에서 탁월한 업적을 이루었다.

　　소론의 정객이면서도 온건한 학자풍의 인물이었던 최규서(崔奎瑞)도 만년에 6년간 하일리 부근으로 이주하여, 정제두와 당시의 정치 문제를 논하는 한편 양명학적 심학에 대하여 토론을 했다. 최규서는 6년간 하일리에 거주하다가 한강 용호(龍湖)로 옮기게 되는데, 하일리에 있을 때는 서재의 편액을 수운헌(睡雲軒)이라 하여 장와(長臥)의 뜻을 담았다.

　　강화도는 근세에 이르러 국운이 걸린 소용돌이에 휘말렸다. 1866년(고종 3년)에 프랑스는 식민지 경략의 일환으로 조선을 침략하여, 강화도 정족산의 외사고(外史庫)에 소장된 왕실 관련 문헌들을 약탈해 갔다. 이른바 병인양요다. 프랑스군이 강화에 상륙했을 때 진무사(鎭撫使)도 달아나 버린 남성에서, 수문장인 강화 사람 이춘일(李春日)이 조선에 사람이 있음을 보여주었다. 그는 술을 마셔대고는 적에게 맞섰는데, 적이 칼로 찌르자 술기운이 부글부글 배 속으로부터 나왔으며, 숨이 넘어갈 때까지 적을 욕하여 그치지 않았다. 이건창은 「이춘일전(李春日傳)」을 지어, 그의 의로운 행위를 기록으로 남겼다.

양헌수의 막부에서 종사한 일이 있는 이건창은 그 사적을 「공조판서양공묘지명(工曹判書梁公墓誌銘)」에서 상세히 묘사했다.

양헌수는 우리 군사의 중군(中軍)이 통진(通津)에 진주한 채 진군을 머뭇거리자, 손돌의 무덤에서 기도하고 스스로 500여 병사를 데리고 정족산성으로 들어가 매복하여 프랑스군을 쳐부수었다. 1976년 남문을 다시 복원하고 문루를 세워 예전대로 종해루(宗海樓)라는 현판을 달았다. 이건창은 양헌수의 막부에서 종사한 일이 있다. 조정은 프랑스 군대에 맞서기 위해 순무영을 설치했으나 순무사(巡撫使)에는 벌열의 자제가 임명되고 양헌수는 하급직위로 밀려났다. 양헌수는 자식들과 영결하고 출정했다.

한편 「이춘일전(李春日傳)」의 「논찬」에서 이건창은 병자호란 때 김상용이 이곳에서 순사한 사실을 상기시켰다. 강화도는 1871년(고종 8년) 미국군이 쳐들어오는 신미양요 때도 수난을 겪었다. 당시 경영병(京營兵)이 달아난 뒤 진무중군(鎭撫中軍) 어재연(魚在淵, ?~1871)은 500여 군사들과 광성진(廣城鎭)에서 적과 백병전을 벌였다. 어재연은 포탄이 쏟아지고 피가 흩뿌리는 곳에서 종일 격투했기에, 그가 죽고 군대가 궤멸하였어도 적은 그의 의기(義氣)에 놀라 감히 전진하지 못하고 하루 저녁 만에 물러갔다고 한다. 역시 이건창이 「진무중군어공애사(鎭撫中軍魚公哀辭)」와 「애사후서(哀辭後書)」를 적어 그 사실을 기록으로 남겼다.

이건창의 「이춘일전」, 「공조판서양공묘지명」, 「진무중군어공애사」와 「애사후서」는 모두 근세에 이르러 반외세의 민족정기를 뿜어낸 지사(志士) 문학이다.

이건창의 아우 이건승(李建昇)은 1906년 강화도 사기리(沙器里)에 계명의숙(啓明義塾)을 설립하여 교육 구국운동을 전개했다. 광무 11년 5월 24일, 계명의숙의 숙장(塾長)으로서 그가 공표한 「계명의숙취지서」를 보면, 국민개학(國民皆學), 무실(務實), 심즉사(心卽事), 개광지식(開廣知識, 즉 단체결성)의 이념이 나타나 있다. 1910년에 국치를 당하자 그는 정원하의 뒤를 따라 만주 회인현(懷仁縣)으로 망명했다.

이건창의 생애

모친상을 당해 강화도에 있을 때 지은 「대곡녹음가(大谷綠陰歌)」에서 이건창은 "우리 집은 덕을 심고 다시 나무를 심었기에, 나는 녹음을 보면서 우리 조상을 생각한다(我家種德復種樹, 我見綠陰思我祖)"라고 했다.

이건창은 구한말의 대표적인 청백리이다. 암행어사로 나가 탐학한 관리를 가차 없이 적발했으므로, 고종은 행정이 문란하다는 말을 들으면 그 지방에 이건창을 보내겠다는 말을 했다고 한다. 병인양요(1866) 때 순절한 이조판서 이시원(李是遠)의 손자이다. 추금 강위(秋琴 姜瑋, 1820~1884), 매천 황현(梅泉 黃玹, 1855~1910), 창강 김택영(滄江 金澤榮, 1850~1927) 등과 함께 구한말 4대 문장가로 꼽힌다. 이택영에 의해서는 여한 9대가 중의 한 명으로 평해졌다.

이건창의 자(字)는 봉조(鳳朝, 혹은 鳳藻)이고, 호는 영재(寧齋)다. 당호(堂號)는 조부 이시원이 '질명미진(質明美盡)'의 가르침을 주었던 데서 따와 명미당(明美堂)이라 했다.

이시원은 손자 이건창이 학문사변(學問思辨)의 실공(實工)이 없고 풍화월로(風花月露)의 헛된 명예만 일찍 얻는다면 큰 불행이며, 경학과 예학은 공소하고 패관잡기만 손에서 놓지 않는다면 큰 병통이라고 여겼다. 그래서 서찰을 보내 정호의 "바탕이 아름다운 자는, 분명함을 다 발양해야 하고 찌끼를 죄다 소거해야 한다"라는 말을 인용해서, "네가 바탕이 아름답기는 하지만 분명한 선을 죄다 발휘하지 못하고 찌끼를 제거하지 못했다면 바탕이 아름다운 것이 무어 귀할 것이 있는가"라고 우려했다. 그래서 정호(程顥)의 「추일성시(秋日成詩)」에 나오는 '질미명진(質美明盡)'의 뜻에서 '명미'라는 말을 취해 이건창의 당호를 명미당(明美堂)이라 지어주었다. 즉, 정호의 「추일성시」에, "한가해 일 없으니 느긋하지 않은가. 잠 깨니 동창엔 해가 붉구나. 만물을 고요히 관조하니 모두가 자득해, 사계절의 멋진 흥이 사람과 한가지이다. 도는 천지의 유형 바깥에 통하고, 생각은 바람 구름의 변화하는 모습 속에 들어간다. 부귀도 뜻을 바꿀 수 없나니 빈천해도 즐거워라, 남아가 이 경지에 이르면 진정 호웅이 아니랴(開來無事不從容. 睡覺東窓日已紅. 萬物靜觀皆自得, 四時佳興與人同. 道通天地有形外, 思入風雲變態中. 富貴不淫貧賤樂, 男兒到此是豪雄)"라고 했다. 사람들 모두 있어야 할 곳에 편안히 거처하면서 자기 삶을 즐겁게 꾸려나가는 세상을 꿈꾼 것이다.

이건창은 철종 3년(1852)에 태어나 고종 광무 2년(1898)에 47세로 세상을 떴다. 그가 살았던 19세기 후반의 조선은 내적, 외적으로 모두 심각한 위기에 직면해 있었다. 권문세가의 횡포와 부정부패는 나라를 안에서 갉아먹고, 일본과 구미 열강은 민족의 자존을 박탈하려고 바깥에서 넘보고 있었다. 이건창은 양산군수 이상학(李象學, 1829~1888)의 장남으로 강화도 사기리(沙器里)에서 출생했다. 사기리는 증조부 이면백과 조부 이시원이 살았던 곳이다. 이건창의 생가 뒤에는 이광사의 조부 이대성(李大成)의 묘가 있다. 나이 15세 때인 1866년(고종 3년) 강화

별시에서 병과 3등으로 합격했다. 조선시대 문과 합격자 15151명 중에서 최연소로 합격한 것이다. 나이가 어렸기 때문에 등용이 연기되다가, 1870년(고종 7년) 19세로 기거주(起居注)에 뽑혀, 홍문관에 제일 어린 나이로 선발되었다. 홍문관의 직을 통상 한림학사라고 하여 명예롭게 부른다.

　23세 되던 1874년(고종 11년), 세폐사(歲幣使) 서장관으로 청나라에 가서 여러 학자와 교류했다. 이때 무반 출신의 시인 강위와 동행하면서 그에게서 시를 배우고 문명개화의 문제를 논하기도 했다. 1876년에는 우의정 박규수(朴珪壽)가 통상을 주장하여 일본과 강화도조약이 체결되자, 개화파와 접촉했다. 하지만 강화도조약 체결 직후에 리훙장(李鴻章)이 미국과의 조약 체결을 강권하자, 중국은 외국에 불과하며 리훙장은 시세에 영합하는 거간꾼이라고 맹렬하게 비난했다. 그는 우리 민족이 스스로 지키는 것 없이 리훙장만 믿었다가는 필경 우리가 팔리고 만다고 우려했다. 김옥균(金玉均), 어윤중(魚允中)과 왕래하되, 일본의 팽창에 대하여 경계했다.

　26세 되던 1877년(고종 14년) 가을에 충청우도 암행어사로 갔다가 다음 해 여름에 돌아왔다. 그때 그는 충청우도 관찰사 조병식(趙秉式, 1832~1907)의 비행을 적발하여 금고 처분했는데, 도리어 공박을 당하여 평안도 벽동(碧潼)으로 유배되었다. 벽동으로 유배 갈 무렵에는 황현(黃玹)과 교류하며 시문과 역사를 논했다. 황현은 이건창의 문장을 높이 평가하여, "중국을 잘 배운 점은 전배(前輩)가 미칠 수 없다. 압록강 동쪽의 풍을 완전히 벗어버리고 우뚝하게 중국에 섰다. 힘은 비록 박약하지만 훌륭하다, 훌륭하다"라고 평했다. 황현은 이건창과의 교유를 통해 강화학파의 학풍으로부터 일정한 영향을 받았다. 만년에 병이 든 이건창은 황현을 몹시 그리워하여 운명 직전까지 이름을 불렀다 한다. 황현은 일제에게 국권을 강탈당하자 강화로 이건창의 묘를 찾고, 이후 고향에 돌아가 자결했다.

1881년 봄, 이건창은 민영익(閔泳翊, 1860~1914)의 도움으로 사면되었다. 당시 이건창이 올린 「충청우도암행어사이건창별단(忠淸右道暗行御史李建昌別單)」이 전한다. 이것은 장계별단(狀啓別單)과 의정부의 계(啓), 그리고 사후조치 등을 묶은 것이다. 장계별단은 12조이다. 아전과 결탁하여 은결(隱結) 처리된 토지가 증가한 것을 조사해내고, 사환(社還) 발매(發賣)한 뒤 잉여금을 처리하는 문제를 논했고, 보령 등을 군영과 군진을 합하여 농민의 불편을 해결하는 방책을 제시했다. 또 서천군의 세미와 군전(軍錢)을 과다하게 징수한 사실과 안면도의 송림을 훼손한 사실을 적발했으며, 서해안 여러 고을의 사설 어전(漁箭)과 염전에 대해 세액을 부과한 것의 문제점을 지적했다. 이 밖에 학행(學行)이나 열행(烈行) 등 포창(褒彰)에 관련된 것도 있다. 이 별단이 의정부를 통해 왕에게 전달된 것은 1878년 4월 14일의 일이다. 민영익의 주선으로 벽동 유배에서 풀려났지만, 이건창은 민영익이 결성한 개화당에는 협력하지 않았다. 개화파의 주요 인물인 김홍집, 홍영식, 박영효 등과 우연히 자리를 같이한 일이 있다. 그때 수신사로 일본에 다녀온 김홍집(金弘集, 1842~1896)이 황준헌(黃遵憲)의 『조선책략』을 거론하면서 그 외교정책이 우리나라에 이롭다고 주장하자, 이건창은 "황준헌은 예수교가 무해하다고 했는데, 그대는 도리어 황준헌이 척사론자라고 상소했으니, 군주를 면전에서 속이는 것이 아니고 무엇인가?"라고 질책했다.

임오군란 이후에 대원군이 청나라로 납치되어 가자, 고종은 이건창을 시켜 정범조(鄭範朝)와 함께 주문(奏文)을 작성하고 대원군을 수행하도록 명했다. 하지만 마건충(馬建忠)의 방해로 대원군을 수행하지는 못했다. 그 뒤 어윤중(魚允中, 1848~1896)은 이건창을 군국기무처에서 일하도록 주선했지만 그는 거절했다.

31세 되던 1882년(고종 19년) 가을, 통정대부에 올라 지제교가 되고, 다시 경기도 암행어사로 나갔다. 이건창은 강직한 암행어사로 유명하여 전설이 여러 곳에 남아 있다. 언젠가는 송파마을에 들러 신분을 속인 채 장사꾼들과 만나 고충을 들어주면서 용기를 북돋아주어, 백성들이 그가 머물렀던 장터 입구에 비석을 세워 그를 기렸다고도 한다.

1883년 여름에 암행어사 임무를 마치고 돌아왔고, 다음 해(1884년 고종 21년, 갑신) 3월 3일 모친상을 당하여 강화도로 가서 장례를 지냈다. 1889년(고종 26년) 정월 16일에는 부친이 양산(梁山) 군수로 순직하자 널을 운반해 와서 장사 지냈다. 1891년(고종 28년)에는 한성소윤에 임명되었다. 그는 경내에서 외국인이 토지와 가옥 등을 함부로 사들이지 못하도록 엄단했다. 1892년에는 함흥에서 민란이 발생하자 안핵사(按覈使)로 나가 수습했고, 돌아와 동부승지에 제수되었다. 1893년 가을에는 동학 농민전쟁의 수습 방안을 놓고 어윤중과 대립하여, 전라도 보성(寶城)으로 유배되었다.

1894년(고종 31년, 갑오) 봄에 사면된 뒤, 가선대부에 승진되고 김홍집 내각의 공조참판에 제수되었으나 취임하지 않았다. 또 법무협변(法務協辨)·특진관(特進官)·시강관(侍講官) 등의 관직에 계속 임명되었으나 모두 취임하지 않았다.

1895년(고종 32년) 음력 8월 20일에 명성황후가 일본 낭인들의 손에 살해되고 시신이 불태워지는 처참한 변고가 있은 뒤, 친일 내각이 구성되고 국왕은 왕비를 폐한다는 조칙이 내려졌다. 동궁 이하 신료들은 열흘이 지나도록 상복도 걸치지 않았고 누구도 곡을 하지 않았다. 특진관의 직함이었으나 강화도 집에 칩거하던 이건창은 전 이조참판 홍승헌(洪承憲), 전 형조참판 정원용(鄭元容)과 함께 궐하에 엎디어, 폐비의 칙명을 거두고 죄인을 잡아 처형하라고 극력 주장했다. 흉악 죄인을 처벌은커녕 강한 이웃을 두려워하여 왕비의 발상도 하지 못하는 우리 조정이 못내 한심했다. 이제 이보다 더한 변고가 있다면 그것은 조국의 멸망이다. 9월 5일에 내각의 손에 들어간 「청토복소(請討復疏)」는 고종의 눈을 거치지 않고 반송되었고, 13일에 다시 올렸으나 역시 내각에 의해 기각되었다. 그의 상소 이후로 다른 토역소들도 올라와 민심이 하나로 합해졌고 의병들도 일어났다. 이건창의 상소가 을미의병의 도화선이 되었다는 견해도 있다.

이해 단발령이 있자 이건창은 단발을 거부하고 강화 보문사에 은거했다. 1896년(건양 원년, 병신) 45세 때 봄, 이범진(李範晉, 1853~1911)의 건의로 고종은 그에게 내직이 싫으면 외직에라도 부임하라고 해주부 관찰사로 임명했으나, 이건창은 세 번 상소를 올려 거절했다. 이 때문에 왕명을 따르지 않는다는 죄목으로 고군산도(古群山島)로 귀양 갔다가, 2개월 만에 풀려났다. 풀려나 돌아오던 겨울, 자신의 시문을 정리하여 문집으로 엮으면서 그 서문이자 자서전이라고 할 「명미당시문집서전(明美堂詩文集叙傳)」을 작성했다. 그 이후로는 강화도 사기리로 돌아가서 은둔했다. 47세 되던 1898년(광무 2년) 6월 18일에 운명했다. 묘소는 강화군 양도면(良道面) 건평리(乾坪里)에 있다.

김택영은 『명미당전집』에 서문을 작성하여, 이건창의 문장을 다음과 같이 평가했다.

바르고 아름다운 것은 면체(綿絁)를 넣어놓은 것 같고, 정밀하고 섬세한 것은 고운 실을 다듬어놓은 것 같다. 뾰족하게 깎여진 것은 칼을 갈아서 물에 씻어 낸 것처럼 날카롭다. 밝고 깨끗한 것은 고운 꽃무늬 집을 펴놓은 것 같다. 아름 답고 깊은 것은 귀신이라야 찾아낼 것이다. 힘 있고 긴절한 것은 범이나 표범을 묶은 것이다. 또 봄 나무에서 싹이 터 나오듯이 따스하고 부드럽다. 마치 술과 감주가 맛있고 많듯이 흐드러져 흥취가 있다. 마치 신악(神樂)이 아홉 번 변하 는데 봉황새가 너울너울 춤추며 내려오는 것같이 그 빙빙 도는 양이 극치에 이 르렀다. 글이 이 경지에 이르렀다면 할 수 있는 일은 다 한 셈이다.

이건창의 사상과 학문 및 시문

이건창은 조부 이시원의 학문이 '진지독행(眞知篤行)'을 근본으로 삼았 다고 했다. 진지독행은 곧 왕양명이 말한 "지의 진절하고 독실한 곳이 바로 행이다(知之眞切篤實處, 卽是行)"(『전습록』)라고 한 말과 통한다. 또한 이건창은 이시원의 학문에 대하여 "왕 왕 진지명창(眞摯明暢)함이 왕신 건(王新建)과 같았다"라고 했다. 왕신건은 신건백이었던 왕양명이다. 이 건창은 조부의 학문이 양명학에 뿌리를 두고 있다고 밝힌 것이다.

　이시원의 학문은 외관의 화려함을 버리고 진실로 향했다. 50대에 는 고심하여 『국조문헌』 1백여 권을 저술했다. 이것은 현전하지 않는 다. 하지만 이건창의 『당의통략』은 그것을 토대로 가려 뽑아 두 권으 로 엮은 것이라고 한다.

　이시원은 1866년 9월의 병인양요 때 순절한 지사이다. 선교사 구 출을 명목으로 우리나라에 왔던 프랑스 군대는 서울을 공격하기 어렵 게 되자 7척의 군함을 동원하여 강화를 공격했다. 조선 조정은 정규군 600명, 강화 수비대 6000명, 연해 동원 병력 2~3만 명으로 대항했지만 역부족이었으므로 다시 순무영을 설치해야 했다. 하지만 전투의 처음에 강화유수 이하 관원 대부분이 달아났다. 78세의 고령이던 이시원은 이질을 앓고 있었지만 「유소(遺疏)」를 쓰고 들것에 몸을 실어 선영에 하직하고, 아우 이지원(李止遠)과 함께 극약을 나누어 먹었다. 손자 이건창이 작성한 묘지명〔祖考贈諡忠貞公府君墓誌(조고증시충정공부군묘지)〕에 따르면, 이시원은 자결하는 이유를 다음과 같이 밝혔다고 한다.

내가 이곳에 세거했으므로 옛날의 향대부에 해당하니, 어찌 일시 수령의 관직을 받아 지키는 이에게 견주겠는가? 이미 늙었고 병들어, 친히 북을 울리며 의병을 모아 적들을 없애어 보국할 수 없는 마당에 어찌 난을 피하여 살기를 구하겠는가? 오직 죽음만이 내 마음을 밝힐 수 있을 뿐이다.

吾世居玆土, 古之所謂鄕大夫者, 豈一時官守比哉? 旣老且病, 不能親枹鼓募義旅, 滅賊以報國, 寧可避難求活? 惟死可以明吾心耳.

　　이시원의 「유소」는 구국의 시책을 건의했는데, 그에 앞서 자신이 자결을 결심하게 된 경위와 자살에 이르게 될 이제부터의 과정을 상세하게 서술했다.
　　이건창의 부친 이상학은 정약용의 학풍을 강화학에 접맥시키는데 기여했다. 이상학이 정약용의 학술을 수용한 것에 대하여 이건창은 "부군(府尹)께서 젊어서 정씨의 흠흠서(欽欽書, 즉 『흠흠신서』)를 거의 외다시피 익히셨다"고 증언했다. 이건창은 「선부군행장(先府君行狀)」에서, 부친이 나라와 민중에 마음을 두었을 뿐, 개인의 영리를 전혀 생각하지 않았다고 적었다. 이상학은 정사(政事)에서 공직강민(公直彊敏)하고 '추실심(推實心) 무대체(懋大體)'를 실천했다. '실심'은 곧 왕양명이 주장한 말이 었으며, 강화학이 수용하여 체득하고 실천하고자 했던 덕목이었다. 이웃의 무인 출신 젊은 수령이 그에게 치(治)에 관하여 물었을 때 이상학은, "대저 다스린다는 것은 많은 설명이 필요하지 않다. 내 마음을 다할 뿐이다(盡吾心而已). 내 마음을 다하되 미치지 못한 것이 있음을 알면 큰 허물이 아니다"라고 했다. '내 마음을 다할 뿐이다'라고 한 것도 바로 심학을 정치의 근본으로 삼는다는 뜻이다.

이건창은 강화학파의 계보를 잇는 핵심적 인물로, 다음 글에서도 그는 조선 양명학의 심학에 관한 견해를 분명히 밝혔다.

심(心)을 버리고 학문을 한다면 이른바 도(道)란 와력(瓦礫)에 있다는 것인가? 허공에 있다는 것인가? ……심학(心學)을 어찌 배척할 수 있겠는가? 진실로 심학(心學)을 배척할 수 있다면 우정(禹廷)의 십육자(十六字)를 버릴 수 있고 맹자(孟子)의 칠편(七篇)도 버릴 수 있다. 그렇다면 정자(程子)·주자(朱子) 여러 선생의 말씀이 남을 것이 또한 거의 드물 것이고, 오직 이른바 『이아(爾雅)』와 『설문(說文)』을 공부하는 자인 뒤에야 순유(醇儒)로 여겨질 수 있을 것이다. 천하에 어찌 이럴 수 있겠는가?

이건창에게 진리는 인간의 본심(本心)에 근원하여 있고 인간의 본심을 떠나서는 진리를 추구할 수 없다. 조선에 양명학을 정착시킨 하곡 정제두(霞谷 鄭齊斗, 1649~1736)는, 주자학은 머리로 하는 학문이고 양명학은 가슴 즉 마음[心]으로 하는 학문이라 표현한 바 있다. 양명학에서 양지(良知)의 개념은 학자가 현실 인식을 하고 사회적 행동을 하는데 근거가 되는 주요 개념이다. 양지란 마음의 선천적 앎의 능력을 나타내는 말로 지행합일(知行合一)을 이끌어내 온다. 본래 양명학은 중국에서 주자학이 갖는 한계를 극복하고자 하는 뜻에서 출발했으므로 경세의식이 강하다. 중국의 양명학자들은 사회개혁 사상을 가지고 양지를 사회적으로 실현하는 양명학적 이상사회를 추구했다. 그러나 우리나라에서 양명학을 수용한 강화학파의 학자들은 정권에서 소외된 소론계가 중심이었기 때문에, 개혁안이나 실천적 주장을 강하게 제시할수 없었다. 그래서 강화학파의 학자들은 양명학자적인 양지의 실현을국학 연구나 새로운 예술 영역의 개척에서 추구했다. 그로써 그들은성리학 일변도의 학계에 새로운 창조적인 학풍을 일으킬 수 있었다. 또한 강화학파는 자기반성을 통해 조선조의 병폐였던 성리학의 허례허식, 문약, 당쟁 등의 원인과 역사적 배경을 규명했다. 그들은 비교적객관적인 서술을 통해 근대적인 역사학의 학풍을 조성했다. 그리고 강화학파는 인간의 내면세계를 추구하는 심학(心學)을 예술 창작과 평가에 적용하여, 시문이나 서화와 같은 창작 활동이나 시문 및 예술의 평론에서 괄목할 만한 업적을 이루었다.

이건창은 조부 이시원의 가학을 이어 양명학을 공부했을 뿐만 아니라 불교에도 밝았다. 언젠가 여규형(呂圭亨)과 이야기하다가 불전을언급하자 여규형이 알아듣지 못했다는 이야기도 있고, 사후에 불교의 전고를 사용한 시를 김택영이 『명미당집』을 간행하면서 삭제하려 하다가이건승의 제지를 받은 일이 있다.

이건창은 약관의 나이에 홍문관 직에 있으면서 고종을 시종하면서, 사냥꾼이 짐승을 만나면 쏘아 죽여야 하지만 그 전에 어떤 짐승을 쏠 것인지, 그 짐승이 어떻게 생겼는지를 대략 알아두는 것이 마땅하다고 생각했다. 그러한 생각 끝에 그는 『명사』「외이명목(外夷名目)」과

근대 중국과 서양의 사정에 대하여 살피기 시작했다. 그리고 강위가 정건조(鄭健朝)를 수행하여 처음으로 중국에 갔다가 돌아와 중국인과 필담한 내용을 보여주자, 남들은 그 가운데 국가에서 금하는 내용이 많다고 두려워했으나, 이건창은 채택할 내용이 있다고 생각했다. 이건창은 그 뒤 사신으로 중국에 갈 때 강위를 함께 데리고 갔다. 그리고 개항이 결정되는 과정을 보면서, 강위처럼 외국에 드나들며 나라를 위하여 천하의 일을 논하는 사람의 말을 막아서는 안 된다고 생각했다.

이건창은 청나라 리홍장이 통화(通和)의 이익을 말하여 개국을 주선할 때 리홍장을 큰 거간꾼(大儈)이라고 규정하고, "스스로 지키는 것이 없이 그자만 믿는다면 나중에 반드시 팔리고 말 것이다"라고 논했다. 그는 결코 수호통상을 반대한 것은 아니었다. 서양의 제도를 들여와 부국강병하자는 주장에 반대한 것도 아니었다. 「시정소(時政疏)」에서 그는, 개항을 하고 나라를 부강하게 하려면 그 법을 허(虛)가 아니라 실(實)에서, 이웃 나라가 아닌 아(我)에게서 구해야 한다고 주장했다. 그는 위정척사의 논리에도 동조하지 않았고, 허명으로만 개화를 외치는 시류배의 생각에도 동의하지 않았다. 이건창은 이처럼 보수파와 개화파 어느 쪽에도 가담하지 않되, 보수적 성향에서 비주체적 개화에 더욱 반대했다. 이건창은 나라의 부강은 군주의 실심(實心)에 달려 있다고 보고 자강(自彊)의 논리를 전개했다. 그는 「의론시정소(擬論時政疏)」에서 이렇게 논했다.

전(傳)에 이르길, 불성(不誠)이면 무물(無物)이라 했습니다. 대개 성(誠)이란 것은 실리(實理)입니다. 실리(實理)가 있는 곳이 곧 실사(實事)가 말미암아 이루어지는 곳이니, 실리(實理)가 안에 없다면 실사(實事)가 바깥에서 성립할 수 없으므로, 불성(不誠)이면 무물(無物)이라 했던 것입니다. 진실로 실심(實心)이 없으면서 함부로 그 명목만 취한다면 비록 한(漢)나라 무제(武帝)같이 예악을 일으키고 원제같이 유학을 숭상했다 할지라도 한나라가 쇠란(衰亂)함을 구할 도리가 없었던 것입니다. ……불가불 나의 실리(實理)를 다하고 나의 실사(實事)를 행함으로써 나의 참된 부와 참된 강의 효과를 본 연후에 비로소 천하에 말할 것이 있는 것입니다. 그렇지 않다면 위로 당우(唐虞)의 왕도를 얻지 못함은 말할 것이 없고 아래로 진초(晉楚)의 패자(覇者)도 될 수 없으리니, 명(名)과 실(實)을 둘 다 잃어버려 무물(無物)에 가깝게 되고 맙니다.

이건창은 빈(貧)과 약(弱)도 나의 책임이지, 남의 탓이 아니듯이 부와 강도 또한 나의 책임이지, 남에게서 말미암지 않는다고 하여, 주체적 역량을 중시했다.

이건창은 또한 허학으로 되어버린 도학을 준엄하게 비판했다.

대저 용렬한 사람의 마음으로서 도학의 이름을 삼는 것이 이미 옳지 못하거늘, 하물며 천하의 용렬한 사람을 이끌고 내 도학의 당을 형성하고 당세에 호령함으로써 사람으로 하여금 감히 그 그릇됨을 고치지 못하게 한다면 그 옛 성현 보기를 어찌할 것인가.

이건창은 「상발산성이부대영서(上鉢山成吏部大永書)」에서 "순임금·우임금 이하로 그 누구도 마음을 떠나 도를 논한 일이 없었고, 공자·맹자 이하로 어느 누구도 도를 떠나 경을 말한 일이 없었다."고 했다. 그는 이렇게 말했다. "심학을 배척한다면 『상서』 「대우묘」의 16자(人心惟危, 道心惟微, 惟精惟一, 允執厥中)를 버려야 하고, 『맹자』 7편을 버려야 할 것이며, 이정과 주자의 학설도 보존할 것이 드물다. 그런데 청나라 때 이르러서는 의리의 학문을 버리고 문자학·음운학과 명물도수학을 경학이라 여기고 있는데, 이것은 잘못이다."

이건창은 마음과 의리의 관계를 중시했다. "의리의 실천 여부는 자기에게 달렸고 의리는 마음 안에 있다. 천하고금을 통틀어 나의 실천윤리는 마음에서 나온다. 이 의리의 마음은 바로 양지와 다를 바 없다. 의리를 의리로 존립케 하는 것은 나의 몸이요 나의 마음이지, 다른 어떤 것도 아니다."

대개 의리를 정할 수 있으나 의리가 나를 고정하지 않는다. 내 마음이 의리를 궁격(窮格)할 수 있으나, 의리가 궁격하지 않는다. 내 몸이 옛 성현과 같을 수 없다고 해서 의리를 바깥으로 돌린다면 옳지 않다.

이건창, 몸은 가정과 나라 천하를 평화롭게 하는 근본이요, 마음은 곧 몸의 근본이라고 보았다. 그래서 그는 몸, 마음, 의, 지, 물의 관계에서 마음을 가장 중시했다. 의(意)와 지(知)도 통체로서의 마음에 속해 있는 기능이라고 보았다.

마음이 몸의 근본이 된다고 한다면 본래 옳지만, 의(意)가 마음의 근본이라 함은 옳지 않으며, 지(知)가 의(意)의 근본이라 하면 더욱 옳지 않다. 만약 물(物)이 지(知)의 근본이라고 한다면 결코 이치에 맞지 않다.

이러한 생각은 주자의 즉물궁리 방법에 반대한 것으로, 심학의 사상을 드러낸 것이다.

이건창은 글을 쓸 때 의(意)를 바르게 세우는 것을 제일 먼저 해야할 것으로 생각했다. 그리고 의(意)가 세워진 다음에는 사(辭)로써 꾸며야 하는 데, 이 꾸밈이 지나치게 외적인 화려함을 추구해서는 안 된다고 그는 말한다. 그래서 글은 의(意)와 사(辭)가 조화를 이뤄야 한다고 강조했다. 「백이열전비평(伯夷列傳批評)」에서는, "무릇 옛사람의 책을 읽을 때는 먼저 고인이 이 책을 지은 주의(主意, 중심 사상)를 보아야 하고, 또 책의 체면(體面, 양식과 체제)을 보아야 한다. 그런 후에 자구·편장·문의(文義)·법례(法例)를 차례로 볼 수가 있다."라고 해서, 저작에서나 독서에서나 중심사상을 가장 중시했다.

이건창은 강화 사기리에 거처하면서 두 차례의 양요를 직접 경험했을 뿐 아니라 병인양요 때에는 조부인 이시원이 유소(遺疏)를 남기고 순국한 사실이 있었다. 두 양요의 경험은 개화에 대해 다소 부정적 인식을 하게 만들었다. 이건창은 양요 때 순국했거나 충절을 다한 인물들을 위하여 기록을 남겼다. 앞서 말한 「공조판서양공묘지명(工曹判書梁公墓誌銘)」과 「진무중군어공애사(鎭撫中軍魚公哀辭)」, 「이춘일전(李春日傳)」의 세 편이 그 대표적인 예이다. 또 이건창은 섬진(蟾津) 별장이었던 임신원이 수천의 동학군의 위협을 받으면서도 굴하지 않아 동학군을 그냥 물러가게 했던 사적을 그의 묘갈명(「灌水翁墓碣銘」)에서 적었다. 이건창은, 만약 호남의 관리들이 모두 임신원 같은 사람들이었다면 '비적'이 병기를 훔쳐 가고 양식을 훔쳐 가게 놓아두고 성과 인끈을 잃어서 천하 사람들의 비웃음 받으며 조선은 사람이 없는 나라라고 여기게 하는 지경에 이르지 않았을 것이라고 했다. 동학농민전쟁에 대한 시각은 보수적이라고 하겠지만, 그는 임신원의 묘갈명을 통해, '조선에 사람이 있다'는 기백을 부각시키고자 했다. 또한 외국의 침략이 시작된 당시에, 죽음으로 막는 사람이 없어 나라를 나라답지 못하게 하고 있다는 사실에 통분했다.

이건창은 「녹언(鹿言)」이라는 우언의 글에서 자신의 그릇된 성격과 생활태도를 반성했다. 내용은 이건창이 몸이 허약하여 녹용을 먹기 위하여 사슴 사냥에 나섰으며, 그때 피곤하여 마침 잠깐 잠이 들었는데, 꿈에 사슴이 자기 앞에 나타나서 훈계하는 것으로 되어 있다. 사슴은 병의 원인으로 고상한 문장을 지으려고 심혈을 토해내는 것, 벼슬과 명예에 만족할 줄 모르는 것, 편벽되고 직선적인 성격, 게으르고 한만한 생활태도의 네 가지를 지적했다. 이것은 바로 이건창의 병이 유래된 원인인 동시에, 세속인의 병폐이기도 하다. 「녹언」의 사슴은, 질곡하여 죽는 것은 군자가 하는 정명(正命)이 아니라고 맹자가 한 말이나 대도(大道)의 순순(肫肫, 정성스러움)한 것이나 아니면 빈(牝)과 곡(谷)이 되는 것 같은 삶을 살아야 우주의 원리에 순응하는 평온한 인생을 살 수 있다고 충고한다. 대도가 순순하다는 것은 『중용』 32장에 나오는 말로, 지성(至誠)을 가진 성인(聖人)의 인자함이 간곡하고도 지극한 모양을 설명한 것이다. 빈과 곡이 된다는 것은 『노자』에서 나온 말로 모든 것을 너그럽게 수용하는 덕을 지키라는 말이다. 사슴은 마음을 편안히 함으로써 천성을 보존하고 몸을 부지런히 하여 수명을 연장하되, 인위적으로 하지 말고 자연에 맡겨 저절로 그렇게 되게 하라고 말한다.

이건창은 이렇게 사슴의 말을 통하여 자신을 경계하지만 그의 성격은 결코 불의에 대해 눈을 감지 못했다. 그는 역대 인물 중 강직하고 절개가 곧은 사람에 대한 존경과 흠모가 각별하여, 그들의 사적을 전(傳) 양식으로 다시 그려 보였다. 곧, 사육신(死六臣)의 행적을 장문의 「육신사략(六臣事略)」으로 지었고, '백번 죽어도 돌이키지 않을(百死而不回)'

절개를 지녔던 정온(鄭蘊)을 기려 「정동계사략(鄭桐溪事略)」을 지었으며, 조광조를 위해 「조문정공전(趙文正公傳)」을 지었다. 또 사마천의 「백이열전(伯夷列傳)」을 분석하면서 백이숙제의 삶을 반추했다. 이건창의 중제인 이건승은 「선백씨참판부군행략(先伯氏參判府君行略)」에서 "고인의 서적을 읽을 때마다 충신과 지사가 국가의 일을 처리하기 위해 근실하여 온 힘을 쏟고 국난에 임하여 목숨을 바친 사적에 이르면 격앙하고 강개하지 않은 적이 없으며, 혹 두 줄기 눈물을 펑펑 쏟으면서, '고인의 절의(節義)와 사공(事功)은 말할 것도 없고, 자신의 직임을 다하여 온 정성을 쏟은 것도 선망할 만하다'라고 했다"라고 적었다.

이건창이 인물들의 일생과 사적에서 스스로 전형이 될 인간형을 추구했음을 알려주는 말이다. 「이어당시전(李峿堂詩傳)」의 이상수(李象秀)는 불우한 처지에 있으면서도 선비로서의 몸가짐을 깨끗이 하려고 노력했던 인물이다. 「환경회소전(韓景晦小傳)」의 한성리(韓成履)는 남의 작적(作賊)에 연루되어 고문을 받았지만 조금도 정신이 흐트러지지 않았던 강직한 인물이다. 「추수자전(秋水子傳)」의 이한수(李根洙)는 선비로서의 덕목을 갖춘 인재로 국가의 변고에 순절할 수 있었던 인물이다. 「혜강최공전(惠岡崔公傳)」의 최한기(崔漢綺)는 학문을 위해서라면 무엇이라도 희생하고 이익이나 권세에 흔들리지 않았던 인물이다. 이건창은 역사적 인물이나 당대의 명사들만이 아니라, 불우한 처지에 있었던 여러 사족, 승려 · 양인 · 천민 · 기생들을 삶을 그들이 추구한 인간적 이념에 비추어 형상화했다.

이건창의 「유수묘지명(俞叟墓誌銘)」은 "호나 자는 있으나 이름이 없고 계보와 호적이 없으며", "출생에 관해서는 아는 바가 없는" 짚신장수를 위한 묘지명이다. 집 바깥에 나가지 않고서도 세상을 위해 일하고 주변의 인정을 받았던 짚신장수의 죽음에서, "옛날의 성현은 종신 토록 세상에 한 걸음도 나다니지 않았지만, 그가 업으로 삼은 것은 모두 세상에서 행하고자 한 것이로되(古昔聖賢, 終身未嘗一步行於世, 而其所業, 皆所以行者)", "스스로 행할 수 없는 데다가 천하 또한 끝내 그 도리를 사용하지 않고서 도리어 비방을 초래하고 환액에 걸려 두렵고 편안하지 못했다(旣不能自行, 而天下又卒不用其道, 反以招譏謗嬰患厄, 恤焉而不寧)"는 사실을 생각하고, 이건창은 비통해했다. 묘지에 풍유의 뜻을 담은 변격이다. 작은 제재(소제)를 가지고 대론(大論)을 끄집어내었으니, 김성탄이 이문숙(李文叔)의 「서낙양명원기후(書洛陽名園記後)」에 대한 수비(首批)에서 말한 것을 빌려 온다면, "대유학자의 눈에는 자잘한 일이라고는 정말로 없고, 대유학자의 가슴속에는 작은 계책이라고는 정말로 없으며, 대유학자의 손안에는 자잘한 붓놀림이라고는 정말로 없다(大儒眼中, 固無細事, 大儒胸中, 固無小計, 大儒手中, 固無瑣筆)"라고 할 만하다. 이건창에게 만일 진성측달(眞誠惻怛, 본심에서 우러나와 진실하게 서글퍼하다)의 마음이 없었다면 짚신장수의 죽음을 거들떠보지 않았을 것이고, 우환의식이 없었다면 성현의 도가 실현되지 않는 현실의 문제를 거론하지 않았을 것이다.

또한 이건창은 사회와 기층민의 삶을 안정시키기 위해서는 수령의 역할이 중요하다고 생각했다. 「은율현감(恩津縣監)으로 부임하는 정운제 선생(鄭雲齋 先生)을 보내는 서(序)」에는 그 사상이 잘 나타나 있다.

만약 천재(天災)가 유행(流行)하여 해마다 기근이 들 것 같으면 이런 때를 당하여서는 오직 백성을 먹여 살리는 것만이 있을 뿐 백성한테서 봉양을 받지 못할 것이니, 비유하건대 사람의 자식으로서 부모를 봉양해야 하는 것을 모르는 것은 아니지만 갑자기 사지(四肢)가 병이 나서 형세가 위독하여 죽음의 지경에 이르러 그 부모에게 먹을 것이 없는 것을 알면서도 누워서 보기만 하고 힘쓰지 못하는 것과 같으니 이는 비록 길에서 만난 사람이 보더라도 오히려 측은해서 슬퍼할 것이거늘 하물며 부모의 이름을 띤 자로서 어찌 차마 이를 구제할 것을 생각지 않고 도리어 그 자식 된 도리를 다하지 못한 것을 책망하겠는가. 이로 써 말하면 오늘날 수령이 된 자는 의리상 이해(利害)로 따져서는 안 되고 오직 도리(道理)만 급(急)하게 여겨야 할 것이 분명한데 어떤 사람은 오히려 급한 것 으로 여기지 않는 것 같다.

이건창의 시는 민중에 대한 동정과 구국의 열정으로 가득하다. 26세 때 충청우도 안렴사로 나가서 죄인을 심문하고 쓴 시 「녹수작(錄囚作)」에 서 이건창은 "매 맺는 고통을 모르고, 돈 먹는 달콤함만 말하다니. 너 희들도 사람이거늘, 살가죽이 어찌 견디랴(不知喫打苦, 但道喫錢甘. 汝輩亦人 耳, 肌膚何以堪)"고 하여 탐욕에 눈먼 이들을 경계하고, 이어서 "채찍 하나 회초리 하나라도, 혹 상해서 죽지나 않을까. 차라리 관대하단 잘못이 있을지언정, 내 마음은 본디 이와 같도다(一鞭一箠間, 常恐傷而死. 縱我失之寬 , 我心本如此)"라고 하여 가혹한 처벌을 우선하지 않겠다는 다짐을 했다. 장편시 「전가추석(田家秋夕)」은 추석의 풍요로움을 묘사하되 지난 흉년 에 남편을 잃은 데다가 아전으로부터 세곡의 납부를 독촉받는 여인의 애처로운 사정을 부각시켰다. 태안반도 서쪽에서 지은 「안흥」에서는, 안흥이 조운선이 지나는 길이며 이웃 나라와 교역할 수 있는 서해의 요충지로서 행영사(行營使)로 승격되었음에도 불구하고 절제사의 권한 이 약하고 "창고의 곡식은 참새와 쥐의 것이오, 지키는 병졸의 반은 아 이들(倉餉多雀鼠, 戍卒半兒童)"의 상황임을 비판했다. 32세 때 경기도 안렴 사가 되어 민정을 살필 때 쓴 「광주적(廣州糴)」은 "백성의 돈은 아전 손으로 들어가고, 관청의 장부만 헛되이 옮겨 가네(民錢罄吏手, 官簿虛推移)"라고 조적(糴糶)의 폐해를 비판했다. 35세에 모친상을 당해 강화에 머물면서 지은 「협촌기사(峽村記事)」에서는 화전민이 아전의 수탈로 곤궁을 겪는 상황을 묘사하고, 이와 대비시켜 "도성의 많고 많은 부자들은 파산해도 관직을 얻는다(城中多富人, 破産猶得職)"라고 개탄했다. 한성소윤이 되어 강화도에서 서울로 들어갈 때 어부들의 풍어굿 모습을 보고 쓴 시〔「숙광성진기선중새신어(宿廣城津記船中賽神語)」〕, 황해도 관찰사가 되어 해주로 가다가 연평도 조기잡이 어부의 삶을 노래한 시〔「벽성기행(碧城紀行)」〕, 함흥 안핵사의 임무를 마치고 귀환하는 도중에 영흥의 금파촌에서 폐광 마을의 황폐함과 백성들의 고단한 생활에 접하여 쓴 시〔「금파촌(金坡村)」〕 등은 사실주의적 문학의 높은 봉우리를 이루었다. 그러한 시들은 기층민의 삶을 진정으로 동정하고 조국의 자주적인 부강을 염원하는 뜻을 담았기에, 그 말이 절실하고 그 사상이 강인하다.

1881년 경기도 안렴사 때 지은 「광주적(廣州糴)」이란 시는 다음과 같다.

亂離恐無食	어려울 때 먹을 것 없을까 근심하여
積儲太平時	태평한 시절에 먹을 것 쌓아 두었다만
太平二百年	태평한 세월 이백 년에
民日逢亂離	백성들은 날마다 난리를 만났네.
春分作農糧	봄에 나눠주어 농사 식량 삼게 하고
秋收給軍賚	가을에 받아서 군량으로 삼네.
取息僅十一	이자는 원래 십 분의 일만 취하는데
胡處厲民爲	어찌 이렇게 백성들을 괴롭히나.

糶時錢半穀	내보낼 때는 반밖에 안 주고
糴時穀無遺	거둘 때는 곡식을 남기지 않네.
佩錢不匝腰	돈을 허리에 두르지도 못하고
駄穀不折肢	곡식 실은 수레 다리가 반쯤 꺾이고
糴亦不入倉	거두는 곡식 또한 창고로 들어가지 않으며
糶亦民不知	내보내는 것 또한 백성들이 알지 못하네.
販糶賤售直	낼 때는 헐값이요
防糴價培之	방납할 때는 값이 두 배네.
糶米土和沙	내보내는 쌀은 흙과 모래가 섞이고
糴米精用篩	거둘 때는 정밀하게 체질을 하네.
臨糴急發命	거둘 때는 급히 령을 내리고
臨糶屢退期	내보낼 때는 자꾸 미루기만 하네.
不忍此困逼	이 가난을 어찌 견디겠는가.
情願坐受欺	다 알면서도 앉아서 속기만 하다니.
民錢罄吏手	백성의 돈은 다 아전(衙前)의 손으로 들어가고
官薄虛推移	관청의 장부는 헛되이 왔다 갔다 하네.
將錢復作穀	돈 가지고 다시 곡식 만들고
作穀更如欺	곡식 만들어서 다시 이같이 속이는구나.
苟令國廩實	진실로 나라의 창고 충실히 하는 거라면
民苦亦何辭	백성들이 고통을 어찌 사양하리오.
一朝有緩急	하루아침에 나라에 급한 일 생기면
何以供王師	무엇으로 군대에 공급할 것인가.

45세 때 지은 「노오편(老烏篇)」에서는 시인이 까마귀의 시끄러운 울

음소리와 추태를 싫어한다고 말하자 까마귀는 천기(天機)의 관점에서 항변한다. 까마귀는 다른 새들을 공격하여 '암컷과 새끼 새들을 잡아서 찢어먹고', 갯가에 망으로 잡은 물고기가 들어와 '비늘이 찢기고 진흙에 나뒹굴면' 마구 가져가므로 탐학하면 탐학하다고 할 수 있다. 하지만 까마귀는 자신의 그러한 행태는 생태계의 천기를 구현하고 있는 것일 뿐이며, 탐관오리의 탐학과는 다르다고 자기를 변명했다.

天生萬物良各異	하늘이 만물을 냄에 참으로 각기 다르니
鳳凰自鳴烏自呼	봉황도 제 울음을 울고 까마귀도 제 울음을 울 뿐이라
鳳凰不自以爲美	봉황도 스스로 그것을 아름답다 여기지 않듯
烏又安知其惡乎	까마귀가 어찌 그것이 추악하다고 알랴.
怪君兩耳太分別	괴이하게도 그대의 두 귀는 분별이 너무 심하니
豈以好瑟因廢竽	어찌 비파 소리 좋다고 피리 소리 그만두랴.
彼巧言者聖所誡	저 말 꾸미는 자들은 성인이 경계한 바이니
偏聽適足生姦諛	편중되어 들으면 간사하고 아첨이 생겨나게 하기 쉽다
我言雖逆君勿慍	내 말이 비록 거슬려도 그대는 성내지 마소서.
知君遠來自京都	그대 멀리 서울에서 온 줄 안다오.
不見御史府中柏	어사부 안 잣나무에
烏喋無聲守枯株	까마귀가 소리 없이 고목 지킴을 보지 못했는가.
不見上林苑裏樹	상림원 안 나무에
棲烏颺彩徒踏趨	까마귀 채색 깃 날리며 한갓 뒤뚱거리는 걸 보지 못했나.
此烏雖好竟何益	이 까마귀 비록 좋다고 해도 결국 무슨 이익이 있을까
太倉竊食米如珠	태창에서 구슬같이 귀한 살을 훔쳐 먹을 뿐이네.
我生分福不及此	내가 태어나 받은 복이 이에 미치지 못하니

自啄自鳴當何辜	절로 쪼고 절로 우니 무슨 죄랴.
君如厭我當速去	그대가 나를 싫다고 여기면 마땅히 속히 가서
勉佐治理回唐虞	힘써 보좌하여 정치해서 요순시대를 되돌려라.
勿如天寶亂離日	당나라 천보 연간에 난리가 나서
長安達官走避胡	장안 관리들이 안록산 피해 달아난 것처럼 해선 안 되오.

한편 이건창은 우리나라의 인물들 가운데 절개를 지킨 이들의 사적을 시로 읊었다. 「사육신」에서는 "대의(大義)가 하늘과 땅 사이에 가득하고, 인심은 고금의 차이가 없나니, 이 마음이 하루아침에 망한다면 천한 육신은 흙만도 못하리라(大義塞天地, 人心無今古. 此心一日亡, 肉賤不如土)"라고 했다. 육신묘의 나무들이 늘어선 것을 보고 벌써 경건한 마음을 갖고, 사당에 절하면서 숙연해져 눈물이 비 오듯 한다고 했다. 육신은 온몸이 찢기는 형벌을 당했으므로 오늘날 육신묘에 시신이 안치되어 있다고는 하여도 전하는 말처럼 과연 김시습이 뼈와 살을 수습했을 리는 없다. 중요한 것은 큰 의리가 천지 사이에 충만해 있으며, 절의의 인물을 기리는 인심은 고금이 다르지 않다는 사실이다. 만일 대의를 추구하는 마음이 없다면 우리 육신은 흙보다도 천하지 않겠는가, 라고 이건창은 인간 정신의 숭고한 가치를 되물었다.

「고령탄(高靈歎)」은 신숙주의 내면을 들여다보듯 묘사해서, 변절의 사실을 응징했다. 신숙주는 군은을 입어 부원군에 봉해지고 대광보국으로서 영의정이 되었으며, 자손 수십 명이 모두 조정에서 벼슬을 했다. 그 영광은 개인에게 그치지 않고 "공덕은 백성들에게 미치고, 문장은 오랑캐 지역에까지 빛났도다". 하지만 하루아침에 중병을 앓게 되자, 하늘을 우러러보며 지난 59년이 잘못이었음을 탄식했다고 이건창은 적었다. 세종에게 은혜를 입고 집현전의 동료들과 어울리던 시절을 회고하며, 성군께서 부탁하신 어린 손자를 보필하지 못하고, 혼자 살아남아서 수십 년을 활개를 쳤지만 죽은 뒤에 선왕을 어찌 만나 뵐 수 있겠느냐고 탄식을 한 것이다. 시의 마지막에서는 "살아 이 지경에 이르다니, 이 일이 어렵고 또 어렵다. 부디 세상에 신하된 자는, 다시는 이런 탄식을 하지 말아라(人生會止此, 此事難又難. 願世爲臣者, 勿復有此歎)"라고 경계했다. 한때의 이익을 추구하여 오명을 남긴 신숙주의 삶을 환기시킴으로써 혼란스런 전환기에 사대부가 어떻게 처신하여야 할지를 제시한 것이다.

이건창은 지난날의 민족 영웅이나 충신들을 노래함으로써 혼란한 시절에 뛰어난 인물이 나와서 민족의 위기를 구해주기를 바라는 마음을 가탁했다. 이순신[「아산과이충무공묘(牙山過李忠武公墓)」], 을지문덕[「안릉회고(安陵懷古)」], 사명당[「표충당(表忠堂)」], 최영[「고차잡절(古次雜節)」] 등 역사 인물의 행적을 추모한 시들은 그 대표적인 예이다. 「벽성기행(碧城紀行)」에 실려 있는 「연평행(延平行)」은 45세 때 해주부 관찰사로 임명되어 뱃길로 해주로 가는 길에 지은 것인데, 연평도에서 본 고기잡이 광경을 생동감 있게 묘사하고, 민중의 건강한 삶을 바라는 마음을 담아냈다. 그런데 이건창은 이 시에서 임경업 장군이 명나라 복원의 일에 실패하고 중국으로 망명할 때 장군의 의기에 감동한 해신이 연평도 근해에서 조기를 공궤했으며, 그 후로 연평도 근해에서는 조기가 많이 잡히게 되었다는 전설을 소개했다. 전설의 세계도 시문의 영역 속으로 끌어들여 민족적 영웅의 삶과 죽음이 민족의 생활 현장 속에 각인되어 있음을 알리고자 한 것이다.

이건창의 『당의통략』

이건창은 참된 도리(實理)가 내심에 없다면 참된 일(實事)을 이룰 수 없다는 정신을 지녔다. 또한 남의 아픔을 내 고통으로 느끼는 진성측달(眞誠惻怛)의 마음을 지녔다. 이건창은 당색의 제한 때문에 올바른 정치이념을 구현하지 못하는 현실을 직접 체험했다. 제국주의 열강의 침략 앞에서 조정 대신들이 올바른 정책을 수립하지 못하는 데는 붕당의 정론이 갈려 있는 것에 일부 원인이 있다고 절감한 그는 붕당 정치사인 『당의통략(黨議通略)』을 집필했다. 33세에 모친상, 35세에 부친상을 당해 강화도 향리에 머무르고 있을 때 저술한 것인데, 1890년경에 완성된 것으로 보인다. 이 책은 1575년(선조 8년) 김효원과 심의겸의 대립에서 동서 분당이 발생한 것에서 시작하여, 1755년(영조 31년)까지의 약 180년간을 대상으로 하여 당쟁의 흐름을 기술하고, 말미에 「원론(原論)」을 부기했다. 본문의 내용은 숙종 때 분량이 전체의 반 이상을 차지한다. 그 시기에 당쟁이 치열하게 전개되었기 때문이기도 하지만, 노소분열이 전개된 이 시기 소론의 입장을 천명하려는 의도가 없지 않다.

『당의통략』은 필사본으로 전하다가 1910년대 광문회(光文會)에서 신활자본 2권 1책으로 간행했다. '국조당론(國朝黨論)'이라고도 한다. 1575년(선조 8년)에서 1755년(영조 31년)까지의 약 180년간을 대상으로 하여 당론(黨論) 전개의 줄기를 잡고, 머리에 자서(自序), 말미에 「원론(原論)」을 붙였다. 자서에 따르면, 할아버지 이시원의 『국조문헌』 가운데서 당론 관계를 발췌해 정리한 것이라고 한다. 이건방은 「당의통략발」에서, 사사로운 뜻과 편견이 마치 본성처럼 굳어져 그치지 않으니, 이 책을 보는 자들이 저자도 당에 속한 사실을 두고 헐뜯지 않을까 염려된다고 했다. 이에 비해 이건창은 마음이 공정하고 넓어서 피차의 경계를 구분하지 않았으므로 붕당이라 할 만한 것이 없다고 했으며, 이건창의 과실은 당을 이루지 아니한 데 있다고 했다. 그래서 "신축임인(辛丑壬寅) 연간(年間)의 일[신임사화]은 우리들이 옳고 저들이 그르다는 것은 엄폐할 수가 없지만, 다만 선생께서 당을 이루지 않고자 한 뜻이 지나쳐 남들이 우리를 사당(私黨)이라 의심함을 걱정하셨기 때문에 아마도 우리를 낮추고 저들을 높임이 없지는 않았을 것이다. 뜻이 지나쳐 그 공평을 잃은 것이니 선생을 기꺼워하는 자들이 그 말씀을 의심하는 것도 그럴 만하다"라고 했다. 이렇게 이건방은 이건창이 소론의 철안을 다소 벗어났다고 했다. 김택영은 이 글이 무잡(蕪雜)하고 소략하다고 하면서도, "그것은 시휘(時諱)에 관계됨으로써 기술(記述)에 정재(精裁)를 가하지 못하여서일 것"이라고 했다.

이건창은 "우리 조선의 붕당의 화는, 지극히 크고 지극히 오래되었으며 지극히 말하기 어려운 것이다"라고 개탄하여 당쟁사를 기술한 후 장문의 「원론」을 작성해서 붕당의 원인을 하나하나 따졌다. 그는 도학이 너무 중한 것, 명의(名義)가 너무 엄한 것, 문사(文辭)가 너무 번다한 것, 형옥이 너무 엄밀한 것, 대각이 너무 준엄한 것, 관직이 너무 많은 것, 벌열이 너무 성한 것, 태평세월이 너무 오래된 것 등 여덟 가지를 붕당의 원인으로 꼽았다. 그 개략적인 내용은 다음과 같다.

첫째, 사람은 자사자리(自私自利)로 다툼을 즐기지만 성현은 극기(克己)의 학을 하고 무아(無我, 아집을 버림)의 도를 얻어 자신을 우선시하지 않도록 했다. 이것이 도학의 책임이다. 그러나 현실에서는 군자가 당론을 발본하지 못하여 극기도 못 하고 무아도 하지 못하고 있다.

둘째, 명의(名義)는 본래 한 사람 혹은 한 집안의 사유가 아니거늘 군자당과 소인당을 구분하여 명의로 다툰다.

셋째, 자구를 후벼 파내어 사람을 죄 주는 것은 앞 시대에도 경계했던 바이거늘, 최근 100여 년 이래로 사대부가 당화를 입은 것은 대개 이것 때문에 그러하다. 지금은 자구를 후벼 파내어 죄목을 찾는 것이 갈수록 공교해지고 있다.

넷째, 형벌은 대부에게 미치지 않는 것이 예이거늘, 조선에서는 당화가 잇달아 살육에 법도가 없어서 인재가 텅 빌 지경이다.

다섯째, 대각은 임금과 옳고 그름을 다투는 기능을 하는 것이지만 역시 그 다툼에는 경중과 대소의 구별이 있는 법이다. 하지만 지금 당인들이 상대를 공격할 때는 반드시 자기의 부류를 대각에 먼저 포진시켜 두고 준론을 창도하고 있다.

여섯째, 지금 관직을 청과 탁으로 구분하는데, 못난 사람이 스스로 탁한 곳에 안주하지 못하고 청직을 흠모하다 보니, 반드시 다투게 되고 만다. 우리나라는 오로지 문관의 직책으로 사대부를 격려하고 있으며, 그 청관명도(清官名塗)라는 것도 남설되어 있다. 사류(士類)가 서로 다투는 것은 도학과 관직 때문이다.

일곱째, 우리나라는 벌열이 지나치게 성하여, 태어나는 처음부터 혼인과 교유에 이르기까지 모두 당을 이루고 있으며, 지금의 벌열은 순전히 당론을 바탕으로 하고 있어, 각 개인은 공심(公心)과 공안(公眼)을 지니지 못한다.

여덟째, 평화가 지속된 것은 나라의 복이지만 또한 나라의 근심이기도 하다. 나라가 오래도록 평화로워지자 사대부가 마음 쓸 곳이 없어서 서로 붕당의 논을 하게 되었다.

이건창은 이 「원론」에서 가설법을 많이 사용해서 세간의 통념을 부정했다. 특히 그는 벌열 때문에 파당의 주의·주장이 강화되어 개인이 공심과 공안을 지니지 못한다고 지적했다. 그 부분은 다음과 같다.

① 벌열이 너무 성하다는 것은 무슨 말인가?

② ⓐ 천하의 일은 마땅히 천하 사람과 함께해야 하고, 만대의 일은 또한 만대의 사람과 함께해야 하지, 나 혼자만 간여할 수가 없다. 나도 간여할 수가 없거늘, 하물며 내 자손의 경우야 더 말해 무엇하랴?

ⓑ 나는 어질고 자손이 못났을 때는 자손이 나에게 미치지 못할 것이니 내가 어떻게 하랴? 내가 못나고 자손이 어질 때는 자손들이 나와 같지 않을 것이니 내가 어떻게 하랴? 설령 나도 어질고 자손도 어질다고 해도 자손이 어찌 반드시 내가 한 일을 하랴? 내가 농사를 일삼는다고 해서 자손이 반드시 농민이란 법이 없고, 내가 기술을 일삼는다고 해서 자손이 반드시 기술자란 법이 없다.

ⓒ 농민과 기술자의 경우처럼 낮은 신분의 일도 이러하거늘, 하물며 내가 다행히 귀하게 되고 현달하여 조정에서 언의(言議)할 수 있다고 해서 반드시 자손들도 귀하게 되리라고 감히 기필할 수 있겠는가? 만일 또 자손까지 귀하게 되고 현달했다 하더라도 내가 조정에서 언의한 것은 그 당시의 일 때문에 말한 것일 터인데, 자손의 때에 어찌 반드시 이 언의가 있을 수 있겠는가? 내 자손의 경우도 이렇거늘, 하물며 내가 더불어 언의를 다투는 사람의 자손이 어찌 능히 모두 귀하게 되고 현달해서 다시 내 자손과 더불어 이 언의를 다툴 수가 있으랴? 이것은 반드시 있을 수 없는 이치이거늘, 유독 우리나라에는 이런 일이 있으니, 벌열은 가히 성하다고 하겠으나 국가가 여기에 무슨 이로움이 있겠는가?

③ ⓐ 무릇 습관이 오래면 변하지 않고, 지키기를 굳게 하면 통하지 않는다. 변하지 않고 통하지 않는 사람은 더불어 한 집안의 일도 함께할 수 없

거늘 하물며 나라의 일이야 더 말해 무엇하겠는가? 이제 비록 변하게
하고 통하게 하려 하여도, 강한 자는 안락함을 만족하고 약한 자는 자
기의 굽힘을 부끄러워하며, 어진 자는 제 조상을 사모하고 어리석은 자
는 제 족속을 두려워하며, 형세상 불가능하다.

ⓑ 더구나 나면서부터 시작하여 혼인에서부터 교유에 이르기까지 모두
붕당인 것이니, 어찌 고칠 길이 있으랴?

ⓒ 오직 위에 있는 사람이 하루아침에 분발해서 현인을 세우고 준걸을 불
러들여, 자품(資品)과 지벌(地閥)에 구애되지 않아서, 곧은 사람을 들
어다 굽은 사람 위에 놓는 일을 심상한 이치에서 내어서 하기를 만에
만을 한다면, 종전에 유유하던 담론을 모두 묶어다가 한구석에 처박
아두고서, 천하 만세의 공심(公心)과 공안(公眼)에 부칠 수 있을 것이다.
(만일 그렇게 한다면) 누가 선뜻 파죽음 되도록 지칠 때까지 당론을 일삼
을 것이랴?

④ 당론이 분열되면서부터 벌열을 중시하는 일이 더욱 심해졌다. 앞서의 벌
열은 오히려 자품과 지위로써 했으나 뒷날의 벌열은 순전히 당론으로써
하여, 조종(祖宗) 이래의 명기(名器, 관직과 자품 등)가 드디어 당인의 사사로
운 물건이 되어버렸다. 이리하여 일국의 사모하는 표적이 벌열로 돌아갔
으니, 당론이 어찌 치열하지 않을 수 있으랴!

이건창은 벌열을 중시하는 경향이 심해져서 당론이 더욱 치열해졌
다는 사실을 이 단락의 끝인 ④에서 다시 강조했다. 이것은 이 글이 당
론의 원인을 분석해서 제시하는 「원론」의 일부이기에, 원인 자체를 더
욱 강조할 필요가 있기 때문이다. 하지만 이건창은 이 현상을 개혁하
는 방안도 제안했다. 곧 ③의 ⓒ에서 위정자가 자품(資品)과 지벌(地閥)

이건창 묘

에 구애되지 말고 현인과 준걸을 등용하고 당론은 모두 공심과 공안에
부쳐 종식시켜야 한다고 주장했다.

이건창 이후

이건창은 서세동점의 시기에 조선의 군대는 유약하고 재정은 고갈되
어 민족의 생령들이 생사의 기로에 서 있음을 통감했다. 그는 이 시기
에 조선이 섣부른 개화보다는 내실 있는 치국을 선행해야 한다고 보
았다. 조선의 전통적 질서를 바꾸지 않고 안에서부터 개혁하는 방안을
사색한 것이다.

이건창은 조부로부터 민족적 자존의식과 애국사상을 이어받았다.
그의 민족 자존의식은 한말 국가 위기의 격동기 속에서 개화보다는 자
주적 국가 부강을 실천하자는 운동으로 이어졌다. 그의 민족 자존적
주체사상은 비록 국가적 정책으로 수용되거나 민중적인 호응을 얻지
는 못했지만, 역사적으로 민족 주체의 확립에 크게 기여한 구국 방책
으로 평가받는다. 이건창은 민중의 역량을 뚜렷이 자각하지는 못했다.
하지만 사대부 계층이야말로 민족적 위기를 극복할 수 있는 역량을 가
질 수 있으리라고 보았다. 사대부들에게는 주체적 자세와 절의가 무엇
보다 필요하며, 그러한 인물들을 형상화함으로써 만천하에 '조선에 사
람이 있음'을 알리려 했다. 「독안정언소(讀安正言疏)」를 보면 그러한 인물
의 도래를 갈망하는 뜻을 잘 알 수 있다. 안정언은 곧 안효제(安孝濟)인
데, 그는 무당 진령군(이노파)이 명성황후와 고종의 총애를 입어 권력을
뒤흔들자 진령군을 처단하라고 상소했다. 뒤에 경술국치 때 중국 안동
현(安東縣)으로 망명하여 이건승과 이웃하여 살다가 병으로 죽게 된다.

이건창은 결코 문학가로 자처하지 않았지만, 그의 산문은 구한말

의 문학가 김택영(金澤榮)이 고려·조선시대의 아홉 대가를 꼽은 선집 속에서 그 마지막을 장식하는 대가의 글로써 선별되어 있다. 특히 김택영은, 이건창의 문장을 평하여, "기사(記事)의 글은 기골(氣骨)이 박지원이나 홍석주(洪奭周)에게 미치지 못하지만 역시 근세의 양수(良手)"라고 했다. 그리고 근세 문장의 명가로 홍석주, 김매순(金邁淳)과 함께 이건창을 꼽았다.

이건창이 마흔일곱의 짧은 생을 마친 뒤에도, 그의 시문은 황현(黃玹)을 비롯한 여러 불꽃 같은 지식인들의 입으로 옮겨지고 손으로 베껴지다가, 『명미당집(明美堂集)』으로 간행되었다. 종제 이건방은 이건창의 대상(大祥)을 당하여 칠언절구 8수를 지어 슬픔을 토로했다. 그 여섯째 수는 이러하다.

> 清似冰壺直如矢   맑기는 얼음 병, 곧기는 화살.
> 何曾些子累靈臺   하찮은 것들이 어이 그 정신을 괴롭혔으리.
> 紛紛鴟鼠休相嚇   썩은 쥐 입에 문 올빼미는 을러대지 말라.
> 鳳自高飛不肯廻   봉황새 높이 날며 돌아보려고도 않나니.

노성인(老成人)은 가도 전형(典型)은 남는 법이다. 그의 정신은 이건승(李建昇), 홍승헌(洪承憲), 정원하(鄭元夏)에게로 이어졌고, 다시 조선 양명학의 정신, 민족자주의 이념은 정인보에게 계승되었다. 강화학파가 뿌리를 내린 강화도는 외국 침략 세력에 저항하며 독립자존을 위한 구국운동을 전개해온 전통과 지역 정체성을 지닌 곳이다. 강화학파는 민족 자주의식과 외세에 대한 저항의식이 뚜렷했고, 이러한 의식이 양명학적인 시각을 통해 더욱 강화되었다.

문화

강화도의 전설

이상교(동화 작가)

삼랑성과 전등사

강화 정족산은 높이가 약 700척이며 세 봉우리로 되어 있습니다. 정족산은 폭이 9척, 높이가 7척인 성으로 둘러싸여 있습니다. 이 성터는 삼랑성 또는 정족산성이라고 불려 왔는데, 이제는 거의 흔적을 찾을 수 없게 되었습니다. 전에는 사방에 커다란 성문을 갖춘 보기 좋은 성이었습니다. 성문의 하나인 홍예문은 지금 전등사 입구에 남겨져 있습니다.

오랜 옛날, 시조 단군왕검은 정족산에 성을 쌓아야겠다고 생각했습니다. 해마다 한 차례 하늘에 큰 제사를 지내기 위해 마니산에 참성단을 쌓은 뒤의 일이었습니다.

단군은 세 아들을 불러 의논하기로 마음먹었습니다.

"아들들은 거기 있느냐?"

단군의 음성은 낮고도 힘차게 울려 퍼졌습니다.

"네, 아버님, 부르셨습니까?"

단군의 부름에 세 아들은 한걸음에 달려와 머리를 조아리며 공손하게 대답했습니다.

"어느 때, 못된 마음을 품게 된 이웃 나라가 침범해올지 모른다.

그때 가서 적을 막으려면 쉽지 않을 터이므로 미리 성벽을 쌓아야 할 것이다."

단군은 이어서 마니산 자락의 정족산에 굳건한 성벽을 쌓아야 할 것이라고 당부했습니다.

"참으로 지당하신 말씀이옵니다."

세 아들은 입을 모아 말했습니다. 단군이 말하는 정족산은 솥을 거꾸로 엎어놓은 것 같은 모양을 하고 있는데, 높이가 약 700척이고 세 봉우리로 되어 있었습니다.

"그런데 봉우리가 셋인 산에 성벽을 쌓는 일이 간단한 일이 아닐 것 같아 걱정이로구나. 혹시 너희에게 좋은 생각이 있는지 묻고 싶구나."

단군은 세 아들에게 다시 물었습니다.

"아버님, 크게 염려하지 마십시오. 우리 셋의 힘으로 외적의 침입을 막을 굳건한 성벽을 쌓을 것입니다."

셋 가운데 맏이가 나섰습니다.

"정족산 세 봉우리에 성을 쌓으려면 어디선가 많은 돌과 흙을 운반해와야 할 것이다. 게다가 많은 사람의 힘이 필요할 터인데, 방법이 있겠느냐?"

단군은 세 아들에게 번갈아 눈길을 주며 걱정스러운 얼굴로 물었습니다.

"저희가 힘을 합치기로 나서면 하느님의 도움은 물론 백성들의 도움 또한 따를 것입니다."

"아버님께서는 걱정하지 마시고 저희에게 성벽 쌓는 일을 맡겨주십시오."

"그렇습니다, 아버님. 저희 셋이 힘을 합친다면 못할 일이 없사옵니다.”

믿음직스러운 세 아들의 말에 단군은 성벽 쌓는 일을 맡기기로 했습니다. 그리고 이튿날부터 당장 성벽 쌓기를 시작했습니다. 그러자 소문을 들은 먼 곳 백성들까지 성벽 쌓는 일을 돕겠다며 팔을 걷고 나섰습니다. 체격이 크고 힘이 장사인 남자들이 구름처럼 몰려든 것이었습니다. 그 사람들은 산에 있는 큰 바위들을 주먹으로 깨, 정족산 세 봉우리를 향해 던졌습니다.

“참으로 신통한 일이로다. 바위를 주먹으로 깨뜨려 던지는 일 또한 대단하나, 그렇게 깨뜨려 던진 돌덩이의 아귀가 척척 들어맞아 든든한 성벽이 되다니!”

함께 일에 나선 세 아들은 놀라워하며 말했습니다. 이렇게 해서 성벽은 한 달이 채 못 되어 훌륭하게 쌓아졌습니다.

“참으로 대단한 일이로구나! 일을 도운 백성들은 물론 너희 덕에 이 나라뿐 아니라 나 역시도 마음 편하게 지낼 수 있게 되었구나. 이 일은 오랜 세월이 지난 뒤 사람들의 입에까지 오르내리며 칭송을 받게 될 것이다!”

단군은 큰 잔치를 베풀어 일꾼들의 고생을 위로했습니다. 세 아들에게는 정족산의 봉우리를 각각 하나씩 안겨주고 쌓은 성을 밤낮없이 지키게 했습니다. 그 뒤 사람들은 세 개의 성을 삼랑성이라 부르게 되었습니다. 삼랑성은 정족산성으로도 불리는데, 성의 품 안에 깃들인 절 가운데 전등사가 있습니다.

전등사는 오랜 역사를 지닌 절로, 서기 381년, 고구려 소수림왕 11년에 지어졌습니다. 전등사를 창건한 분은 진나라에서 건너온 아도 화상이며, 당시 강화도를 거쳐 신라 땅에 불교를 전한 것으로 알려져 있습니다. 절이 처음 지어졌을 때 이름은 진종사였다고 전해옵니다.

그런데 조선시대에 들어서면서 유교의 번성으로 불교는 여러 가지로 억압을 받게 되었습니다. 전등사의 스님들도 핍박을 받기는 마찬가지여서 불도를 닦는 일 대신 다리를 놓거나 길을 닦는 힘든 일에 불려 나가기 일쑤였습니다. 그런 어느 날입니다.

"은행 스무 가마를 나라에 바치도록 하여라!"

관청으로부터 명령이 떨어졌습니다. 전등사 마당의 두 그루 은행나무에서 열리는 은행을 바치라는 명이었습니다.

나이가 500살이 넘은 두 그루 은행나무에서 해마다 열 가마 남짓의 은행을 수확할 수는 있었으나, 열 가마의 두 배인 스무 가마는 아무래도 무리였습니다.

동승으로부터 이야기를 전해 들은 노스님은 생각 끝에 입을 열었습니다.

"참으로 난감한 일이로다. 아무래도 백련사에 계신 추송 스님께 도움을 청해야겠구나."

추송 스님은 도력이 높기로 소문이 나 있는 분이었습니다.

마침내 추송 스님은 은행나무에 은행이 두 배 열리게 하는 3일 기도에 들어갔습니다. 3일 기도에 들어가기로 한 날, 사람들이 구름처럼 몰려들었습니다. 구경하려는 사람 중에는 관청에서 나온 관리들도 눈에 띄었습니다.

"아무리 도력이 뛰어나다고 해도 은행이 두 배나 열리게 할 순 없을걸."

관리 하나가 입을 열었습니다. 그러자 곁에 있던 다른 한 관리가

삼랑성 전경

큰 소리로 비아냥거렸습니다.

"맞아! 쓸데없는 염불이나 주절주절······ 얼빠진 중놈들 같으니!"

말을 내뱉은 관리는 그 자리에서 고꾸라져 정신을 잃었습니다. 그와 함께 추송 스님은 천천히 입을 열어 말했습니다.

"이제 이 은행나무는 한 알의 은행도 맺지 않을 것이오."

스님이 말을 마치자 벼락 치는 듯한 천둥소리와 함께 번개가 요란하더니 갑자기 비가 퍼부었습니다. 구경하던 사람들은 놀라 모두 바닥에 엎드려 꼼짝하지 않았습니다.

얼마 후, 사람들이 고개를 들었을 때, 추송 스님은 물론 노스님과 동자승까지 모두 사라지고 없었습니다. 그런 뒤부터 전등사 은행나무는 한 알의 열매도 맺지 않게 되었습니다.

광해군 시절, 전등사 대웅보전을 새로 지을 때 이야기입니다. 당시 나라에서 손꼽는 도편수가 대웅보전의 건축을 지휘하게 되었습니다. 정든 고향을 두고 강화까지 떠나온 그는 대웅보전을 짓는 일에 온 정성을 쏟았습니다.

그런 어느 날입니다. 나무를 다루는 연장에 문제가 생겨 읍내까지 가지 않으면 안 될 일이 생겼습니다. 읍내에서 연장을 손본 도편수는 절로 다시 돌아가는 길에 갑자기 쏟아진 비 때문에 주막집 처마 끝에서 비를 피해야 했습니다.

"저런, 비에 흠뻑 젖으셨군요. 괜찮으시다면 안으로 드시지요."

주막집 주인인 주모가 나와 말을 건넸습니다. 주막 안으로 들어간 도편수는 젖은 옷을 말릴 겸 이런저런 이야기를 나누게 되었습니다.

그 뒤부터 도편수는 틈만 나면 주막을 드나들며, 고향을 떠나온

외로움을 달랬습니다.

"불사를 마치면 함께 살아요."

주모는 달콤한 목소리로 말을 건넸습니다.

"물론이오. 대웅보전 짓는 일을 마무리하고 난 다음, 그림 같은 집을 짓겠소. 그 집에서 오래오래 함께 지냅시다."

주모에게 홀딱 빠진 도편수는 더 생각할 것 없이 찬성했습니다. 그런 다음부터 돈이 생기는 대로 주모에게 가져다주었습니다.

오순도순 살아갈 꿈에 대웅보전 짓는 일은 척척 진행되었습니다. 들보를 올리고 서까래로 쓰게 될 나무를 고르는 일도 마음먹은 대로 잘 되어갔습니다. 며칠 걸려 정성을 기울일 일을 끝맺은 도편수는 그리운 마음을 품고 주막을 향했습니다.

'이상한 일이로다.'

먼빛으로 보이는 주막에 불이 켜져 있지 않았습니다. 다른 때 같으면 먼저 알아보고 반겨 맞이해주던 주모는 어디에서도 안 보였습니다. 주막집 사립은 비스듬히 닫혀 있고 스산한 기운이 감돌았습니다.

도편수는 이웃집으로 가서 주모의 행방을 물었습니다.

"어이구, 며칠 전에 야반도주를 했다우. 놈팽이 하나와 눈이 맞아 도망친 것이니 찾을 생각일랑 아예 마시우."

이웃집 아낙은 기가 막힌 듯 고개를 홰홰 저었습니다.

'어, 어이쿠! 이럴 수가……'

아낙의 말에 도편수는 눈앞이 캄캄했습니다. 정답게 지내는 동안 가져다준 돈도 돈이지만 까맣게 속고 만 일이 분하고 화가 솟구쳤습니다. 당장 생각 같아서는 대웅보전을 짓는 일을 그만두고 주모를 찾아 분풀이하고 싶었습니다. 한갓 주모에게 속아 정을 쏟은 일, 힘들여 모은 돈을 모두 잃은 자신이 무척이나 어리석고 못나게 생각되었습니다.

'이 일을 어찌할꼬!'

맥이 빠져 일손이 잡히지 않는 것은 더 큰 문제였습니다. 도편수는 먹는 것은 물론 잠조차 오지 않아 몇 날 며칠을 꼬박 새웠습니다. 그런 얼마 뒤, 도편수는 마음을 다시 다잡기로 했습니다.

'그깟 계집의 일로 귀한 불사를 그르칠 수는 없지!'

마음을 다잡은 도편수는 대패, 정, 끌 등 연장을 힘 있게 거머쥐었습니다. 그런데도 주모에 대한 배신감과 분노는 삭이기 어려웠습니다. 때마침 대웅보전의 지붕을 떠받치는 네 귀퉁이의 굵은 통나무를 손질하던 도편수의 손길이 빨라졌습니다.

시간이 지나 마침내 대웅보전 공사가 마무리되었습니다.

"누구도 따라잡을 수 없는 도편수의 솜씨라더니 과연!"

"날아갈 듯 가볍고 날렵한 지붕의 선이라니!"

절 구경을 위해 몰려온 사람들은 입을 모아 말했습니다.

그때입니다.

"저기, 대웅전 지붕의 네 귀퉁이를 좀 보십시오!"

구경하던 사람 중 하나가 큰 소리로 말했습니다. 사람들의 눈길은 단번에 지붕을 떠받들고 있는 네 개의 추녀 아래로 쏠렸습니다.

"저게 뭐지? 망측해라! 벌거벗은 여자 형상이라니……."

"아니, 원숭이 모양 같은데……. 사자나 용처럼 원숭이도 부처님을 잘 모시는 동물로 알려져 왔거든."

다른 한 사람이 나섰습니다.

"벌거벗은 여자도 아니고 원숭이도 아닌 동자상일 거예요. 해맑은 동자스님 말입니다."

전등사 대웅전

다른 한 사람도 나섰습니다.

"노스님께서 보신다면 야단법석이 날 거야. 절 지붕에 벌거벗은 여인상이라니."

벌거벗은 여인의 모습인 나부상의 네 조각은 제각각 다른 모습이었습니다.

"밤낮없이 무거운 대웅보전의 지붕을 떠받치면서 평생 부처님의 말씀을 들으며 죄를 뉘우치라는 뜻인 것 같은데."

"부처님의 자비로움을 본받으라는 뜻인 거야."

오랜 세월이 흐른 지금까지도 전등사 대웅보전 지붕 네 귀퉁이의 나부상은 여전한 모습 그대로입니다.

살창리 전설

"언제가 되어야 어머니가 계신 궁으로 돌아갈 수 있을까?"

어린 영창은 밤이나 낮이나 어머니가 계신 쪽 하늘에 눈을 둔 채 되뇌었습니다. 궁에서 데리러 올지도 모른다는 생각에 벌판 끝을 바라보기 일쑤였습니다.

영창은 선조의 계비인 인목왕후가 낳은 적자이자 광해군의 이복동생이었습니다. 선조가 혼란한 임진왜란 중에 세자로 책봉한 광해군은, 적자도 아니고 장자도 아니어서 명나라의 책봉 허락을 받지 못했으므로 왕의 자리에 오르기 쉽지 않았습니다. 그런 중에 영창이 태어나자, 영창의 외가 친척들과 소북 세력이 영창을 새롭게 세자로 책봉하려고 했습니다.

그런 얼마 뒤, 선조는 갑작스러운 병환으로 세상을 등지게 되었습니다.

"대신들은 들으시오. 부디 어린 영창을 부탁하오."

선조는 임종 전에 일곱 대신에게 영창을 돌봐달라고 부탁했습니다. 뒤에 일곱 대신은 영창을 왕위에 올리려 했다는 누명을 쓰고 죽음에 이르고 말았습니다. 그리고 일곱 살 어린 영창은 강화 섬의 외딴 마을에 유배를 오게 된 것입니다.

"계비이면 어머님이거늘 덕수궁에 유폐시킨 것도 모자라, 이복동생이어도 피를 나눈 나이 어린 동생을 멀고도 외로운 곳에 떨어져 있게 하다니……."

"천벌을 받을 일이지."

영창이 갇혀 있는 오두막 근처에 사는 사람들은 혀를 차며 말했습니다.

"죽이지 않은 것만 해도 다행 아닌가."

"모를 일일세. 어떤 간교한 꾀를 꾸미고 있을는지……."

사람들은 영창이 갇힌 오두막을 외면하며 수군댔습니다.

그 날도 영창은 방 안에 오뚝 앉아 어머니를 그리워하고 있었습니다. 딸깍! 방문 밖에서 작지만 차갑고도 굳은 소리가 들린 듯했는데 이내 조용했습니다. 부는 바람에 문고리가 흔들린 것 같았습니다. 영창은 방바닥에 누워 가까운 산에서 나뭇잎들이 흔들리는 소리를 듣고 있었습니다.

'방바닥이 따뜻해지네.'

불기운이 닿은 방바닥이 따뜻해지자 온몸이 훈훈해 왔습니다.

'불을 때 주는 걸까?'

영창은 방바닥에 뺨을 대고 어머니 생각에 하염없었습니다. 그런데 방바닥이 점점 따뜻하다 못해 뜨거워지기 시작했습니다.

"아이구, 뜨거워! 뜨거워!"

영창은 제일 먼저 닫혀 있는 방문을 열려고 했습니다. 그러나 방문은 꿈쩍도 하지 않았습니다.

"방이 뜨거워요! 불을 그만 때 주세요! 뜨거워 못 견디겠어요!"

영창은 소리를 지르다 못해 엉엉 소리쳐 울었습니다.

"어머니, 어머니! 바닥이 뜨거워 발을 디딜 수가 없어요! 어머니, 절 좀 살려 주세요!"

팔짝팔짝 뛰며 울부짖으며, 인기척이 있는지 귀를 기울여 보았지만 바람소리만 드셀 뿐이었습니다. 힘을 다해 방문을 온몸으로 밀어보았지만 여전히 꿈쩍하지 않았습니다. 머리에서부터 흐르는 땀은 가슴과 등줄기를 훑고 물줄기처럼 줄줄 흘러 내렸습니다. 숨이 가빠오고 온몸은 펄펄 끓듯 했습니다. 방바닥은 이글거리는 숯덩이처럼 빨갛게 달아올랐습니다.

'엄마아……'

마침내 어린 영창은 방 한가운데 쓰러져 몸부림치던 끝에 목숨이 다하고 말았습니다.

영창은 세 살 때 아버지를 여의고 다섯 살 때는 어머니인 인목대비와 생이별을 하고 일곱 살 때 목숨을 다하고 말았습니다. 당시 강화 부사는 나는 새도 떨어뜨린다는 세력을 가진 이이첨의 심복이었습니다. 이이첨은 그 심복을 시켜 자기 뜻대로 일을 행한 것이었습니다. 어린 영창이 가엾이 죽은 이 마을의 이름을 살창리라 하여 영창의 넋을 위로하게 되었다고 합니다.

손돌의 여울

바람이 불어오네
나는야 뱃사공, 신나게 노를 젓네.
새들은 구름 따라 날아가네
구름은 바람을 따라 흘러가네.

손돌은 여느 날처럼 혼자 노래를 부르며 노를 젓고 있었습니다. 얕은 물 밖으로 자라 한 마리가 머리를 내밀어 날씨가 어떤지 맛을 보느라 입으로 뻐끔뻐끔 물방울을 뿜어내고 있었습니다. 손돌은 매일 오고 가는 여울목이어서 눈을 감고도 지나갈 수 있을 만큼 익숙했습니다. 그 날도 윗마을 석수장이를 건너편 뭍에 내려주고 집으로 돌아가는 중이었습니다. 그때 강 저편에서 관청의 일을 거두는 김 서방이 손짓하는 게 눈에 들어왔습니다.

"손돌, 어서 오게나, 이번에 임금님이 여기 강화도로 피란 오신다는 소문을 자네는 들었는가? 정란이 일어나 이곳 강화로 오시게 되었다고 하네."

"그렇다면 인조 임금님께서 오신다는 말인가?"

"이괄이라는 자를 피하여 궁 밖으로 피란 오신다는 말씀이야. 내일 아침 나루터에 도착하실 것 같으니, 새벽 일찍 서두르게나. 자네가 임금님을 모시게 되었다네. 인근에 자네만큼 뛰어난 사공은 없잖은가."

김 서방의 말을 듣고 집으로 돌아온 손돌은 걱정하며 일찍 잠자리에 들었습니다. 마을에는 뱃사공이 한두 사람 더 있었지만 손돌을 따를 사공은 없었습니다.

이튿날 새벽, 바람은 한겨울이 아닌데도 다른 때보다 차가웠습니다. 초겨울이 다가오는 음력 10월 20일이니 그럴 만도 했습니다.

한편, 인조 임금님은 이괄의 역모를 피해 바다 기슭에 서서 원통하고도 안타까운 마음을 속으로 삭였습니다.

바람이 참으로 드세고도 차갑구나!
신하로서 왕의 지엄한 명령을 거스르는 자여.
왕의 목숨을 노리는 자여.
한탄하며 건너는 이 검은 물 위에서
아아, 나는 과연 살아 돌아갈 수 있을 것인가.
다시 사랑하는 아들의 얼굴을 볼 수 있을 것인가.

인조는 차가운 바람 속에서 나직하게 한탄의 한숨을 내쉬었습니다. 한편, 날이 밝자마자 잠도 제대로 이루지 못한 손돌은 임금님을 모실 차비를 단단히 하고 집을 나섰습니다.

'그런데 참으로 이상한 일이로군!'

손돌은 노를 바로 잡으며 고개를 갸웃거렸습니다. 다른 날과 달리 유난히도 바람이 거칠고 물살은 몹시도 사나웠습니다.

거기다가 임금님을 모시는 신하들과 짐은 생각했던 것보다 훨씬 많았습니다.

'무사히 잘 모셔야 할 텐데…….. 잘 건널 수 있을까.'

걱정이 앞서긴 했지만 그만한 사람들과 짐을 실은 적이 있어 자신이 섰습니다. 손돌은 배가 한쪽으로 기울지 않도록 짐을 싣고 임금님을 비롯한 사람들을 차례차례 태웠습니다.

"사공이 많은 짐과 사람들을 싣고 강화 섬까지 무사히 잘 건널 수 있을지 걱정이 앞서는구나."

뜻밖의 정란으로 궁을 떠나게 된 임금님은 걱정스러운 얼굴로 가까이 있는 신하에게 물었습니다.

"걱정하지 마십시오. 저 사공은 근처 뱃길을 눈을 감고도 오갈 수 있을 정도로 잘 알고 있는 것으로 들었사옵니다. 오랫동안 노를 저어 온 믿음직스러운 사공으로 알려져 있다고 하옵니다."

신하는 머리를 조아리며 임금님께 아뢰었습니다. 나루터를 출발한 배는 강화 섬을 향해 천천히 미끄러져 갔습니다. 인조는 뱃전 안쪽에 자리 잡고 앉아 스쳐 지나는 바닷물에 눈길을 주었습니다.

'어떻게 나에게 이처럼 서글픈 일이 일어날 수 있단 말인가? 살아서 돌아갈 수나 있긴 할까?'

침통한 생각에 잠긴 임금님을 태운 배는 거친 물살을 헤치며 앞으로 앞으로 나아갔습니다.

'물살이 참으로 거칠고 세구나. 사공이 혹시 이괄의 한 패거리인 것은 아닐까? 그래……, 그럴지도 모르지. 사람의 일이란 알 수가 없으니……'

믿고 믿었던 신하에게 쫓겨 달아나는 처지의 임금님은 손돌마저 의심하기 시작했습니다.

'이대로 가다가는 여울목에 휘말려 모두 빠져 죽게 될 거야. 그렇게 되면 다시 궁으로 돌아갈 꿈은 한낱 물거품이 되고 말 테지.'

손돌을 의심하는 임금님 마음은 점점 더 커졌습니다. 잔잔한 뱃길을 두고 일부러 물살이 세고 거친 뱃길로 접어드는 것 같은 의심이 머리를 쳐들었습니다.

'이괄이 미리 대기시켜 놓은 사공인 게 틀림없어. 아아, 이 일을

이상교 문화

손돌목돈대와 강화 광성보

어찌하나……. 살아 돌아가 혼란해진 나라를 다잡아야 하는데…….'

의심으로 정신이 아득한 중에 바람결은 더욱 사나워지고 물결은 더욱 거칠어졌습니다.

"저 사공이 근방에서 제일가는 사공인 것이 맞느냐. 맞는다면 어째서 잔잔한 뱃길을 두고 이처럼 험난한 뱃길로 돌아가는 것이냐?"

임금님은 더 참지 못하고 큰 소리로 신하에게 물었습니다.

"걱정을 접으십시오. 근방에서 노 젓는 솜씨가 가장 뛰어난 사공으로 이미 널리 알려진 사공이라 하옵니다. 임금님."

"그런데 어찌하여 배가 곧 뒤집힐 것만 같은 사납고도 험한 길로만 가는 것이더냐?"

임금님의 말에 신하는 손돌에게 넌지시 물었습니다.

"이보게나, 저 앞 물살은 급한 소용돌이의 여울이 아니냐. 이대로 나아가도 괜찮겠느냐?"

신하는 배가 달리는 앞에 보이는 여울을 가리키며 물었습니다.

"예, 염려 놓으십시오. 이 뱃길이라면 제가 자주 오고 가 훤합니다."

신하의 물음에 손돌은 선선히 대답했습니다. 다른 날보다 물살이 좀 거칠긴 하지만 소용돌이치는 곳을 뚫고 지나갈 자신이 있었습니다.

"임금님의 행차이시니 더욱 주의를 기울여 물길을 잘 살펴 배를 젓도록 하라."

신하의 거듭된 말에 손돌은 물살을 살피며 노를 저었습니다. 그러나 임금님의 심기는 점점 더 불편해져만 갔습니다.

'저 사공은 필시 이괄의 한 패거리일 것이 분명해! 미리 내통해 나를 바닷물에 빠뜨려 죽게 하려는 속셈을 내 어찌 모르겠는가?'

생각이 거기까지 미치자 임금님은 더 이상 참을 수가 없었습니다.

"짐이 아까부터 유심히 살펴본즉, 저 사공은 이괄의 패거리임이 틀림없다. 이에 명하노니 저 사공의 목을 치거라!"

앞뒤 가릴 것 없이 불안해진 임금님은 갑작스레 명을 내렸습니다. 임금님의 명령에 신하 하나가 칼을 빼들었습니다. 그러자 손돌은 노를 내려놓고 임금님 앞에 머리를 조아렸습니다.

"임금님, 부디 저를 믿어주시옵소서. 저 역시 이 나라 백성인데 어찌 임금님의 은혜를 잊겠습니까. 이 여울목을 무사히 건널 수 있사오니 제발 저를 믿어 주시옵소서. 이 여울목을 건넌 뒤, 어떤 벌이라도 달게 받겠사옵니다."

"그렇다면 코앞에 닥친 저 거친 여울목 말고는 다른 뱃길이 없다는 말인가?"

인조는 손돌에게 다시 물었습니다.

"네. 이 뱃길만이 유일하옵니다."

손돌은 마음을 다해 대답했습니다.

"정녕 제 말을 믿지 못하시겠다면 제 목을 치십시오. 죽기 전에 한 말씀만 올리겠습니다. 제가 죽은 뒤, 뱃길을 찾지 못하시면 이 바가지를 물에 띄우십시오. 바가지가 떠가는 길을 따라 노를 젓게 되면 무사히 강화 섬에 도착하실 수 있을 것입니다."

말을 마친 손돌은 배 밑에서 바가지 하나를 꺼내 놓았습니다. 그리하여 역적으로 몰린 손돌은 억울한 죽음을 맞았습니다. 손돌의 주검이 바다에 버려지자 지금껏 맑았던 하늘에는 먹구름이 덮이고 세찬 바람이 불기 시작했습니다. 더욱 거칠어진 파도는 미친 듯이 뱃전을 두들기고 배는 나뭇잎처럼 흔들렸습니다. 당장에라도 뒤집힐 것만 같았습니다. 죽은 손돌 대신 노를 잡은 사공은 당황하여 어찌할 바를 몰라 벌벌 떨기만 했습니다. 임금님은 더 큰 불안에 떨며 안절부절못했습니다.

임금님과 신하들은 손돌이 죽기 전 남긴 말이 생각나, 거친 물 위에 손돌의 바가지를 떠우기로 했습니다. 물 위에 뜬 바가지는 물 위를 감돌다가 길을 찾아 둥실둥실 물 위에 떠 흘러갔습니다. 손돌이 남긴 바가지에 의지한 배는 거친 물살을 헤치고 무사히 강화 섬에 도착할 수 있었습니다. 손돌의 바가지에 손돌의 혼이라도 담긴 듯 위험한 바닷길을 무사히 건너온 것입니다.

바람이 불어오네
손돌은 노를 저어오네
새들이 날아가네
손돌이 노를 저어
두둥실 흘러가네.
손돌이 새들과 함께
바람이 되어 흘러가네.

뒷날, 궁으로 돌아간 임금님은 손돌의 죽음이 후회스럽고 안타깝기 짝이 없었습니다.

"강화 섬으로 난리를 피하려 배를 탔을 때, 그만 망상에 사로잡혀 죄 없는 한 사공을 죽게 한 일이 있도다. 그 고마웠던 사공 손돌을 나는 잊을 수가 없구나. 내가 그를 되살리지는 못할 것으로되, 그를 오래오래 기리고자 하노라. 이에 강화 섬에 사당을 세워 해마다 날을 정하여 제사를 올려 사공 손돌의 원혼을 위로하도록 하여라."

임금님은 회한에 가득 차서 어명을 내렸습니다. 손돌이 죽은 음력 10월 20일, 손돌의 제삿날이 돌아올 때쯤이면 갑자기 바람은 세지고 바닷물은 거친 파도로 물 끓듯 합니다.

"제를 올릴 때쯤, 바람이 차고 세지는 건 손돌의 혼이 탄식하는 소리일 걸세."

"그렇고말고. 바닷물도 그걸 알고 화를 참지 못하는 걸세."

사람들은 입을 모아 말했습니다. 배를 타기 전, 뭍으로 나가려는 사람들은 손돌의 사당에 들러 손돌의 혼을 달래는 기도를 올렸습니다. 이즈음도 해마다 음력 10월 20일경의 거칠고 세찬 바람을 손돌바람이라고 부릅니다. 그리고 손돌이 죽은 여울을 손돌목이라 부르게 되었습니다.

평생 써도 못 다 쓸 고향

구효서(소설가)

내 본적은 강화군 하점면 창후리 433번지고 태어나 열다섯 살까지 살았던 곳은 강화군 하점면 창후리 675번지다.

433번지에 이제 건물은 없다. 팔촌형님의 텃밭으로 남아 있다. 상추가 자라고 때로는 그곳에서 대파가 자란다. 가을엔 고추잠자리가 한가하게 맴을 돈다.

그곳을 지날 때마다 걸음을 멈춘다. 어머니와 아버지가 첫 살림을 꾸린 곳. 누님들과 형님이 줄줄이 태어난 곳. 그러나 사람이 살았던 흔적은 조금도 남아 있지 않다. 한동안 우두커니 서서 빈 곳을 바라보게 되는 까닭은 433번지의 집터가 슬플 만큼 좁아서다. 저토록 좁은 곳에서 아홉 명의 식구가 살았다니.

433번지는 사태말이었다. 막내인 내가 태어난 곳은 사태말에서 서쪽으로 1.5킬로미터 떨어진 창말. 사태말 433번지에 비하면 창말의 675번지는 꽤나 넓었고 집도 기역자집이어서 나름 번듯했다. 그 사이 질병과 사고로 두 형제가 비어서 집은 더 커 보였을 것이다. 하지만 나머지 자식들은 빠르게 성장했고 아버지는 혼자서 행랑채를 지었다. 집은 기역 자에서 미음 자가 되었다.

행랑 창문 밖으로 너른 개간지와 서해가 보였다. 바다 건너 석모 도와 교동도가 보였고 두 섬 사이에는 작은 기장섬(우리 마을에서는 섬의 모습이 상여처럼 보인다고 해서 생여바위라고 불렀다. 나중에 커다란 송전탑이 들어서면서 이 무인도의 모습은 크게 바뀌었다)이 있었다. 그 풍경 한가운데로 저녁 해가 떨어지면 숨 막히는 일몰의 장관이 펼쳐졌는데, 나에게 고향이란 더도 덜도 아닌 그것이었다. 어떤 수사도 더는 필요 없는 행랑의 일몰.

그 집이 기적처럼 남아 있다. 주변의 건물들이 모두 깔끔한 현대 식 건물로 바뀌었는데 내가 태어나 살았던 집만큼은, 비록 폐가로 무너져가고 있긴 하지만 그 기둥과 그 주춧돌과 그 벽들이 아직 그 자리에 남아 있다. 초가지붕이 새마을운동 때 석면 슬레이트로 바뀐 것만만 빼면 내가 살았던 집 그대로다. 시골이라도 자고 나면 바뀌는 게 요즘의 추세이고 보면 비록 무너져가는 집일망정 아직 남아 있다는 사실이 내게는 기적이 아닐 수 없다.

아직도 그곳 분합문 설주에는 내 이름이 있다. 초등학교 시절 나는 선생님의 칭찬에 고무되어 시도 때도 없이 붓글씨 연습을 했는데(습자라는 이름의 서예 시간이 따로 있었지 않은가) 신문지 같은 종이조차 흔치 않던 시절이어서 아무 데나 막 썼다. 심지어는 아버지의 낡은 목침에다가도 써버렸다. 나중에 아버지가 새 목침을 만들면서 내 이름이 적힌 헌 목침을 쪼개어 분합문 잠금목으로 썼다.

잠금목이라는 명칭이 정확한 건지는 모르겠으나 바람에 문이 열리는 것을 방지하기 위해 한 뼘쯤 되는 나무토막 한가운데 못을 박아 설주에 고정시키고 시곗바늘처럼 돌아가게 했다. 수평으로 문을 고정하고 수직으로 문을 열던 장치. 내가 태어나 자란 집이라는 증표라고는 그것이 어쩌면 유일하지 않을까. 걸터앉아 찬물에 밥 말아 먹던 부

고향집 분합문 잠금목 (위)

고향집 부뚜막 (아래)

뚜막과 배 깔고 엎드려 여름방학숙제를 하던 다락방이 아직 남아 있긴 하지만 붓으로 한껏 멋을 낸 큼지막한 이름 석 자가 아직 또렷하니까.

그곳에서 나는 1957년 9월 18일 오전 10시쯤에 태어났다. 10시쯤이라고 하는 것은 당시 우리 집에 시계가 없었기 때문. 어머니는 나중에 나에게 이렇게 말했다.

"네가 태어났을 때 아침 햇살이 막 방문 문턱에 떨어져 내리고 있었지."

13년 전 어느 날, 나는 단편소설을 쓰기 위해 9월 18일에 맞추어 고향집을 찾았었다. 폐허가 된 안방에 쪼그리고 앉아 아침 햇살이 방문 문턱에 떨어져 내리는 순간을 기다렸다. 소설 안에서 내 생년월일시를 정확히 알아야 하는 장면이 필요했으니까. 그때 알았다. 내가 9월 18일 오전 10시 6분 45초에 태어났다는 사실을.

내가 태어난 후로 고향집 안방에 쟁반만 한 태엽 시계가 걸리긴 했으나, 13년 전 그날 폐허의 안방에는 시계가 걸렸던 벽에 녹슨 못 하나만 덩그러니 박혀 있었다. 이 이야기는 2005년 창비에서 발간한 소설집 『시계가 걸렸던 자리』에 실려 있다.

나에게 고향은 그런 곳이다. 흔적만 있는 곳. 그러나 모든 것을 복원 가능하게 하는 흔적. 어쩌면 사실과 경험 이상의 것들을 복원하게 하는 소중한 흔적들. 첫 장편소설 『늪을 건너는 법』에서 그랬고 『라디오 라디오』에서 그랬고 산문집 『인생은 지나간다』에서 그러했으며 지금 『현대문학』에 연재 중인 『된소리홀글자 지그소』에서도 고향이 다시 흔적으로부터 소생하는 중이다. 15년을 살았던 고향이지만, 내게는 150년을 쓰고도 남을 세계다.

내가 다녔던 하점면 이강리의 강후초등학교도 흔적으로만 남았다.

저명한 서화가인 1회 졸업생 전정우 선생의 작업실 겸 전시관으로 쓰이고 있는 지금의 건물은 나중에 지어진 콘크리트 건물이고 선배나 내가 배웠던 목제 교사는 없어졌다. 당시에는 출산인구가 많아서 교사를 증축하지 않으면 안 되었었는데 나는 끝내 그 새로 지은 반듯한 건물에서 공부하지 못하고 졸업을 했다.

지붕이 낮고 삐걱거리는 마루 교실에 비하면 얼마나 새뜻한 현대식 콘크리트 건물이었던가. 그 교실에서 공부하는 후배들이 얼마나 부러웠던지. 게다가 2층이 아니었던가. 눈을 씻고 백번 사방을 둘러봐도 2층 건물이라고는 구경할 수 없었던 시절, 구름처럼 높디높은 교실에서 공부한다는 것만으로도 더할 나위 없는 황홀이었을 테니까.

후배들이 부러웠던 것은 그것만이 아니었다. 나는 6년 동안 내리 1반이었다. 2반이라는 게 없었다. 그래서 1반이라고 불리지도 않았다. 반이 하나뿐이었으므로 1-1, 2-1 같은 교실 표지판도 없었다. 그냥 3학년, 4학년이 있었을 뿐이다. 그게 은근히 창피했던 건 왤까. 서울에는 9반도 12반도 있다는 걸 알고 있었기 때문일까. 그런데 마침내 우리 학교에도 1-2, 2-2라는 표지판이 생긴 것이었다. 2층 콘크리트 새 건물에. 하지만 그것은 내 차지가 아니었다. 졸업할 때까지 나는 2층의 2반 교실에서 배우는 후배들이 내내 부러웠다. 이웃한 강서중학교에 입학해서야 나는 1학년 3반 중 3반이 될 수 있었다. 얼마나 흐뭇하고 뿌듯했던지. 나도 이제 3반이다!

그런데 1년 뒤 나는 부모를 따라 상경하지 않으면 안 되었다. 서울에 전학을 와서 2학년 9반이 되었지만 9라는 건 너무 많고 아득했다. 6년 동안 한 교실에서 오글오글 배웠던 친구들을 그냥 '친구'가 아닌 '고향 친구'라고 불러야 하는 사실도 서글펐다. 고향은 그렇게 먼 곳이 되었으나 멀어서 그리워하는 곳이 되었고 마침내는 돌아가야 할 곳이 되었다.

해마다 벌초를 하고 성묘를 하고 조상께 시제를 드린다. 선산은 창후리 산 10번지다. 아직 임야가 넉넉하다. 형편이 닿아 생전에 고향에 살게 된다면 나로선 더없는 행운이겠지만 그렇지 못하더라도 끝내는 고향으로 돌아가게 되리라는 것을 한 번도 의심한 적이 없다. 나에게 고향은 그런 곳이다.

유년의 고향은 매우 좁은 세계였다. 섬이라는 느낌마저 들지 않을 만큼 강화는 넓었지만 넓었기 때문에 나의 시야와 경험반경은 상대적으로 좁았다.

어릴 때는 아랫마을조차 아득해서 개울을 건너지 못했고, 큰 누님을 따라 큰 누님의 시댁인 양사면 인화리 전들마을에 갔다가 길을 잃어 오랫동안 정신적 외상에 시달리기도 했다. 고향이 좁았던 것은 고향이 좁아서가 아니라 바깥과 사람을 두려워하는 나의 냉가슴 때문이었다.

내 세계는 집과 마당이 전부였다가 점차 아랫마을을 조금씩 오르내리는 정도가 되었다. 취학 전까지 그랬다. 그런 나에게 학교에 다니기 위해 왕복 20리를 갑자기 오간다는 것은 아주 까마득한 일이었다. 그것도 매일 그래야 한다니. 선병질이었던 몸도 몸이었거니와 낯선 길과 사람들의 세계에 내던져진다는 게 악몽 같았다. 입학통지서를 이태 연속 거절한 고맙고 과감한 아버지 덕분에 나는 아홉 살에야 1학년이 될 수 있었다. 그래 봤자 내 세계는 집에서 학교로 학교에서 집으로 이어지는 길섶을 벗어나지 못했다.

어쩌다 조금 멀리 벗어나는 게 소풍이었는데 1학년부터 3학년까지는 백련사, 4학년부터 5학년까지는 적석사였다. 들길과 산길을 걸어 도착한 적석사는 백련사보다 훨씬 높아 전망이 좋았다. 들판과 바다를 굽어보면서 비로소 내가 딛고 있는 땅이 얼마나 넓은지 처음 알았다. 그래서였을까. 나는 옆의 친구에게 "이것이 다 강화냐?"고 묻는 대신 "이것이 다 한국이냐?"라고 묻고 말았다. 바보 같은 질문에 그렇다 아니다 대답도 못 하고 이상하게 일그러지기만 하던 친구의 표정이 지금도 생생하다.

6학년 가을을 기다렸던 이유가 있었다. 섬을 처음 벗어나 마침내 서울구경을 하게 되니까. 이름하여 수학여행. 섬을 벗어나려면 버스를 타야 하고 사람을 태운 버스는 염하를 건너기 위해 바지선이라는 커다란 배에 올라타야 한다는, 그 믿기지 않던 광경 속으로 실제 들어가는 일이었다. 육지와 이어진 다리가 없었을 때였으니까.

서울구경에 대한 기대는 사람이 버스를 타고 버스가 배를 타는 신나는 상상에서 시작하는 거였는데 상상은 끝내 상상으로만 그치고 서울은커녕 선착장 구경도 못 하고 말았다. 내가 6학년이었던 해 수학여행단 열차사고가 유난히 많아 교육청으로부터 수학여행 금지 지시가 내려졌던 것. 우린 열차 탈 일이 없었는데.

섬을 벗어나지 못하고 대신 전등사로 1박 2일을 다녀왔다. 그곳에서 여관이라는 것을 처음 보았고 카스텔라를 처음 맛보았다. 세상에 어쩌면 그토록 스펀지처럼 부드럽고 살살 녹는 빵이 있었을까. 돈이 없어 딱 한 개를 사 먹고 말았는데 목구멍으로 속절없이 넘어가는 것이 아까워 엄지와 검지 끝으로 잣 알갱이만큼씩 떼서 핥듯이 먹었다. 다음에 커서 행여 성공을 하거나 돈을 많이 벌게 되면 이것을 맘껏 먹을 수 있겠거니 골똘히 생각했다. 그러나 성공이나 돈은 아무래도 쉽지 않을 것 같아서 어떤 나쁜 사람이 이걸 사주면서 나쁜 일을 시키면 그걸 해야 하나 말아야 하나 그것에 더 오래 골몰했었다.

　버스를 타고 바지선을 타고 염하를 건너려다 허탕 친 얘길 하다 보니 다른 버스 생각이 난다. 당시 버스라는 것은 1년에 한두 번 탈까 말까 했다. 타게 되면 맨 뒷좌석으로 달려가 앉았는데 뒷좌석이 가장 덜컹거려 재미있었기 때문이었다. 버스는 비포장도로를 캥거루처럼 깡충거리며 달렸다. 아이들에게 버스는 이동수단이라기보다는 요즘 식으로 말하면 놀이공원의 놀이기구였다.

　생각난 다른 버스 중 한 대는 둘째 누님 결혼식 전세버스였다. 전통혼례를 구식결혼이라 하고 예식장에서 하는 것을 신식결혼이라 하며 전통혼례를 구닥다리 취급하던 때였다. 하나밖에 없는 신식 강화예식장이 읍내에 있었으므로 예식장까지 전세버스를 이용했는데 자리가 부족했다. 어른들도 실은 그 버스를 타고 싶어 했던 것. 버스를 타고 읍내에 들어가 예식을 보고, 혼주가 대접하는 식사를 신식 식당에서 하고, 다시 버스를 타고 낙낙히 돌아오는 것. 그것은 드물게 멋진 일에 속했다. 그러니 어머니와 아버지는 만만한 자식들을 막고 대신 하객을 태웠다. 형제가 결혼하는데 형제가 빠지면 되나, 구씨 형제들부터 태워야지, 라고 말하는 어른은 한 사람도 없었다.

　그런다고 못 탈 내가 아니었다. 버스가 아니던가. 그것도 반짝반짝 빛나는 대절버스. 너무도 그게 타고 싶어서 나는 소심한 천성마저 잊고 눈이 뒤집혔다. 마침 나의 몸은 작디작아서 하객을 비집고 들어가기에 알맞았고 뒷좌석 틈바구니에 바퀴벌레처럼 틀어박히는 데도 아무런 무리가 없었다.

　군내 초등학교 동요경연대회에 나갔던 것도 버스 때문이었다. 걸거나 자전거 따위로 이동하는 거였다면 선생님의 대회 참가 제의를 절대 받아들이지 않았을 것이다. 대회장이 강화초등학교 2층 강당이라는 것에도 마음이 조금은 흔들렸지만(2층이지 않은가) 무엇보다 나는 버스의 매력을 뿌리칠 수 없었던 것이다.

그날 나는 이런저런 상처투성이의 무릎이 훤히 드러난 반바지를 입고 선생님과 함께 버스를 기다렸다. 학교를 대표해 동요경연대회에 참가하는 복장이 그러했다. 부모에게 제대로 알리지도 않았던 모양. 선생님은 읍내에 도착하자마자 무릎까지 올라오는 흰 양말을 내게 사 신겼다. 검정 고무신 차림이었으나 그건 상관없었다. 그때는 실내에 들어갈 때 신발을 벗었으니까. 실내화 없이 양말로 다녔으니까. 동요 경연대회 때도 마찬가지였다. 하여튼 무릎 덮는 긴 양말은 그때가 처음이자 마지막이었다.

까무잡잡한 피부에 새하얀 그것이 나에겐 너무도 어색했다. 견딜 수 없이 어색하여 참가곡 「꽃밭에서」를 망치고 말았다. 방과 후에 남아 선생님의 풍금에 맞춰 어둑하도록 노래 연습을 했던 것, 사탕과 날계란을 너무 먹어(목청이 좋아진다고 했다) 소화불량에 걸렸던 것, 그 모든 것들이 허사가 되는 순간이었다. 그러나 분하거나 창피하거나 후회스럽지 않았다. 노래를 잘해 상을 타든 노래를 망쳐 탈락을 하든 어쨌든 버스를 타고 가고 버스를 타고 왔잖은가.

나의 세계가 참혹할 만큼 비좁다는 사실을 지금이 아닌 그때 깨달았던 적이 한 번 있었다. 이 또한 버스와 관련이 있었다. 버스를 놓쳤던 일. 정확히 말하면 버스를 못 탔던 일. 버스가 없어서도 떠나버려서도 아닌, 버스 탈 차비가 없어서. 달랑 버스비를 주머니에 남겨두었었는데 그것마저 홀랑 까먹었던 것. 막대사탕 솜사탕 그리고 미루꾸(밀크

사탕)를 사서 핥느라고. 지금도 그렇기는 하지만 당시의 아이들은 다 슈가홀릭이었다. 단것이라면 환장을 했다. 악마의 속삭임보다 강력한 사탕가루(설탕은 느끼한 서울 말)의 향기. 오죽하면 그 좋은 버스보다 사탕이었을까.

군내 초등학교 대항 체육대회를 하던 날이었다. 지금은 아시안게임 때 세워진 강화 고인돌 체육관이 들어서 있지만 그때는 그 자리에 강화 공설운동장이 있었다. 운동회나 체육대회가 있는 날은 으레 다종 다양의 화려한 이동 상인들이 몰려들어 운동장을 포위하는 사태가 벌어졌는데, 아이들은 체육대회보다 그런 것에 넋이 나갔다. 그래서 응원에 동원된 5, 6학년은 소풍보다 좋아했고 동원되지 못한 저학년들은 종일 시큰둥했다.

학교 차원의 응원이었지만 참가비용은 이상하게도 학생 각자가 부담했다. 왕복 차비와 점심으로 빵 한 개 정도 사 먹을 돈을 부모님한테 받았을 것이다. 하지만 빵 한 개로 날름 끝내 버리느니 자잘한 것들을 여럿 맛보는 것이 좋겠다 하여 다들 그렇게 했던 것. 막대사탕, 솜사탕, 미루꾸, 크라운산도(귀한 과자였으므로 한 봉지는 엄두도 못 내고 낱개로).

그러고도 모자라 나는 손을 대서는 안 되는 버스비까지 다 써버렸던 것이다. 나도 모르는 사이에. 다 쓰고 나서 주머니를 뒤지니 당연 텅 비었을 수밖에. 그런데도 마치 흘리거나 쓰리를 당했다는 듯이, 그래서 몹시 억울하다는 듯이 멀쩡한 주머니를 몇 번이고 까뒤집었다. 그래 봤자 먼지밖에 나올 게 없었지만.

비장해질 수밖에. 걸어가자. 큰길을 따라 하염없이 걷다 보면 우리 학교가 나오겠지. 아무렴. 그러겠지. 학교부터 집까지는 매일 오가는 길이니 걱정할 것 없고. 하지만 비장해지는 순간 다리가 후들거렸고 걸음을 떼는 순간 몸이 절로 겅중거렸다. 집까지는 30리가 넘는 거리였다.

아니나 다를까 대장정을 시작한 지 얼마 안 되어 난관에 부딪혔다. 송해 삼거리에서, 부근리 방면이 아닌 당산리 방면으로 길을 잘못 잡은 것. 사람이라도 기다려서 "창후리 쪽으루 갈래만 어디루 가야 허이꺄?" 물어보면 될 것을, 지금도 누군가에게 길을 물을 줄 모르니 그때는 오죽했겠는가.

송해면사무소를 지나 한참을 걷다가 그만 공포에 사로잡히고 말았다. 나는 취학 전 큰 누님의 시댁인 인화리 전들마을에 갔다가 길을 잃고 까무러쳤던 아이였다. 낯선 길 낯선 집. 게다가 나무도 풀도 하늘까지도 온통 낯설어지며 시야가 찌부러지는 기시감이 엄습했다. 시야가 완전히 닫히면 다시금 까무러칠 수밖에. 혼신을 다해 버티면서 달구지 몰고 가던 어른한테 지푸라기라도 잡는 심정으로 물었다. "창후리 가, 갈래만 어, 어디루 가이꺄?"

어른은 말없이 한쪽 팔을 들어 어딘가를 가리켰다. 나는 어른의 손가락이 가리키는 방향을 뚫어져라 바라보았다. 그곳엔 숲과 아득한 하늘뿐이었다. 어른은 한동안 팔을 뻗은 채로 나를 앞서가더니 어느 순간 스르륵 팔을 내렸다. 달구지는 달그락 덜그럭 무심하게 멀어졌다.

그때부터 나는 어른이 가리키던 방향으로 무작정 나아갔다. 직선으로. 곧장 나아갔다. 물에 빠지고 덤불에 긁히며 미친 듯이 직선을 유지했다. 목숨 걸고 직선. 그것만이 살길인 것 같았다.

넘어져 무릎이 깨지고 살갗이 찢어졌지만 이를 악물고 다시 일어나 걸었다. 마침내 강화 지석묘 부근에 닿았다. 진작 갔어야 했던 길이, 구원처럼 나타났다. 눈앞에 봉천산과 봉천산 꼭대기의 봉화대가 보였다. 우리 학교에서도 바라다보이는 봉화대. 저 산 밑을 돌아 하염없이 걷다 보면 우리 학교가 나오겠지. 반세기 만에 고향을 찾는 실향민처럼 울컥 설렜다. 가슴이 뛰었다. 후들거리고 겅중대기만 하던 걸음에 힘이 생겼다. 하점우체국에 다다르니 마침내 우리 학교가 저 멀리 가물가물 코딱지만 하게 보였다. 눈물이 펑펑 쏟아졌다. 우리 학교가 그토록 예쁘고 따뜻하고 뭉클하고 소중하고 간절할 수가 없었다. 펑펑 눈물이 흘렀지만 자꾸만 웃음이 나왔다.

그날 이후로 나는 실종 트라우마에서 얼마간 벗어났고 길눈에도 자신감을 갖게 되었지만 나의 세계는 여전히 좁았다. 우리 마을에는 여전히 버스 같은 교통수단이 없었고, 버스를 보려면 이강리가 시작되는 창후리 입구까지 30분이나 걸어 나와야 했는데, 그나마도 그걸 타려면 동요 경연대회에 나가거나 아파서 급히 읍내 병원엘 가거나 형제 중 누군가가 얼른 자라서 신식 예식을 올려야 했다.

전화라는 것도 없었고 전기가 들어오지 않아 텔레비전도 없었으며 〈소년 동아일보〉도 우리 학교까지는 오지 않았다. 바깥세상을 듣는 것으로는 유선 스피커가 전부였는데 유선 스피커라는 것은 라디오방송을 유선으로 듣는 장치였다. 요즘 생일 케이크 상자만한 것이 집집의 벽에 하나씩 걸려 있었다. 케이비에스에 채널이 고정되어 있는, 오직 켜고 끄는 스위치 하나만 달랑 달린 그야말로 더도 덜도 아닌 스피커였다. 그나마도 비가 오거나 바람이 불면 나무와 나무로 이어지던 전선이 끊어져 스피커는 먹통이 되기 일쑤였다. 눈에 보이는 세계가 전부일 수밖에. 바깥세상은 알지 못했다. 그래서 나의 고향은 언감생심 강화가 아니라 우리 집과 아래 윗동네를 합친 창말 정도였는지도 모른다.

중학교에 입학해서도 내 세계는 그다지 넓어지지 않았다. 강서중학교는 강후초등학교 바로 위였으므로 등하굣길의 풍경이 다르지 않았다. 다만 아침마다 별립산을 넘어오던 양사면 아이들과 망월리 벌판을 가로질러오던 내가면 아이들, 그리고 하점 벌판을 내달아오던 신봉리 아이들이 낯설었다. 한 학년에 마침내 반이 세 개나 되어서 무슨 꿈이라도 이루어진 것처럼 설렜으나, 초등학교 6년 동안 한 번도 반이 바뀐 적 없던 친구들만 보다가 멀리서 오는 다른 학교 출신 아이들을 보니 적대감에 가까운 경계심이 생겼다. 그리고 나는 그 아이들과 다 사귀지도 못한 채 어느 날 엄청나게 넓고 사람이 많아 막막하기만 한 서울에 영문 모르게 던져졌다.

갑자기 넓은 세계에 던져지면 오히려 위축되어 더 작은 세계에 갇힌다는 사실을 그때 처음 알았다. 나에겐 여간해서는 지워지지 않을 그리움이 생겼다. 그리움의 대상은 과거라는 시간이었으며 그것의 애틋한 이름은 고향이었다. 거대 도시에서 제 어깨를 감싼 채 웅크리고 앉아 가만히 떠올려보는 고향 창말은 결코 작지도 좁지도 않은 세계였다.

물론 나는 어른들의 세상을 몰랐다. 바깥 세계를 몰랐다. 남과 북에서 번갈아 띄워 보낸 삐라가 온 산을 하얗게 뒤덮었지만 그 내용을 알지 못했다. 창말의 뒷산에 오르면 북녘땅이 코앞에 보였다. 삐라의 글을 읽을 수 있었으나 어째서 그토록 시도 때도 없이 서로에게 분개하는지는 몰랐다. 대형 스피커로 탑을 쌓고 신새벽부터 큰 소리로 모욕을 주고받는 사정을 알지 못했다.

나는 그저 마당에 새벽 오줌을 누며 하품을 하며 미명을 뚫고 들려오는 그 소리를 들었다. 소리는 군사분계선이 지나는 염하를 사이에 두고 배구공처럼 뻥뻥 오갔다. 그러거나 말거나 나는 아궁이에 삐라를 때서 밥 짓는 일을 도왔고 거기에 감자를 구워 먹었고 어떤 껍질 모양의 감자가 더 폭신폭신한 맛을 내는지에만 관심이 있었다. 조류에 배가 휩쓸려 북으로 표류해갔던 동네 청년이 반년 만에 돌아와서도 걸핏하면 어딘가로 잡혀가 곤욕을 치르던 까닭을 알지 못했다. 나와 아이들은 알 박힌 칡뿌리가 어디에 많이 자라고 탱글탱글한 산딸기가 어느 숲에서 은밀히 익어가는지 그런 것에만 빤했다. 망둥이가 미친 듯이 잡히는 물길, 삘기 잘 자라는 논두렁, 뱀은 없고 찔레만 쭉쭉 잘 크는 구렁 같은 것에만.

그런데 그런 나의 세계가 정말로 작고 좁은 세계였던가. 서로 적대하고, 죽이며, 세월이 흐르고 흘러도 여전히 거짓 사실을 반복 과장하여 떠들기만 하는 저 바깥의 잘나 빠진 일들이 외려 지겹고 빤한 것 아닐까. 소리만 컸지 하루 저녁만 생각해 봐도 금방 빤해지고 마는 좁은 소견들에 비하면 아침 이슬 머금은 까마중이나 땅꽈리의 해맑은 모습이 외려 무한한 어떤 것에 가깝지 않을까. 보고 보고 또 봐도 질리지 않는 것을 아름답다거나 무한하다거나 자유롭다고 하지 않던가. 무한을 품었는데 그것을 작거나 좁다고 본다면 우리의 눈이 작거나 좁은 거겠지.

작가가 되어 30년을 썼지만 나는 아직 고향의 15년을 그 백 분의 일도 다 쓰지 못한 것 같다. 다 쓰다니. 가당키나 할까. 쓰기만 하고 끝은 없을 일. 분명 그러할 것이다. 나에게 고향은 그러한 것. 나에게 쓰기란 그러한 일. 나의 마지막이 나의 처음으로 돌아가 고향이 되는 날까지.

집밥, 갯벌에서 직접 잡은 물고기, 비빔국수

성석제(소설가)

탕자를 위한 집밥

초등학교의 지리 시간에 배운 기억에 의하면 강화도는 우리나라에서 네 번째로 큰 섬으로 제주도, 거제도, 진도 다음이며 특산물은 인삼, 화문석이 대표적이다. 그런데 막상 강화도에 직접 가보게 되면서 지리 교과서가 지역의 특징을 지나치게 단순화시켜 놓은 것을 지나서 거의 난폭한 수준으로 유형화하고 있다는 것을 알았다. 그래도 그 지리 시간 덕분에 강화도를 비롯한 내가 살고 있는 바깥의 세계를 이름으로나마 알게 되었으니 고맙다고 해야 할지도 모르겠다. 그렇다. 지명을 알게 해주었다는 것, 딱 그것만 고마워하자고 결정했다.

강화(江華)라는 지명은 940년(고려 태조 23년)에 처음 등장했다. '강을 끼고 있는 아랫고을'이라고 하여 강하(江下)라고 불리다 '강 아래의 아름다운 고을'이라는 뜻으로 강화라고 고쳐 부르게 되었다고 알려져 있다.

강화도는 아담한 높이의 산이 많은데 섬에서 제일 높은 마니산(469m)을 비롯해 진강산·고려산·낙조봉·혈구산·별립산 등이 그것이다. 곳곳에 낮고 평평한 충적지가 발달해 있고 해안에는 넓은 개펄이 있는데 오래전부터 간척사업을 실시하여 농경지로 조성되었다. 그렇다. 요점은 산에서 농경지, 바다에 이르기까지 먹을 게 다양하게 나온다는 것이다. 우리나라 곳곳에 있는 미향(味鄕, 맛의 본산지)은 대체로 산, 바다, 들이 모여 있는 곳이다. 거기다 굳이 맛있는 음식을 찾는 사람들, 양반과 귀족, 왕실이며 관청이 더해지면 음식문화가 발달할 충분조건이 된다.

강화도는 아득한 선사시대 지배계층의 무덤인 지석묘, 국조 단군과 그의 아들의 유적이 도처에 있으며 고려 때는 대몽항쟁의 근원지로서 39년간 수도가 되었다. 조선시대 정묘호란 때에도 전시 임시수도가 되었고 병자호란 때에는 세자와 대군들, 왕실 조상의 신주를 모시는 피난처가 되었다. 이처럼 위난에 처한 국가의 명맥을 수호하는 지리적 중요성 때문에 강화도는 '강도(江都)'라고 불리었고 조선시대 강화도의 지방 수령은 도 관찰사와 맞먹는 정이품 직급인 유수였다. 이만하면 풍요의 섬 강화가 미향이 될 자격은 차고도 넘친다.

풍요로움은 물질적인 것만을 뜻하지 않는다. 마니산과 삼랑성 등의 신화와 역사(사고, 정족산성, 강화성 등), 학문(강화학파), 종교 유산, 독특한 언어 등 정신적인 자산도 많다. 추수 끝난 가을 들판에서 머리칼을 흩날리는 억새, 구불구불한 이차선 도로의 고즈넉함, 수많은 골짜기의 그윽한 적막, 은행나무와 탱자나무 고목, 맑은 햇빛, 맑은 바람, 아이들의 맑은 눈…… 강화도의 아름다운 세부는 너무도 많다. 거기서 경이로움과 평화를 느끼지 못한다면 세상을 어지간히 조급하게 살아왔거나 살아갈 사람이라 할 수밖에 없겠다. 그런 사람들에게 권할 만한 음식이 있다. 강화의, 강화만의, 강화 아니면 맛볼 수 없는 밥.

강화도 남문 안쪽에는 우리옥이라는 밥집이 있다. 식당이나 음식

점이라는 말보다 밥집이라는 이름이 잘 어울리게 그곳에서는 가마솥으로 지은 따뜻하고 찰진 밥을 먹을 수 있었다(지금 새 집으로 이사를 하면서 취사방식도 바뀌었다). 그 밥이 백반(白飯)이다. 밥이 희어서(白) 백반이 아니라 두드러지는 요리(반찬)가 붙어 있지 않아서 '백' 자가 붙었다. '백두(白頭)'가 '흰머리'뿐만 아니라 머리카락이 전혀 없는 '민머리'를 의미하듯. 하지만 그 반찬들이 웬만한 산해진미보다 야무지다. 김치가 당연히 있고 집밥처럼 비지찌개, 조개젓갈, 두부조림, 콩나물국이 놓인다. 특별한 건 순무김치.

강화도의 순무를 바다 하나 건너 김포에서 키워도 잘 되지를 않는다. 청도의 씨 없는 감이 인근의 창녕이든 어디든 밖에 나가면 씨가 생기는 이유를 모르는 것과 같다. 맵싸한 순무는 강화도 아니면 구할 수가 없고 강화도 밖에서 김치를 담가도 강화도 순무김치의 제맛이 나지 않는다고 한다. 그 귀한 순무김치가 우리옥에는 기본반찬이다.

1953년 우리옥은 간판도 없이 해장국집으로 문을 열었고 조카딸이 물려받아 한식백반집으로 운영해오며 우리옥이라는 이름이 되었다. 우리옥의 '옥(屋)'은 집이라는 뜻이니 순우리말로 하면 그냥 '우리집'이다. 밥과 국, 열 가지 이상의 반찬이 나오는 집밥이 있고 추가로 조림이나 찌개를 주문할 수 있다.

십수 년 전 '강화6미(밴댕이, 낙지, 깨나리, 동어, 숭어, 장준감)'에 들어가지도 않은 병어를 우리옥에서 먹은 적이 있다. 김이 오르는 병어조림에서 뼈를 발라 먹는데 왠지 모르게 목이 메어왔다. 오랜 방황 끝에 집에 돌아와 어머니가 말없이 내놓는 밥을 먹는 탕자도 아닌데. 아마도 정성이 느껴져서였을 것이다. 우리옥의 모든 음식에는 정성이 배어 있다. 아주 은근하게.

가을 바다로 몰려온 복덩이, 복어떼

강화도의 갯벌은 세계 5대 갯벌 가운데 하나로 일컬어진다고 한다. 강화도 남쪽의 동막해수욕장에서 서쪽의 화도면 장화리에 이르는 갯벌은 크기도 크기지만 서쪽 바닷가는 낙조로 유명하다.

수평선으로 넘어가기 직전의 해가 보여주는 찬란한 풍경은 황홀하게 아름답다. 다만 오래 보고 있노라면 자신의 인생과 연관된 무엇인가를 연상시키며 힘을 빠지게 하는 부작용이 있다. '매일 뜨고 지는 해는 저렇게 마지막까지 알뜰하게 하는 일이 많은데 나는 한 것도 이룬 것도 없이 몇 날을 살았던고' 하는 식으로 낙천적인 천성에 칼질을 해대는 문장을 머릿속에 생성시키는 것이다. 이런 부작용을 잠재우는 약이 없을 리 없다. 하늘은 '병 주고 약 주고' 하는 법이니까. 약은 먹고 마시는 것이다.

몇 년 전 가을, 다섯 사람이 승용차 한 대에 타고 강화도 서쪽의 갯벌을 찾았다. 낙조를 보려면 아직 몇 시간은 기다려야 할 이른 시간이었다. 갯벌에서 직접 물고기를 잡고 그 자리에서 회를 쳐서 먹을 수 있다고 해서였다.

강화도 서쪽 어느 마을, 장대한 갯벌이 들판처럼 펼쳐진 곳에 도착하자 그날 하루의 고기잡이, '회 떠먹기'를 인도해줄 남자가 길가의 벽돌집에서 나왔다. 일단 잘생겼다. 그는 자신이 근처에서 몇 안 되는 어부라고 했다. 바닷가 마을 사람이라면 어업으로 생계를 이어가는 게 보통이고 마을에는 어촌계 같은 게 있어 공동으로 어로작업을 하게 마련인데 어부가 몇 없다니 이상한 일이었다.

바다와 갯벌에서는 해조류, 패류, 어류, 갑각류 등 다양하고 경제적 가치가 높은 수산물을 수확할 수 있으므로 수산업법에 의거하여 어업

권이라는 특별한 권리가 인정된다. 어업권은 경매 대상이 되기도 하는 값나가는 재산권(물권)이다. 수십 년 전만 해도 그 마을의 사람들 대부분이 어업권을 가지고 있었다. 그런데 그 마을이 북한과 가깝고 해상 침투가 우려된다는 국방상의 이유로 하나씩 둘씩 어업권을 나라에 넘기게 되었다고 한다. 그런데 그때 젊었던 남자는 어업권을 포기하지 않았고 넘기지도 않았다. 그는 조상 대대로 살아온 마을, 집에서 자신이 어릴 때부터 보고 익혀온 고기잡이로 살아가고 있었다.

하지만 단순히 바다에 나가서 물고기를 잡아다 팔아서 살아가기에는 힘이 들어서 부가가치가 높은 일을 모색하게 되었다. 그 결과 외지인 손님들로 하여금 갯벌에서 물고기를 직접 잡고 그 자리에서 조리해 먹을 수 있도록 해주는 '어업 체험 서비스업'을 시작하게 된 것이었다.

손님은 하루 한 번 단체로만 받았다. 우리 일행 다섯 사람에게 비용이 얼마가 들었는지는 아직도 모르고 있다. 한 분이 그런 곳이 있다고 알려주고 자신의 차에 태우고 갔으며 예약을 하면서 계산까지 했기 때문이다. 그분은 그날의 공덕으로 반드시 집안에 경사가 생겼을 것이다.

남자는 손님들에게 장화를 주고 갯벌의 흙탕물이 옷에 튀지 않도록 우비를 걸치게 한 뒤 바퀴가 커다란 농기계에 설치한 짐칸에 태웠다. 느리고 엔진 소리가 요란하긴 했지만 푹푹 빠지는 갯벌을 달리는 데는 그만이었다. 사람 말고도 회에 곁들이는 상추와 초장, 마늘, 고추 같은 것을 담은 플라스틱 함지, 술과 음료수, 회를 쳐서 먹고 마시는 데 필요한 칼, 도마, 접시 같은 도구까지 자리가 복잡하게 실었다.

이십여 분쯤 달렸을까. 갯벌과 바다가 만나는 지점에 쳐진 그물이 나타났다. 어업권 가운데 하나인 '일정한 수면에 어구를 정치(定置)하여 수산동물을 포획하는 어업'의 형태였다. 하루 한 번 그물을 치고 걷는데 손님들은 그 그물 속에 든 모든 물고기를 잡아서 먹을 수 있었다. 먹다 남으면 가져가도 된다는 것이었다. 운이 없으면 고기를 많이 못 잡을 수도 있다. 하지만 어떤 경우에도 물고기가 먹기에 부족하지 않을 듯했다. 손님들의 만족도 또한 대단히 높은 것 같았다. 몇 달치 예약이 차 있다는 게 반증이었다.

고기가 많이 모여들 수 있는 목을 찾아서 갯벌에 나뭇가지를 박고 그물을 쳐두면 썰물 때 바닷물이 빠져나가면서 물고기들이 걸려든다. 그물은 긴 자루 모양으로 되어 있어서 바닷물과 함께 들어온 물고기만 안에 남고 물은 그물 사이로 흘러나간다. 한 번 그물망에 들어온 물고기는 후진을 하지 못해 그물 안쪽에 몰려 있다가 잡히게 마련이었다.

고기가 살찌는 가을이라 그런지 그날 잡힌 물고기들은 씨알이 제법 굵었다. 강화도 바닷가에서는 숭어, 농어, 병어, 밴댕이, 망둥이 등이 사철 많이 잡힌다는데 때가 때인지라 전어가 열몇 마리쯤 있었다. 큰 물고기는 회를 쳐서 먹고 전어는 석쇠와 휴대용 가스버너를 가지고 구워 먹었다. 물고기를 그리 좋아하지 않고 맛을 잘 모르는 내게서도 감탄사가 절로 나올 정도로 회가 맛있고 싱싱했다. 전어 역시 정수리에서 감응할 정도로 고소한 맛이 났다.

그런데 그물에 들어 있는 물고기 가운데 가장 작고 오십여 마리는 될 특이한 종류가 있었다. 흰 배가 황금빛 햇살을 받아서 잠시나마 노다지처럼 누렇게 보였는데 이름을 물어보니 졸복이라 했다. 황갈색의 등에 짙은 갈색의 반점이 많고 배를 간질이면 부풀리면서 '복복' 소리를 냈다. 못생겨도 귀여운 건 귀여운 법, 요걸 어떻게 잡아먹나 고민할 필요도 없이 복어는 내장에 맹독이 있으므로 취급 면허가 없는 사람은 아예 건드려서도 안 되는 것이라 해서 다른 물고기와 함께 양동이에 집어넣었다.

두어 시간 만에 배가 복어처럼 불러서 출발 장소로 돌아왔다. 매운탕이 준비되는 동안 마당에서 마리골드와 코스모스, 벌개미취가 심어진 꽃밭을 기웃거리다 보니 드디어 해가 질 기미가 보였다. 마니산 서쪽 산자락의 단풍이 다홍치마처럼 붉어졌고 햇빛 속에 적외선이 많아진 듯 닿는 곳마다 따스했다.

내가 언제 무슨 적선을 어떻게 하였기로 이런 호사를 누리는가. 겸손해서가 아니라 분에 넘치는 복을 누리는 것이 나중에 누릴 복을 미리 써버리는 것처럼 느껴졌다. '사람마다 누릴 복의 총량이 있고 그것을 균형적으로 잘 나눠 쓰는 게 잘 사는 것'이라는 '복 총량 불변의 법칙'을 한번 만들어볼까 싶기도 했다.

어부 부인의 음식 솜씨가 어부의 고기잡이 솜씨처럼 뛰어나 매운탕마저 밥 한 그릇을 뚝딱 비우게 만들도록 맛있었다. 졸복과 남은 물고기를 아이스박스에 잘 담아주어서 차에 싣고 서울로 돌아왔다.

서울 시내의 유명한 복어 전문식당에 가서 그 많은 복어를 좀 큰 참복 네댓 마리와 바꿔 먹었다. 식당 주인은 복어요리 자격을 갖춘 조리사 출신이었다. 그는 졸복이 복어 가운데 가장 작아서 그런 이름이 붙었지만 큰 건 월척(越尺) 이상이라고 했다. 졸복은 우리나라 해안 어디에서고 흔히 나오고 복어 가운데 가장 값이 싸기도 하다.

졸복은 작아 한 마리에 얇은 회 두세 점밖에 안 나오니 탕으로 먹는 게 제격이라고 했다. 잘 손질한 졸복으로 끓인 맑은탕이 나오자 복어를 많이 먹어본 단골손님들은 최고의 맛이라며 엄지손가락을 추켜

들었다. 내게 졸복탕은 '밥도둑'이 아니라 '술 도적'이었다. 숙취 해소에 그만이라고 하니 또 하나의 '병 주고 약 주고'의 사례였다.

천국의 다른 이름 단골집

내 기준에 단골 음식점은 최소한 다섯 번 이상 반복해서 간 곳이다. '손님(소비자)은 왕이다'라는 값싼 자본주의식 구호는 단골 음식점한테는 통하지 않는다. 손님은 단골 음식점에 왕으로 군림하러 가는 게 아니고 자기 좋아서 자발적으로 가는 곳이다. 이미 알고 있는 단골 음식점의 맛, 그에 대한 기대는 어떤 화학조미료보다 뛰어난 천연의, 환상적인 조미료다.

　내 단골집들을 떠올리다 보니 우연히도 국수를 파는 곳이 압도적으로 많다. 잔치국수, 냉면, 칼국수, 비빔국수, 막국수, 메밀국수, 밀면, 우동, 자장면 등등. 그래서 나를 알기 전에는 국수를 입에도 대지 않던 사람을 국수광으로 만들기까지 했다. 이유가 뭘까. 국숫집의 국수 맛은 세월이 지나도 쉽사리 변하지 않는다. 첫맛이 잘 유지된다는 것이다. 국수류 음식은 변수가 많은 일반 한식에 비해 음식의 맛이 뇌에 전달되고 해석, 평가, 기억되는 방식이 간단하다. 또 재료인 밀과 양념의 기본인 간장 자체의 맛이 중독성이 있다. 국수는 술술 잘 넘어가서 아무리 유명한 집이라도 줄 서서 오래 기다리지 않아도 된다.

　내게 가장 역사가 오래인 단골집 또한 국숫집(분식집)이지만 그곳은 없어지고 말았다. 기념 삼아 적어두자면, 그 식당의 이름은 '뚜리바분식'이고 내가 고등학교 다닐 때 이후 삼십 대 중반까지 거주하던 서울 독산동의 골목 안에 있었다. 뚜리바분식의 '뚜리바'가 무슨 뜻일까. 근처의 구둣가게 이름은 '두발로'이고 술집은 '드송'이어서 이해하기가 어렵지 않았다. 뚜리바가 프랑스어이며 천국을 의미한다는 '설'이 있는데 프랑스어로 천국은 'Paradis'이니 어떤 연관이 있는지는 모를 일이다. 하긴 십 대부터의 단골집은 천국과 큰 차이가 나지 않는다.

내가 뚜리바분식에서 주로 먹은 음식은 당시만 해도 그리 보편적이라 할 수 없는 냉면, 그중에서도 비빔냉면이었다. 그 전까지는 딱 한 번 초등학교 6학년 때 서울에 다니러 왔을 때 직장생활 하던 고모에게 냉면을 얻어먹은 적이 있었는데, 철삿줄 같은 면발과 어린이의 여린 상피세포를 할퀴어대는 매운맛에 질려서 '지옥의 음식'으로 분류해 둔 바 있었다. 뚜리바분식의 냉면은 가게에서 파는 냉면에 무채와 고추장을 듬뿍 얹은 뒤에 참기름을 살짝 뿌리고 비벼 먹도록 한 것이었다. 비빔냉면에 육수를 주듯이 오뎅국물을 곁들여 주었다. 맛은 고추장 덕분에 꽤나 맵고 달고 짰다. 어쨌든 그 맛이 내게는 냉면의 첫맛으로 각인이 되었다.

생애 두 번째 단골집은 고맙게도 아직 지상에 존재하고 있다. 1976년, 고등학교 1학년 되던 해 가을의 어느 일요일, 비가 추적추적 오는 날에 같은 반의 짝인 K로부터 강화도에 가자는 연락이 왔다. K는 수업시간에 책상 아래에 고은의 『이상 평전』을 펴놓고 읽던 조숙한 문학청년이었다(나는 반공을 표방한, 야하기로는 전례가 없던 만화나 역사소설을 표방한, 역시 야하기로는 쌍벽을 이루던 신문 연재소설을 읽었다). K가 왜 강화도에 가는지, 가야 하는지 설명을 하지 않았지만 나는 일언반구 이의를 제기하지 않고 그가 말하는 대로 신촌에 있는 강화행 버스정류장으로 향했다. 강화읍 시외버스정류장에 내렸을 때는 가을이고 가을비고 여행이고 간에 배가 무척이나 고팠다.

어릴 때부터 배가 고파본 적이 거의 없는 내게는 배고픔의 부작용

성
석
제

문
화

이 한층 심각하게 나타날 가능성이 있었다. 배가 고프다 못해 눈이 뒤집힐 정도가 되면 음식 냄새에 극히 예민해지는 것은 물론이고 닥치는 대로 먹을 것을 가진 존재를 공격하고 친구도 몰라보고 심지어 친구를 잡아먹기까지 한다고 한다. 그 친구가 평소에 고귀한 정신세계를 가지고 있던 문학청년이든 뭐든 간에. 천만다행스럽게도(나보다는 내 친구에게) 버스에서 내린 지 얼마 안 있어서 내 코에 국수 삶을 때 나는 구수한 냄새가 느껴졌다. 냄새는 버스정류장 바로 곁에 있는 국숫집에서 나고 있었다. 제대로 된 간판이 없었기에 냄새가 아니었으면 국숫집인지도 몰라볼 뻔했다.

그 국숫집의 메뉴는 단 두 가지였다. 비빔국수와 물국수(잔치국수, 소면이라고도 한다). 그전까지는 비빔국수를 한 번도 먹어본 적이 없었지만 뚜리바분식의 비빔냉면에 대한 기억 때문에 망설임 없이 비빔국수를 선택했다. 비빔국수는 우리가 오기를 기다리고 있었던 것처럼 금방 탁자 위에 놓였다. 맛을 음미할 겨를도 없이 허겁지겁 비빔국수를 먹고 나서 빈 그릇을 바라보니 또 한 그릇도 먹을 수 있을 것 같았다. 허기가 사라지자 염치가 살아나서 한때 음식거리로 보였던 친구를 향해 한 그릇 더 먹자는 말이 떨어지지 않았다. 우리는 말없이 계단을 걸어 올라와서 국사책에 나오는 전등사로 가는 버스를 탔다.

전등사를 구경하고 나서는 역시 국사책에 나오는 초지진까지 말없이 삼 킬로미터가량을 걸어서 갔다. 짙푸르고 높은 하늘, 야무진 손으로 삶고 두들겨 빤 빨래처럼 하얀 구름 아래 코스모스가 피어 하늘거렸고 나무는 단풍으로 붉었으며 벼가 익은 황금빛 들판에는 억새가 흔들리고 있었다. 그 길은 한국에서 태어난 게 행운이라는 느낌을 줄 정도로 황홀했다.

초지진에서 버스를 타고 말없이 돌아와 우리는 다시 그 국숫집으로 갔다. 이번에는 천천히 음미하며 국수를 먹을 수 있었다. 스테인리스 그릇에 적당한 양의 소면이 담기고 거기에 씹힐 때 질감이 많이 느껴지고 맛이 강한 김치를 잘게 썰어 넣고 김가루가 많이 들어간다는 점이 남달랐다. 육수를 곁들여 주었는데 미리 후추가 뿌려져 있었다. 육수에는 강화도에서만 나는 순무가 들어가 특유의 맛을 낸다는 걸 나중에 알게 되었다. 그리고 설탕이 있었다. 설탕은 국수 고명 위에도 뿌려져 있었고 설탕 통이 탁자에 놓여 있어서 취향에 맞춰서 더 넣어 먹을 수 있도록 했다. 그 설탕은 밀가루로 만든 국수가 가진 쓴맛을 완화시키기도 했지만 친구를 말없이 이상한 눈빛으로 바라보는 허기진 청소년의 뇌에 에너지를 빠르게 공급해 제정신을 차리게 만들어주기도 했다.

그날 이후 해마다 가을이면 친구들과 신촌에 가서 강화도행 시외버스를 탔고 내리자마자 국숫집으로 직행, 비빔국수를 한 그릇 먹었으며 전등사에 갔고 초지진까지 걸었다. 초지진에서 버스를 타고 서울행 버스가 있는 버스정류장으로 돌아와 비빔국수 곱빼기를 먹었다. 어느 때부터는 차를 운전해 가고 두어 번은 자전거를 타고 가기도 했다. 혼자 간 적은 없었다. 지금까지 강화도를 찾아간 횟수는 백 번쯤 될까. 어떻든 갈 때마다 대부분은 비빔국수를 먹었다.

오늘 혼자 비빔국수를 먹으러 와서 보니 칠십 대의 여자 손님들이 들어와서 국수를 주문해서 먹고 있다. 나중에 온 오십 대 남자들이 그 손님들의 국수 값까지 계산을 해준다. 식당 안에서 가장 나이가 들어 보이는 여자 손님이 단풍 보러 설악산 공룡능선에 다녀왔다고 이야기한다.

"아이구, 나이 팔십 다 돼야 공룡능선까지 갔다 왔시꺄? 할머이 대단하셨시다."

동네 주민들이 단골인 식당을 단골집으로 삼으면 천국에 가서도 후회하지 않으리.

하일리의 저녁노을, 철산리의 강과 바다

신영복(전 성공회대 교수, 작가)

강화 하일리의 노을

강화도의 서쪽 끝 하일리(霞逸里)는 저녁노을 때문에 하일리입니다. 저녁노을은 하루의 끝을 알립니다. 그러나 하일리의 저녁노을에서는 하루의 끝을 느낄 수 없었습니다. 하늘과 땅이 적(赤)과 흑(黑)으로 확연히 나누어지는 산마루의 일몰과는 달리 노을로 물든 바다의 일몰에서는 내일 아침 다시 동해로 솟아오르리라는 일출의 예언을 듣기 때문입니다.

하곡(霞谷) 정제두(鄭齊斗) 선생이 서울을 떠나 이곳 하일리에 자리 잡은 까닭이 바로 오늘 저녁의 일몰에서 내일 아침의 일출을 읽을 수 있었기 때문이었다는 생각이 들었습니다. 조선시대에는 서울에서 강화까지 걸어서 이틀 길이었습니다. 다시는 서울을 찾지 않으려고 하곡은 강화의 서쪽 끝인 이곳 하일리로 들어왔던 것입니다. 진강산 기슭의 옛터에 오르면 손돌목의 세찬 물길로 서울로 돌아가는 길을 아예 칼처럼 자르고 떠나온 그의 강한 결의가 지금도 선연히 느껴집니다.

하곡이 정작 자르고 왔던 것은 당시 만연했던 이기론(理氣論)에 관한 공소(空疎)한 논쟁과 그를 둘러싼 파당이었다는 당신의 말이 다시

신영복
문화

살아납니다.

하곡이 이곳에 자리 잡은 후 강화에는 그의 사상에 공감하는 많은 사람이 찾아들었습니다. 그리하여 원교(圓嶠) 이광사(李匡師), 연려실(燃藜室) 이긍익(李肯翊), 석천(石泉) 신작(申綽), 영재(寧齋) 이건창(李建昌) 등 하곡의 맥을 잇는 학자 문인들이 국학연구 분야에서 탁월한 업적을 이룩했던 것입니다. 학문을 영달의 수단으로 삼는 주자학 일색의 허학(虛學)을 결별하고 경전(經典)을 우리의 시각에서 새로이 연구하고 우리의 문화와 역사를 탐구하는 한편 인간존재의 본질을 사색하는 등 다양하고 개방된 학문의 풍토와 정신세계를 이루어냈던 것입니다. 뿐만 아니라 연암(燕巖) 박지원(朴趾源), 다산(茶山) 정약용(丁若鏞) 등 조선 후기 실학(實學)의 발전에도 상당한 영향을 미친 이른바 '강화학(江華學)'의 산실이 바로 이곳이었습니다. 곤궁을 극한 어려운 생활에도 굴하지 않고 250년이라는 오랜 세월 동안 이러한 실학적 전통을 연면히 지켜온 고장이 강화입니다.

강화학이 비록 봉건적 신분질서와 중세의 사회의식을 뛰어넘은 것이라고는 할 수 없지만 지행합일(知行合一)이라는 지식인의 자세를 준엄하게 견지하며 인간의 문제와 민족의 문제를 가장 실천적으로 고민하였던 학파라고 할 수 있습니다.

'곤륜산을 타고 흘러내린 차가운 물 사태(沙汰)가 사막 한가운데인 염택(鹽澤)에서 지하로 자취를 감추고 지하로 잠류하기 또 몇천 리, 청해에 이르러 그 모습을 다시 지표로 드러내 장장 8800리 황하를 이룬다.' 이 이야기는 강화학을 이은 위당(爲堂) 정인보(鄭寅普) 선생이 해방 직후 연희대에서 가진 백범을 비롯한 임정 요인의 환영식에서 소개한 한 대(漢代) 장건(張騫)의 시적 구상으로서 널리 알려져 있지는 않지만 강화학에 관심이 있는 사람들에게는 지금도 큰 감동으로 남아 있습니다.

강화로 찾아든 학자, 문인들이 하일리의 노을을 바라보며 생각했던 것이 바로 이 황하의 긴 잠류였으며 일몰에서 일출을 읽는 내일에 대한 확신이었으리라고 생각됩니다. 황하의 오랜 잠류를 견딜 수 있는 공고한 신념, 그리고 일몰에서 일출의 약속을 읽어내는 '열린 정신'이 바로 지식인의 참된 자세인지도 모릅니다.

강화에는 이처럼 지식인의 자세를 반성케 하는 준엄한 사표가 곳곳에서 우리를 질타하고 있습니다. 사기(沙磯) 이시원(李是遠)이 병인양요를 맞아 자결한 곳도 이곳이었고, 1910년 매천(梅泉) 황현(黃玹)이 나라의 치욕에 통분해 '지식인이 되기가 참으로 어렵다(難作人間識字人)'는 그 유명한 절명시를 남기고 자결한 곳도 이곳입니다. 가난한 어부들에 대한 애정과 나라의 치욕을 대신 짊어지려는 헌신, 대의로 그 길고 곤궁한 세월을 견뎌내며 박실자연(朴實自然)의 삶을 지향했던 그들의 고뇌가 곳곳에 묻혀 있습니다.

그러나 여기저기 아름다운 러브호텔이 들어서고 횟집의 유리창이 노을에 빛나는 강화에는 막상 이들의 묘소와 유적들은 적막하기 짝이 없습니다. 여한구대가(麗韓九大家)의 한 사람으로 당대의 가장 냉철한 지식인으로 꼽히던 이건창의 묘소에는 어린 염소 한 마리만 애잔한 울음으로 나를 바라볼 뿐이었고 가난한 사재를 털어 세웠던 계명의숙(啓明義塾)은 황폐한 빈터만 남아 조국광복에 몸을 던져 만주로 떠나기 전 이곳을 찾았던 독립투사들의 모습을 더욱 처연히 떠올리게 합니다.

마리산의 도토리나무는 지금도 강화벌판을 내려다보면서 풍년이 들면 도토리가 적게 열리고 흉년이 들면 많이 열린다고 합니다. 아마도 이들의 빈궁한 생계를 걱정해 그 부족한 것을 여투어주려는 배려였는지도 모릅니다.

'북극을 가리키는 지남철은 무엇이 두려운지 항상 그 바늘 끝을 떨고 있다. 여윈 바늘 끝이 떨고 있는 한 그 지남철은 자기에게 지워진 사명을 완수하려는 의사를 잊지 않고 있음이 분명하며, 바늘이 가리키는 방향을 믿어서 좋다. 만일 그 바늘 끝이 불안스러워 보이는 전율을 멈추고 어느 한쪽에 고정될 때 우리는 그것을 버려야 한다. 이미 지남철이 아니기 때문이다.' 당신이 읽어준 이 간결한 글만큼 지식인의 단호한 자세를 피력한 글을 나는 이제껏 알지 못합니다. 당대의 가장 첨예한 모순을 향해 서슬푸르게 깨어 있는 정신이야말로 한 시대를 살아가는 지식인을 가리는 가장 확실한 지표라고 생각됩니다.

한 해가 저물어가고 있습니다. 해마다 세모가 되면 이곳 하일리로 찾아오는 당신의 마음을 이제는 알 수 있을 것 같습니다. 세모의 바닷가에서 새해의 약속을 읽고 있는 당신의 마음을 알 수 있을 것 같습니다.

철산리의 강과 바다

당신은 바다보다는 강을 더 좋아한다고 했습니다.

강물은 지향하는 목표가 있는 반면 바다는 지향점을 잃은 물이라는 것이 그 이유였습니다. 오늘 한강 하구(河口)에 서서 당신의 강물을 생각합니다. 그렇습니다. 강물은 목표를 향해 끊임없이 나아가는 물임에 틀림없습니다. 골짜기와 들판을 지나 바다에 이르기까지 참으로 숱한 역사를 쌓아가는 살아 있는 물입니다. 절벽을 만나면 폭포가 돼 뛰어내리고 댐에 갇히면 뒷물을 기다려 다시 쏟아져 내리는 치열한 물입니다. 이처럼 치열한 강물과는 달리 바다는 더 이상 어디로 나아가지 않는 물입니다. 바다로 나와버린 물은 아마 모든 의지가 사라져버린

물의 끝인지도 모릅니다.

나는 당신에게 보내는 마지막 엽서를 들고 먼저 한강과 임진강이 만나는 통일 전망대를 찾아 왔습니다. 태백산에서 시작해 굽이굽이 천 릿길을 이어온 한강과 마식령산맥에서부터 500리 길을 흘러온 임진 강이 서슴없이 서로 몸을 섞으며 바다로 향하고 있었습니다. 나는 다시 물길을 따라 강화도의 월곶리에 있는 연미정(燕尾亭)으로 왔습니다. 마침 밀물 때 만난 서해의 바닷물이 강화해협을 거슬러 이 두물을 마중 나오고 있었습니다. 드넓은 강심에는 인적없는 유도(流島)가 적막한 DMZ 속에서 잠들어 있고 기다림에 지친 정자가 녹음 속에 늙어가고 있었습니다.

다시 강안(江岸)을 따라 강화의 북쪽 끝인 철산리(鐵山里) 언덕에 올랐습니다. 이곳은 멀리 개성의 송악산이 바라보이고 예성강물이 다시 합수하는 곳입니다. 생각하면 이곳은 남쪽 땅을 흘러온 한강과 휴전선 철조망 사이를 흘러온 임진강, 그리고 분단조국의 북녘땅을 흘러온 예성강이 만나는 곳입니다. 파란만장한 강물의 역사를 끝마치고 바야흐로 바다가 되는 곳입니다. 참으로 많은 것을 생각하게 하고 일깨우는 곳입니다. 멀리 유서 깊은 벽란도(碧瀾渡)의 푸른 솔이 세 강물을 배웅하고 있습니다.

나는 오늘 이곳 철산리에서 바다의 이야기를 당신에게 띄웁니다. 당신이 내게 강물을 생각하라고 하듯이 나는 당신에게 바다의 이야기를 담아 엽서를 띄웁니다. 바다로 나온 물은 이제 한강도, 임진강도, 예성강도 아닌 바다일 뿐입니다. 드넓은 하늘과 그 하늘의 푸름을 안고 있는 평화로운 세계일 뿐입니다.

나는 당신이 강물을 사랑하는 까닭을 모르지 않습니다. 그러나 생각하면 강물은 고난의 시절입니다. 강물은 목표를 향해 달리는 물이되, 엎어지고 갇히고 찢어지는 고난의 세월을 살아갑니다. 우리의 역사에서도 한강과 임진강, 예성강 유역은 삼국이 서로 창검을 겨누고 수없이 싸웠던 전장(戰場)입니다. 지금도 임진강은 휴전선 철조망에 옆구리를 할퀴인 몸으로 이곳에 당도하고 있습니다.

생각하면 강물의 시절은 이념과 사상과 이데올로기의 도도한 물결에 표류해온 우리의 불행한 현대사를 보여주고 있는지도 모릅니다. 인간의 존엄이 망각되고 겨레의 삶이 동강 난 채 증오와 불신을 키우며 우리의 소중한 역량을 헛되이 소모해온 우리의 자화상을 보여주고 있는지도 모릅니다.

그러나 이곳 철산리 앞바다에 이르러서는 암울한 강물의 시절도 그 고난의 장을 마감합니다. 당신의 말처럼 이제 더 이상 목표를 향해 달리는 물이 아닙니다. 한마디로 바다가 됩니다. 목표가 없다기보다 달려야 할 필요가 없습니다. 이곳은 부질없었던 강물의 시절을 뉘우치는 각성의 자리이면서 이제는 드넓은 바다를 향해 시야를 열어나가는 조망의 자리이기도 합니다.

돌이켜보면 강물의 치열함도 사실은 강물의 본성이 아니라고 생각됩니다. 험준한 계곡과 가파른 땅으로 인해 그렇게 달려왔을 뿐입니다. 강물의 본성은 오히려 보다 낮은 곳을 지향하는 겸손과 평화인지도 모릅니다. 강물은 바다에 이르러 비로소 그 본성을 찾은 것이라 할 수 있습니다. 바다가 세상에서 가장 낮은 물이며 가장 평화로운 물이기 때문입니다.

바다는 가장 낮은 물이고 평화로운 물이지만 이제부터는 하늘로 오르는 도약의 출발점입니다. 자신의 의지와 자신의 목표를 회복하고

평화전망대에서 본 예성강

청천의 흰 구름으로 승화하는 평화의 세계입니다. 방법으로서의 평화가 아니라 최후의 목표로서의 평화입니다.

평화는 평등과 조화이며 평등과 조화는 갇혀있는 우리의 이성과 역량을 해방해 겨레의 자존($自尊$)을 지키고 진정한 삶의 가치를 깨닫게 함으로써 자기($自己$)의 이유($理由$)로 걸어갈 수 있게 하는 자유($自由$) 그 자체입니다.

당신에게 띄우는 마지막 엽서를 앞에 놓고 오랫동안 망설이다 엽서 대신 파란 색종이 한 장을 띄우기로 했습니다.

***

나는 당신이 언젠가 이곳에 서서 강물의 끝과 바다의 시작을 바라보기 바랍니다. 그리고 당신이 받은 색종이에 담긴 바다의 이야기를 읽어주기 바랍니다. 그동안 우리 국토와 역사의 뒤안길을 걸어왔던 나의 작은 발길도 생각하면 바다로 향하는 강물의 여정이었는지도 모릅니다.

나는 마지막 엽서를 당신이 내게 띄울 몫으로 이곳에 남겨두고 떠납니다. 강물이 바다에게 띄우는 이야기를 듣고 싶기 때문입니다.

강화섬 한 조각이 배를 띄운 듯하구나

이동미 (여행 작가)

"어르신, 준비 다 되었습니다."

"그럼 가볼까?"

한복에 갓을 쓴 차림의 선비가 나귀에 오르자 다리에 행전을 찬 사내가 고삐를 쥐고 따랐다. 따각따각 나귀 소리가 희뿌연 새벽바람에 규칙적으로 들려오고 나귀는 가끔씩 콧김을 뿜으며 머리를 흔들었다.

"어르신, 어디 가십니까?"

지게를 진 사내 둘이 저만치서 다가왔다. 한 사내는 떡시루같이 독을 잔뜩 쌓은 후 끈으로 엮어 지게에 올려놓았으며 다른 사내는 소반을 한 줄기씩 묶어 지게 위에 쌓아 올린 것이 제 키의 두 배는 되어 보였다. 둘 다 걷기에 거추장스러운지 바짓가랑이를 둘둘 말아 무릎까지 걷어 올렸다.

"어딜 좀 간다네. 자네는 어디 가는 겐가?"

"오늘 장날이라 장에 가는 길입니다."

"깜빡했구먼. 오늘이 강화 장날이지. 수고들 하게나."

"살펴 가십시오, 어르신."

먼 산자락에서 개똥지빠귀가 울었다. 두 사람 머리 위로 밝은 햇살이 비치고 맑은 하늘이 이어졌다. 귓가를 스치는 바람에는 상큼한 풀 내음이 담겼고 군데군데 피어 있는 봄꽃들과 더불어 온 세상에 봄 기운이 가득했다.

자그마한 갓을 쓰고 나귀를 타고 가는 선비의 이름은 고재형(高在亨). 호는 화남(華南)으로 조선 헌종 12년(1846) 강화 두운리에서 태어났으며, 고종 25년(1888) 식년시에 급제하였으나 관직에는 나아가지 않았다. 그 옆에 나귀 고삐를 잡은 이는 식솔처럼 여겨온 김 서방으로 얼마 전부터 화남 선생의 출타를 돕고 있는데, 씨름을 잘해 덩치가 황소 같았다. 나귀는 어느새 끝없이 넓은 평야 사이로 들어서고 있었다.

"어르신, 벌써 가릉평에 왔습니다. 저는 여기 오면 보기만 해도 배가 부릅니다. 어르신, 여기는 언제부터 이렇게 논이 넓었습니까?"

"고려시대부터였다네. 고려 고종(高宗) 임금 때 몽골이 쳐들어오자 임금님이 급작스레 강화도로 피난을 오셨지. 그때 강화도 사람들은 물고기 잡고 소금 만들어 먹으며 살고 있었다네. 임금님과 조정 중신들은 물론 개경의 10만 호, 연백, 해주, 파주에 살던 사람들도 모두 모여들었지. 땅은 한정돼 있는데 사람은 몰려드니 어쩌겠나? 황폐해진 땅을 손보고 바다를 간척해 농지를 만들기 시작했지. 그때부터 강화도는 간척을 계속해왔다네."

"그렇게 된 것이었네요. 몰랐습니다."

"이곳은 간척 땅일세. 조선 헌종 5년(1664)에 가릉포 공사를 했고, 연인원 11만 명이나 동원되었다는 선두포(船頭浦)는 숙종 32년(1706)에 간척을 했지. 그래서 이렇게 넓은 평야가 생겼어. 그때나 지금이나 나라가 강건해야 백성이 평안한 법인데 이거야, 원."

마니산 전경

김 서방은 고개를 끄덕이며 넓은 가릉평을 바라보았다.

"김 서방, 여기서 잠시 쉬어 가세나, 지필묵 좀 준비해 주게."

嘉陵春水晚來生	가릉벌의 봄물은 늦게야 고이므로,
荷鋪紛紛灌稻坪	가래질 바삐 하여 논에 물을 대네.
靜聽老農桑下語	늙은 농부 뽕나무 밑에서 하는 말을 조용히 들어보니,
風調雨順際昇平	풍우가 순조로워야 태평세월 맞을 텐데.

—「가릉포(嘉陵浦)」

화남 선생은 시 한 수를 짓고 묵묵히 들녘을 바라보다 나귀에 올랐다. 무슨 생각을 하는지 화남 선생의 얼굴은 어두웠다.

얼마 후 화남 선생과 김 서방은 마니산 말머리에 닿았다. 화남 선생은 잠시 고민을 하더니 나귀에서 내려 단군길로 접어들었다. 김 서방도 나귀를 말뚝에 묶어놓고 화남 선생을 따라 걷기 시작했다.

"어르신, 이 길은 왜 단군길입니까?"

"단군 어르신이 이 길로 올라가셨다 하네. 자네, 단군 어르신을 아는가?"

"압지요. 이 산꼭대기에 돌로 제단을 쌓고 하늘에 제사를 지내셨다지요. 그런데 그 얘기가 진짜일까요?"

"허허. 단군 어르신에 관한 이야기는 『삼국유사』, 『제왕운기』, 『세종실록지리지』, 『동국여지승람』 이렇게 여러 책에 전해진다네. 믿는 사람에게는 진짜인 법이지. 오늘 돌로 쌓았다는 그 제단을 보러 가는 것이니 한번 확인해보게나. 자네, 단군신화는 아는가?"

"암요. 그 정도는 알고 있습죠. 옛날 옛날에 하늘을 다스리는 환인 어르신에게 아들이 여럿 있었는데, 그중 환웅이 풍백(風伯, 바람의 신), 우사(雨師, 비의 신), 운사(雲師, 구름의 신)를 데리고 내려와 인간을 다스렸다는 거 아닙니까? 그런데 어느 날 곰 한 마리하고 호랑이 한 마리가 넙죽 절을 하면서 인간이 되고 싶다 그랬다지요?"

화남 선생은 길잡이를 하며 신이 난 듯 주저리주저리 떠드는 김 서방의 뒷모습을 물끄러미 바라보았다.

"그래서 환웅 어르신이 쑥 한 심지랑 마늘 스무 개를 주며 이렇게 말했지요. '너희들이 이것을 먹고 100일 동안 햇빛을 보지 않는다면 소원을 이루어 사람이 되리라.' 아, 그런데 성질 급한 호랑이는 그걸 못 참고 뛰쳐나왔고 끝끝내 버틴 곰은 웅녀(熊女)가 되었습죠. 그 웅녀와 환웅 사이에서 태어난 아들이 바로 단군 어르신 아닙니까?"

"잘 아는구먼! 그래서 그 단군이 나라를 세우고 이름을 조선(朝鮮)이라 했지. 그리고 1500년간 다스린 후 아사달에 돌아가 산신이 되었는데, 그때 나이 1908살이었다네."

"어르신, 조선이라는 나라는 태조 이성계 어르신이 세우지 않았습니까?"

"맞다네. 그런데 『삼국유사』라는 책을 보면 기원전 2333년 단군왕검이 '조선'을 건국하고 아사달에 도읍을 정했다고 하네. 태조 이성계 어르신은 1392년에 '조선'이라는 나라를 세우셨지. 그래서 헷갈리지 않도록 단군 어르신이 세운 나라를 '옛날 조선'이란 뜻으로 옛 고(古) 자를 붙여 '고조선' 또는 '단군조선'이라 부른다네."

"아, 그렇게 되는 것이었습니까요. 어르신."

김 서방은 화남 선생이 허리춤에서 담뱃대를 꺼내 불붙이는 일을 도우며 주변을 둘러보았다.

"어르신, 봄이 차암~ 좋습니다."

"그러게나 말일세. 봄날이 좋으니 우리 마니산 산세를 즐기고 기(氣)도 듬뿍 받아가세. 마니산이 이 나라에서 '제1생기처(生氣處, 좋은 기가 발생하는 곳)'라 하지 않은가. 합천 해인사보다 기가 많이 생성된다네. 태풍이 불어도 바람 한 점 불지 않고 홍수도 피해가고 마음이 평온해진다고 하지. 그래서인지 산행이 그리 힘들지 않네그려."

"네, 그런 것 같습니다요. 저기 저 사람들도 명상하며 기를 받는 모양입니다. 어르신, 잠시 뒤를 좀 보십시오. 저희가 온 길이 훤하게 보입니다. 어쩜 저리도 논이 많은지요. 모양도 반듯반듯합니다."

"저게 다 아까 말한 간척 땅이라네. 내가 저걸 보려고 올라왔지."

"마니산 꼭대기에 돌단을 보려 한다 하지 않으셨습니까?"

"돌단을 보는 것도 이유지만 저기 저 논밭을 보는 것도 이유라네."

화남 선생은 뚫어져라 강화 땅과 마니산 산세, 간척 논을 바라보았다.

화남 선생이 나귀를 타고 강화도를 돌아보기 시작한 건 1906년, 대한제국(大韓帝國) 광무(光武) 10년이다. 화남 선생은 조선 땅에서 태어났지만 어느 틈엔가 조선이라는 나라는 어디 가고 대한제국이라는 낯선 나라에 살고 있었다. 게다가 일본을 비롯해 러시아, 영국, 미국 등 서양 여러 나라의 이름이 자꾸만 귀에 들렸다. 작년 초겨울, 그러니까 1905년 11월 러일전쟁이 끝난 후 일본 천황은 이토 히로부미를 파견해 고종황제에게 조약 맺기를 강요했다. 고종황제는 거부하였고, 이토는 결국 고종을 제외한 대한제국 대신들을 중명전으로 소집하고 군사를 동원해 무력으로 조약을 체결, 고종황제에게 통보했다. 외교권을 박탈당한 것이다. 두 눈을 시퍼렇게 뜨고도 나라가 기울어져 가는 형국에 화남 선생의 가슴에서는 천불이 났다. 도저히 집 안에 앉아 있을 수가 없었다. 하지만 나라님도 못한 일을 외딴섬에 사는 촌로가 어찌할 수 있단 말인가? 화남 선생은 환갑의 노구를 일으켜 나귀에 올랐다. 바람을 쐬며 화병을 달래고 싶었고, 나고 자란 땅 강화도 고향 산천이 왜놈에 의해 더 망가지기 전에 두 눈과 가슴에 담고 싶었다. 또 그 모든 것을 글로 남기고 싶었다.

한참을 쉰 후 화남 선생과 김 서방은 능선을 따라 걸었다. 걸음을 내디딜수록 땅에서 멀어지고 하늘에 가까워졌다. 이따금 운무가 몰려와 두 사람을 삼켰다가 내어놓았다.

"김 서방, 저쪽 한번 보게나. 저기 보이는 섬이 장봉도일 것이야. 그리고 저쪽이 북쪽이니 저건 개성 송악산일 게야."

"어르신, 참으로 멋진 광경입니다. 매일 올려다보기만 하던 마니산에 오르니 감개가 무량합니다. 어르신은 괜찮으신지요?"

"나는 아주 좋다네. 가슴이 시원~~하구먼."

화남 선생의 수염이 바람에 날렸다. 화남 선생과 김 서방이 오르는 마니산의 높이는 472m, 고려산(高麗山, 436m), 혈구산(穴口山, 460m), 진강산(鎭江山, 443m) 등 해발 400m 이상의, 강화도 산 중에서도 제일 높은 산으로 능선이 곧추서 있었다.

"이곳 마니산에서 남쪽 한라산과 북쪽 백두산까지의 거리가 같다는구먼. 여기가 한반도의 중심이라는 게지."

"어르신. 발밑을 조심하십시오. 다 온 것 같습니다. 돌단이 마니산 정상에 있는 줄 알았더니 조금 옆에 있습니다."

"그러네. 목은 이색 선생의 시구가 생각나는구면. 『마니산 기행(摩尼山紀行)』에 이렇게 쓰셨지. '긴 바람 내게 불어 신선 사는 곳에 오르니, 넓은 바다 먼 하늘 만 리나 터졌네, 옷 털고 발 씻을 것 없다네, 학 탄 신선 피리소리 구름 속에서 들려오는 듯하니' 김 서방, 여기가 바로 신선이 사는 곳일세."

화남 선생은 넓은 바다와 먼 하늘이 보여 만 리가 탁 트인 광경에 섰다. 『단군세기』에 의하면 단군은 단기 51년 참성단(塹星壇)을 쌓고 단기 54년 3월에 천제를 지냈다. 참성단은 경주의 첨성대처럼 기초는 하늘을 상징하여 둥글게 쌓고 단은 땅을 상징하여 네모로 쌓았다. 상방단 동쪽 면에는 21계단의 돌층계가 있으며, 돌과 돌 사이 사춤에는 아무 접착제도 바르지 않았다.

"어르신, 단군 어르신은 왜 여기에 단을 쌓고 하늘에 제사를 지내셨을까요?"

"조선시대 말 김교헌(金敎獻)이 지은 『신단실기(神檀實記)』라는 책에 '하늘은 음(陰)을 좋아하고 땅은 양(陽)을 좋아하기 때문에 단(壇)을 물 한가운데 있는 산에 설치했다'고 적혀 있다네. 아마 그걸 따르지 않았나 싶네."

화남 선생 말대로 마니산은 강화도 본섬과 떨어진 하나의 작은 섬 고가고였다. 가릉포와 선두포에 둑을 쌓은 뒤 육지가 되었으니, 그 전에는 『신단실기』에서 말한 것처럼 '물 한가운데 있는 산'이었다. 마니산 참성단에 올라보면 바다가 해자(垓字)처럼 주위의 접근을 차단할 뿐 아니라 주변에서 제일 높아 하늘에 닿아 있어 신성한 느낌이 든다. 사

참성단

마니산 참성단

람들의 근접이 어려운 신성한 장소라는 의미다. 또 마니산에 쌓은 참성단은 북쪽으로는 백두산, 남쪽으로는 한라산까지 거리가 똑같은 한반도의 중심이며, 제1생기처이니 하늘에 제사를 지내는 신성하고 기좋은 장소로 제격이었을 것이다.

"해서 고구려, 백제, 신라의 왕들이 이곳에 와서 제사를 지냈고 고려시대에는 왕과 제관이 직접 찾아와 하늘에 제사를 지냈으며, 조선시대에도 제사의식은 계속되었다고 하지."

"어르신, 이곳 마니산은 정말 느낌이 예사롭지 않습니다."

"나도 그러하네."

"어르신, 지필묵을 준비하겠습니다. 한 수 지으셔야지요."

"그렇지. 이렇게 좋은 곳에서 짓지 않으면 어디서 시를 짓겠나?"

來坐摩尼最上頭	마니산 최상봉에 올라가 앉아보니,
江州一片泛如舟	강화섬 한 조각이 배를 띄운 듯하구나.
檀君石迹撑天地	단군 쌓은 돌단은 천지를 떠받들고,
萬億年間與水留	억만 년 긴 세월을 물과 함께 남아 있네.

—「마리산(摩尼山)」

"어르신, 누구는 마리산, 누구는 마니산이라고 하던데, 어떤 것이 맞는지요?"

"마리산은 으뜸 산이라는 뜻이지. 마리는 머리(頭)라 했으니 마리산은 으뜸 산, 최고의 산이라는 의미라네. 강화도에서 제일 높으니 강화도의 머리가 되고, 꼭대기에 하늘에 제사를 지내는 돌단이 있으니 우리 민족의 머리인 셈이지. 그래서 두악산(頭岳山)이라 부르기도 한다네. 불교에서 쓰는 말 중에 마니(Mani)는 '보배로운 구슬'을 뜻하니 '귀한 산, 신비한 산'으로도 해석되지. 또 이런 의견도 있다네. 경주의 수도는 서나벌(徐那伐)이라 쓰고 서라벌이라 읽지. 제주는 한나산(漢拏山)이라고 쓰고 '한라산'이라고 읽는 것처럼 마니산(摩尼山)으로 쓰지만 마리산으로 읽었다는 게지. 어느 것이 맞는지는 나도 모르겠네."

"그럼 어르신, 여기서 제사는 어떻게 지냈을까요?"

"허허. 김 서방은 궁금한 것이 많네그려."

화남 선생은 머릿속으로 그 옛날 제를 지내던 광경을 되뇌며 말을 이었고 김 서방 또한 화남 선생의 이야기를 머릿속에 그렸다. 선조 8년(1575) 참성단 의례에 헌관으로 참여했던 강화유수 전순필(全舜弼, 1514~1581)의 기록을 보면, 나라에서 2품 이상의 행향사(行香使)를 임명해 향과 축문을 주어 강화유수부로 보냈다. 제례 참석자들은 참성단 제사를 위한 시설인 재궁〔(齋宮, 지금의 천재암(天齋庵)〕에서 하룻밤을 지내며 언행을 삼가고 다음 날 점심 이후 10여 리의 산길로 참성단에 오른 후 준비를 하고 밤중인 2경 무렵에 초제를 행하였다.

"이 꼭대기에서 한밤중에 지냈단 말씀이신지요?"

"그렇다네. 목은 선생은 '향이 피어오르니 별은 내려앉고, 음악이 연주되니 분위기 엄숙해지네'라고 했다네. 운마악(雲馬樂)이라는 음악도 연주했는데, 어떤 음악인지 알 수는 없지만 구름 위에서 말이 뛰어노는 듯 역동적인 느낌이 나지 않은가? 김 서방, 자네는 제상에 무엇을 놓았을 것 같은가?"

"신성한 곳이니 이 땅에서 나는 귀한 거, 맛난 건 다 올렸을 것 같습니다. 고기? 돼지 한 마리쯤 잡았을까요? 아니, 아니 소! 아니면 양? 하얀 양입니까?"

"허허허. 재미있는 생각일세그려. 이곳 참성단에서는 도교 의례인 초제를 지냈다네. 도교 의례에는 정화의례인 재(齋)와 기원의 예인 초(醮)가 있는데 재에서는 동물을 제물로 사용하지만, 초에서는 고기나 생선이 일절 섞이지 않은 나물 반찬, 즉 소찬(素饌)으로 준비한다네. 강화는 섬이라 수산물이 풍부한데도 농경 식품으로만 제수했지. 조선시대에는 도교 관청인 소격서(昭格署) 관원이 40일 전에 와서 술을 빚고 상에는 다(茶)·탕(湯)·주(酒), 그리고 떡들이 올랐지."

"고기가 하나도 없었습니까? 자고로 제사는 음복하고 고기 먹는 맛으로 올리는 건데 말입니다."

"그러한가? 허허허. 그럴 수도 있겠지. 하지만 김 서방, 이곳에서의 제는 조선의 유교식이 아니라 도교식 초제라 하지 않았는가? 그래서 말일세, 마니산 제는 참으로 흥미롭고 감사한 일이라네. 참성단에서는 봄가을로 천제가 올려졌고 전쟁과 가뭄, 전염병뿐 아니라 기우제, 기양제도 지냈지. 심지어 고려 원종 5년(1264)에는 원나라가 원종에게 입조를 요구하자 도와달라고 하늘에 제를 지냈어. 그런데 생각해보게나. 성리학적인 유교 질서를 기본 이념으로 하는 조선에서는 도교 의례로 소제를 지내는 것이 명분이 좀 약했지. 해서 조선시대에 참성단 제를 폐지하자는 건의가 여러 차례 있었다네. 하지만 참성단 초제가 계속될 수 있었던 배경에는 그 시초가 단군에게 있었기 때문이라네. 조선의 사대부들에게 하늘에 대한 제사는 천자만 할 수 있었지. 즉 대국인 중국의 황제만이 하늘에 제사를 지내는 것으로 조선은 불가능하다는 이야기가 되는 거지. 그런데 이미 단군시대부터 참성단에서 하늘에 직접 제사를 지냈으니 얘기가 다르지 않겠나? 우리의 오랜 역사와 자존의식에 대한 또 다른 의미이자 상징인 셈이지. 결국 우리는 스스로 이러한 위기를 극복하면서 제를 이어왔고 이는 이곳이 신성한 공간, 천제를 지내는 곳이기 때문이지. 내가 무슨 말을 하는지 알겠나?"

"그럼요, 알다마다요. 어르신. 이곳 참성단을 꼭 지켜야 한다는 말씀 아닙니까? 암, 그래얍죠."

"그런데 저기 속 시커먼 일본 놈들이 자꾸만 마니산 참성단에서 제를 못 지내게 하려고 한다네. 우리의 자존감을 근본적으로 없애려는 것이지. 돌아보니 임진왜란 때도 제를 지내지 못하게 했다네. 이러니 내가 걱정이 되지 않을 수가 있겠나? 얼른 이 나라를 농단하는 일본 놈들을 몰아내고 강건해져야 할 텐데 말이야."

화남 선생은 참성단을 두 눈에 넣으려는 듯 돌 하나하나를 손으로 어루만지며 살폈고 얼굴에는 주름이 더욱 깊어졌다.

어느새 해가 기울어 사람들이 하나둘 내려가기 시작했다.

"어르신, 인제 그만 내려가시죠. 고뿔이라도 들면 어쩌시렵니까?"

"그러세. 인제 그만 내려감세."

화남 선생과 김 서방이 내려오는 길에 한 무리의 사내들이 옆을 지나 산을 올랐고 잠시 후 무언가 쿵쾅대며 부수려는 소리가 크게 들렸다. 김 서방은 생각할 겨를도 없이 참성단 쪽으로 뛰어갔다. "뭐하는 놈들이냐"는 김 서방의 고함과 "네놈이 뭔데 나서느냐"며 우당탕탕 사내들의 싸우는 소리가 들렸다. 화남 선생이 후들거리는 발걸음을 옮기며 참성단에 다다르니 사내들이 망치로 참성단을 부수려 하고 김 서방은 한 손으로 향로를 끌어안고 다른 손으로 사내들의 쇠망치를 피하며 싸우고 있었다. 화남 선생은 온 힘을 다해 "네 이노옴~~" 하며 사내들에게로 달려갔다. 순간, 뒤통수가 화끈했고 중심을 잃으며 가파른 비탈길을 굴렀다. 하늘과 땅이 마구 섞였다.

　　꿈속일까? 화남 선생은 김 서방과 산길을 걷고 있었다.

　　"어르신, 어디로 길을 잡을까요?"

　　"전등사 쪽으로 가세나. 그런데 자네, 단군의 아들이 누구인지 알고 있나?"

　　"단군 어르신께 아들이 있었습니까?"

　　"그렇다네. 단군은 아들이 셋 있었는데, 이를 삼랑이라 했고 그 이름은 '부소', '부우', '부여'라네."

　　『고려사』에 의하면 "정족산(鼎足山)은 일명 삼랑성(三郎城)이라고 세상에 알려져 있으며, 단군이 세 아들로 하여금 쌓게 하였다"고 한다. 세 봉우리로 이루어진 정족산은 그 모양이 마치 다리 세 개 달린 솥을 거꾸로 놓은 것 같은데, 한자로 '정족'은 솥의 다리라는 뜻이다. 이러한 솥(鼎)은 왕권, 국가, 제업(帝業)의 뜻을 지녀 신성시하였다. 풍수 전문가들은 '마니산이 할아버지 산이라면 정족산은 할머니 산으로 신령스러운 기운이 있어 전란에도 피해를 보지 않는 복지(福地, 복 받은 땅)'라 했다. 그래서 고려시대에는 성안에 임시 궁궐인 정족산 가궐(鼎足山假闕)을 지었고, 조선시대에는 『조선왕조실록』을 보관하는 정족산 사고 장사각(藏史閣)과 더불어 조선 황실 족보를 보관하는 선원보각(璿源譜閣)을 지었다. 또 병인양요 때는 양헌수 장군이 프랑스 군대의 침입을 막아냈다.

對潮樓上送斜陽　　대조루 위에 올라 지는 해를 보내면서,

이
문　동
화　미

磬一聲中覺夜涼	한 차례 풍경 소리에 밤의 서늘함 느껴지네.
自有仙心無佛念	신선 마음 본래 있고 부처 생각 없었으니,
滿山明月夢三郎	달빛 가득 찬 산에서 단군 세 아들 꿈을 꾼다.

—「삼랑성(三郎城)」

"어르신, 요즘 부쩍 시를 많이 지으십니다."

"그렇지. 내가 환갑인 작년부터 강화 순례에 나섰지. 내가 나고 자란 강화 땅을 찬찬히 돌아보며 오랜 역사와 수려한 자연, 그리고 강화가 길러낸 인물과 품고 있는 이야기, 느낌을 남기고 싶어졌다네. 일본의 검은 손길이 점점 거세져 이러다간 내 나라, 내 땅을 마음대로 다닐수 없게 될지도 모른다는 걱정이 부쩍 든다네."

"그런 깊은 뜻이 있으셨군요. 어르신, 시는 잘되고 있는지요?"

"열심히 하고 있다네. 잘 모아 한 권으로 묶을 예정이고 제목은 '심도기행(沈都紀行)'으로 정했다네. 강화 곳곳에서 발길과 마음을 담아 시를 지으면 7언 절구로 250여 수가 되지 않을까 싶네. 잘돼야 할 텐데 말일세……."

"어르신, 어르신……."

누군가 화남 선생을 애타게 부르고 있었다.

"어르신, 정신이 좀 드십니까?"

얼굴에 상처가 가득한 김 서방이 화남 선생을 걱정스러운 눈으로 내려다보고 있었다.

"어르신 여기는 정수사입니다. 마니산에서 굴러 정신을 잃으셨습죠. 큰일 날 뻔했습니다."

김 서방은 주재소에서 왔다는 사내들을 쫓아버리고 그들이 부수려 했던 향로를 갈무리해 내려오면서 비탈길에 쓰러진 화남 선생을 발견했다.

"그래서 향로는 어찌 되었는가?"

"주지 스님께 잘 보관해달라고 맡겼습니다. 그나저나 그놈들이 또 올 텐데 걱정입니다. 참성단을 부수고 있었습니다."

"걱정일세……. 안 되겠네. 자네, 내 심부름을 좀 해주게."

"네, 말씀하십시오. 어르신."

"내 서찰을 적어줄 테니 강화유수부에 전하여 이 만행을 널리 알리도록 하게. 사악한 일본 놈들도 하늘에 제를 지내는 참성단을 공개적으로 어쩌진 못할 걸세."

"네, 어르신."

"자네, 강화순무 아는가? 강화도를 조금만 벗어나도 안 된다네. 그만큼 강화도에는 뭔가가 있는 걸세. 강화인진쑥, 강화사자발약쑥, 강화육쪽마늘 모두 강화의 기를 받아야만 자라는 뭔가 특별한 것이 있다네."

그렇게 말하고는 화남 선생은 피곤한지 두 눈을 감아버렸다. 조심스레 밖으로 나온 김 서방은 탕약을 달이면서 골똘히 생각에 잠겼다. 강화쑥과 강화마늘……. 무엇일까? 마니산에 온 것과 관련이 있을까? 단군이랑 관련이 있을까? 그렇다면 웅녀…… 곰이 쑥을 먹고는 웅녀가 되었다. 쑥은 여자한테 좋고…… 마늘은 남자한테 좋고……. 그럼 호랑이가 잘 참았으면 남자, 호남(虎男)이 되는 것이었을까? 혹시 단군 어르신은 그들에게 일부러 영험한 힘이 있는 강화쑥과 강화마늘을 먹게 한 것일까? 약사발을 들고 들어가니 화남 선생이 몸을 일으켜 벽에 기대앉아 있었다.

"혹시 어르신……. 단군 어르신이 강화도에 자리 잡은 건 강화도 쑥이랑 마늘 때문이셨을까요? 그래서 강화도에 자리 잡을 수밖에 없으셨던 건가요?"

"강화의 기운을 담은 마늘과 쑥은 한낱 동물도 인간으로 만드는 영험한 약초일세. 나도 그렇게 생각한다네. 강화는 참 특별한 곳이라네. 그래서 단군께서도 여기에 단을 쌓고 제를 지낸 게 아니겠는가?"

화남 선생은 주지 스님에게 부탁해 받은 지필묵으로 묵묵히 시를 짓기 시작했다.

回首西南海色長	고개 돌려 서남쪽 보니 바다 넓게 펼쳐 있고,
浮浮島嶼摠環疆	떠 있는 섬들도 모두 다 우리 강토.
列星半落靑天外	열 지은 별들이 하늘 밖으로 기우니,
點點如碁一局張	점점이 늘어선 모습 한판의 바둑판 같구나.

—「망도서(望島嶼)」

| 참고 문헌 |

심경호, 「명미당 이건창의 삶과 문장」

李建芳, 『蘭谷存稿』, 靑丘文化社, 1971.

金澤榮, 『金澤榮全集』, 亞細亞文化社, 韓國學文獻研究所編, 1978.

李建昌, 『明美堂全集』上·下, 宣文出版社, 1984.

　　　『李建昌全集』, 亞細亞文化社, 1984.

심경호, 『강화학파의 문학과 사상 (3)』, 한국정신문화연구원, 1995.

정양완, 『蘭谷 李建芳論』, 이종찬 외, 『조선후기 한시작가론』, 이회문화사, 1998.

심경호, 『19세기 말 20세기 초 강화학파의 지적 고뇌와 문학』, 『어문논집』 41,
　　　안암어문학회, 2000. 2.

심경호, 『한시기행』, 이가서, 2005.

심경호, 『강화학파의 가학(假學) 비판』, 『양명학』 제13호, 한국양명학회, 2005. 2.
　　　245~292쪽.

이희목, 『이건창 문학연구』, 성균관대학교 대동문화연구원, 2005.

심경호, 『산문기행』, 이가서, 2007.

심경호, 『한문산문미학』, 고려대학교 출판부, 2013.

하문식, 「고인돌 그리고 강화」

김재원·윤무병, 『한국지석묘연구』, 국립박물관, 1967.

이형구, 『강화도 고인돌 무덤 조사 연구』, 한국정신문화연구원, 1992.
　　　『강화 오상리 지석묘』, 선문대 박물관·강화군, 2002.

김석훈, 「강화도의 선사문화」, 『박물관지 3』, 인하대 박물관, 2000.

유태용, 「강화도 지석묘의 축조와 족장 사회의 형성 과정 연구」, 『박물관지 4』, 인하대
　　　박물관, 2002.

우장문, 『경기지역의 고인돌 연구』, 학연문화사, 2006.

하문식, 「강화 지역의 고인돌에 대하여」, 『숭실사학』 19, 숭실대 사학회, 2006.
　　　「고인돌 왕국 고조선과 아시아의 고인돌 연구」, 『고대에도 한류가 있었다』,
　　　지식산업사, 2007.

강동석, 「강화도의 지석묘」, 『경기도 고인돌』, 경기도 박물관, 2007.

이동미, 「강화섬 한 조각이 배를 띄운 듯하구나」

이성동·김영순, 「마니산 참성단의 제천례와 향교의 석전례 시 제수와 제례과정 비교」,
　　　　『보건과학논집』 32권 1호, 2006.

고재형 저, 김형우·강신엽 역, 『심도기행』, 인천대학교인천학연구원, 2008.

김성환, 「국가제사에서의 단군과 참성단 제사」, 『강화도 참성단과 개천대제』,
　　　　경인문화사, 2009.

이용범, 「참성단에서 행해진 의례의 유형과 성격」, 『동아시아고대학』 23권, 2010.

| 재수록 작품 |

함민복, 「전등사에서 길을 생각하다」
함민복, 『길들은 다 일가친척이다』, 현대문학, 2009.

신영복, 「하일리의 저녁노을, 철산리의 강과 바다」
신영복, 『나무야 나무야』, 돌베개, 1996.

| 사진 제공 |

「전등사에서 길을 생각하다」_문덕관(전등사 대웅보전 수미단)
「강화도, 별지기들의 성지(星地)」_정성훈, 홍승훈(참성단 야경)
「강화나들길」_박찬숙
「하일리의 저녁노을, 철산리의 강과 바다」_홍승훈

그 외 본문 사진
강화사진영상회·강화군청

강화도 지오그래피

초판 1쇄 2018년 4월 10일
초판 2쇄 2018년 5월 1일

지은이 / 함민복 외 16인

기 획 / 강화군청
주 소 / 인천광역시 강화군 강화읍 강화대로 394
　　　전화 032-930-3627 팩스 032-930-3632
　　　홈페이지 http://www.ganghwa.go.kr

펴낸이 / 박진숙
펴낸곳 / 작가정신
주 소 / 경기도 파주시 문발로 207
　　　전화 031-955-6230 팩스 031-944-2858

ISBN 979-11-6026-084-7 03980

ⓒ 함민복 · 이광식 · 이기섭 · 이민자 · 하문식 · 김기석 · 정우봉 · 김형우 · 조희정 · 김귀옥 · 최지혜
심경호 · 이상교 · 구효서 · 성석제 · 신영복 · 이동미 · 강화군청, 2018

이 도서의 국립중앙도서관 출판시도서목록(CIP)은 서지정보유통지원시스템 홈페이지(http://seoji.nl.go.kr)와 국가자료공동
목록시스템(http://www.nl.go.kr/kolisnet)에서 이용하실 수 있습니다.
(CIP제어번호: CIP2018009858)